큐브 유형

유형책

KB219065

초등 수학

3·2

구성과 특징

큐브 유형은 기본 유형, 플러스 유형, 응용 유형까지
모든 유형을 담은 유형 기본서입니다.

유형책

1STEP 개념 확인하기

교과서 핵심 개념을 한눈에 익히기

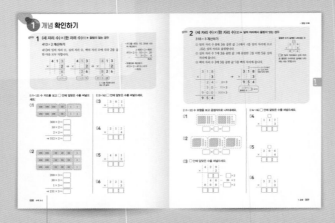

● 기본 문제로 배운 개념을 확인

2STEP 유형 다잡기

유형별 대표 예제와 해결 방법으로 유형을 쉽게 이해하기

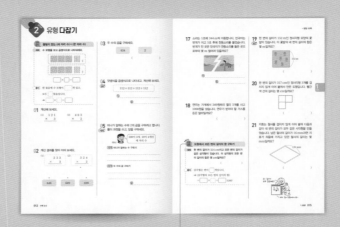

● 플러스 유형
학교 시험에 꼭 나오는
틀리기 쉬운 유형

서술형 강화책

서술형 다지기

대표 문제를 통해 단계적 풀이 방법을 익힌 후
유사/발전 문제로 서술형 쓰기 실력을 다지기

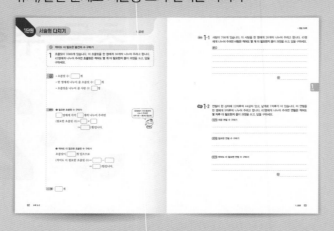

서술형 완성하기

서술형 다지기에서 연습한 문제에 대한 실전 유형 완성하기

큐브 유형 동영상 강의

학습 효과를 높이는 응용 유형 강의

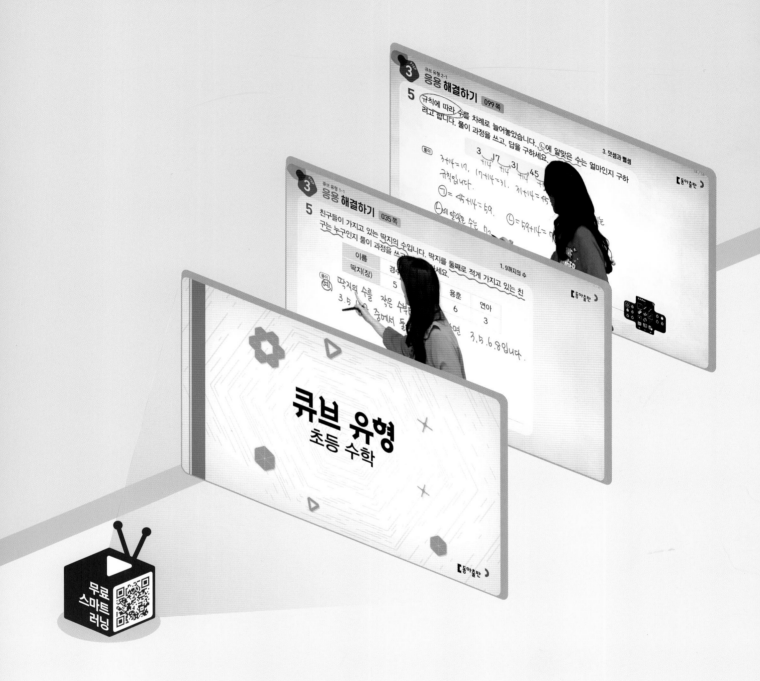

⚙ 1초 만에 바로 강의 시청

QR코드를 스캔하여 동영상 강의를 바로 볼 수 있습니다. 응용 유형 문항별로 필요한 부분을 선택할 수 있도록 강의 시간과 강의명을 클릭할 수 있습니다.

▶ 친절한 문제 동영상 강의

수학 전문 선생님의 응용 문제 강의를 보면서 어려운 문제의 해결 방법 및 풀이 전략을 체계적으로 배울 수 있습니다.

나의 목표와 다짐을 적어 주세요.

2단원

	1회차	2회차	3회차	4회차	5회차	이번 주 스스로 평가
2주	유형책 031~035쪽	유형책 036~038쪽	유형책 039~041쪽	유형책 044~049쪽	유형책 050~055쪽	😄 매우 잘함 · 😐 보통 · 😣 노력 요함
	월 일	월 일	월 일	월 일	월 일	

이번 주 스스로 평가	5회차	4회차	3회차	2회차	1회차	
😄 매우 잘함 · 😐 보통 · 😣 노력 요함	유형책 075~077쪽	유형책 072~074쪽	유형책 067~071쪽	유형책 062~066쪽	유형책 056~061쪽	**3주**
	월 일	월 일	월 일	월 일	월 일	

5단원

	1회차	2회차	3회차	4회차	5회차	이번 주 스스로 평가
6주	유형책 123~125쪽	유형책 128~131쪽	유형책 132~135쪽	유형책 136~139쪽	유형책 140~143쪽	😄 매우 잘함 · 😐 보통 · 😣 노력 요함
	월 일	월 일	월 일	월 일	월 일	

6단원

이번 주 스스로 평가	5회차	4회차	3회차	2회차	1회차	
😄 매우 잘함 · 😐 보통 · 😣 노력 요함	유형책 160~163쪽	유형책 155~157쪽	유형책 152~154쪽	유형책 148~151쪽	유형책 144~147쪽	**7주**
	월 일	월 일	월 일	월 일	월 일	

학습 진도표

사용 설명서

1. 공부할 날짜를 빈칸에 적습니다.
2. 한 주가 끝나면 스스로 평가합니다.

1단원

1주

	1회차	2회차	3회차	4회차	5회차	이번 주 스스로 평가
	유형책 008~011쪽	유형책 012~016쪽	유형책 017~021쪽	유형책 022~025쪽	유형책 026~030쪽	😀 매우 잘함 😐 보통 😣 노력 요함
	월 일	월 일	월 일	월 일	월 일	☐ ☐ ☐

3단원

4주

이번 주 스스로 평가	5회차	4회차	3회차	2회차	1회차	
😀 매우 잘함 😐 보통 😣 노력 요함	유형책 097~099쪽	유형책 094~096쪽	유형책 089~093쪽	유형책 084~088쪽	유형책 080~083쪽	
☐ ☐ ☐	월 일	월 일	월 일	월 일	월 일	

4단원

5주

	1회차	2회차	3회차	4회차	5회차	이번 주 스스로 평가
	유형책 102~106쪽	유형책 107~111쪽	유형책 112~115쪽	유형책 116~119쪽	유형책 120~122쪽	😀 매우 잘함 😐 보통 😣 노력 요함
	월 일	월 일	월 일	월 일	월 일	☐ ☐ ☐

총정리

8주

이번 주 스스로 평가	5회차	4회차	3회차	2회차	1회차	
😀 매우 잘함 😐 보통 😣 노력 요함	유형책 180~183쪽	유형책 177~179쪽	유형책 174~176쪽	유형책 169~173쪽	유형책 164~168쪽	
☐ ☐ ☐	월 일	월 일	월 일	월 일	월 일	

수학의 기본

큐브 시리즈

큐브 연산 | 1~6학년 1, 2학기(전 12권)

난이도 구성

전 단원 연산을 다잡는 기본서

- 교과서 전 단원 구성
- 개념–연습–적용–완성 4단계 유형 학습
- 실수 방지 팁과 문제 제공

큐브 개념 | 1~6학년 1, 2학기(전 12권)

난이도 구성

교과서 개념을 다잡는 기본서

- 교과서 개념을 시각화 구성
- 수학익힘 교과서 완벽 학습
- 기본 강화책 제공

큐브 유형 | 1~6학년 1, 2학기(전 12권)

난이도 구성

모든 유형을 다잡는 기본서

- 기본부터 응용까지 모든 유형 구성
- 대표 예제로 유형 해결 방법 학습
- 서술형 강화책 제공

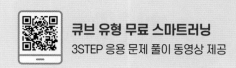

큐브 유형 무료 스마트러닝
3STEP 응용 문제 풀이 동영상 제공

→ **3STEP** 응용 해결하기

각종 경시대회에 출제되는 응용, 심화 문제를 통해 실력을
한 단계 높이기

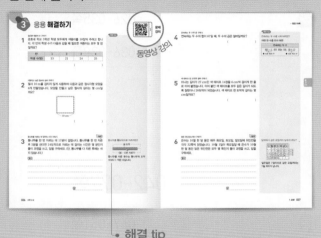

해결 tip
문제 해결에 필요한 힌트와 보충 설명

→ **평가** 단원 마무리 + 1~6단원 총정리

마무리 문제로 단원별 실력 확인하기

✓ 큐브 유형은 모든 문제를 모아 단원별 → 개념별 → 난이도별 → 유형별로 세분화하였습니다.

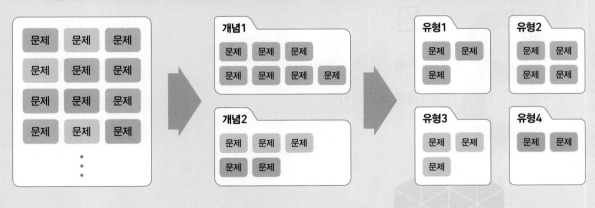

1

곱셈

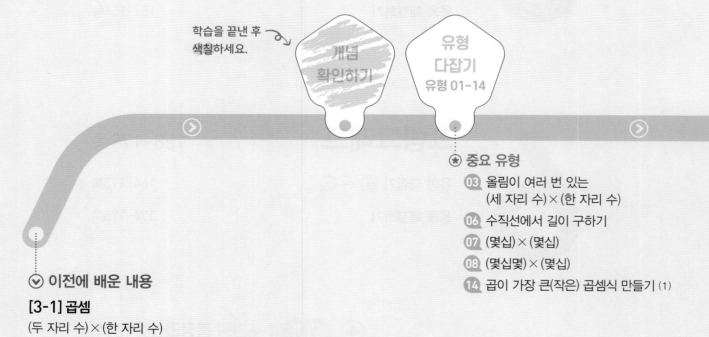

학습을 끝낸 후
색칠하세요.

개념
확인하기

유형
다잡기
유형 01~14

★ 중요 유형

⊙ 이전에 배운 내용

[3-1] 곱셈
(두 자리 수)×(한 자리 수)

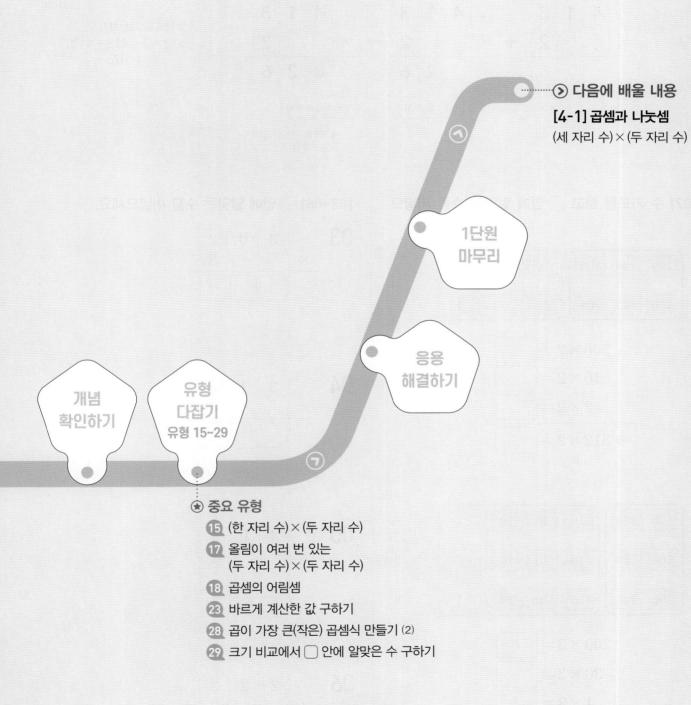

다음에 배울 내용

[4-1] 곱셈과 나눗셈
(세 자리 수)×(두 자리 수)

**1단원
마무리**

**응용
해결하기**

**개념
확인하기**

**유형
다잡기**
유형 15~29

개념 확인하기

1 (세 자리 수)×(한 자리 수)(1) ▶ 올림이 없는 경우

413×2 계산하기

413의 일의 자리 수, 십의 자리 수, 백의 자리 수에 각각 2를 곱한 다음 모두 더합니다.

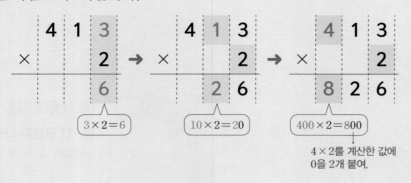

$3 \times 2 = 6$ $10 \times 2 = 20$ $400 \times 2 = 800$

4×2를 계산한 값에 0을 2개 붙여.

• 413을 400, 10, 3으로 나누어 계산하기

$$413 \times 2 \begin{cases} 400 \times 2 = 800 \\ 10 \times 2 = 20 \\ 3 \times 2 = 6 \end{cases}$$
$$ \overline{826}$$

• 덧셈으로 계산하기
$$413 \times 2 = 413 + 413$$
$$= 826$$

[01~02] 수 카드를 보고 ☐ 안에 알맞은 수를 써넣으세요.

01

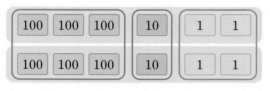

$300 \times 2 = \boxed{}$

$10 \times 2 = \boxed{}$

$2 \times 2 = \boxed{}$

→ $312 \times 2 = \boxed{}$

02

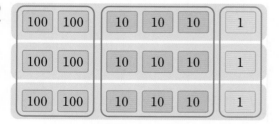

$200 \times 3 = \boxed{}$

$30 \times 3 = \boxed{}$

$1 \times 3 = \boxed{}$

→ $231 \times 3 = \boxed{}$

[03~06] ☐ 안에 알맞은 수를 써넣으세요.

03

$$\begin{array}{r} 302 \\ \times 3 \\ \hline \boxed{}\,\boxed{}\,\boxed{} \end{array}$$

04

$$\begin{array}{r} 212 \\ \times 4 \\ \hline \boxed{}\,\boxed{}\,\boxed{} \end{array}$$

05

$$\begin{array}{r} 401 \\ \times 2 \\ \hline \boxed{}\,\boxed{}\,\boxed{} \end{array}$$

06

$$\begin{array}{r} 223 \\ \times 3 \\ \hline \boxed{}\,\boxed{}\,\boxed{} \end{array}$$

2 (세 자리 수)×(한 자리 수)⑵ ▶ 일의 자리에서 올림이 있는 경우

318×3 계산하기

① 일의 자리 수 8에 3을 곱한 값 24에서 4를 일의 자리에 쓰고 20은 십의 자리로 올림합니다.

② 십의 자리 수 1에 3을 곱한 값 3에 올림한 2를 더한 5를 십의 자리에 씁니다.

③ 백의 자리 수 3에 3을 곱한 값 9를 백의 자리에 씁니다.

올림한 수가 실제로 나타내는 수

③은 일의 자리에서 십의 자리로 올림한 수이므로 실제로 나타내는 수는 30입니다.

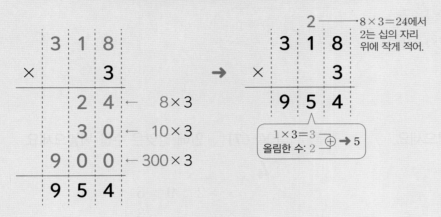

[01~02] 수 모형을 보고 곱셈식으로 나타내세요.

01

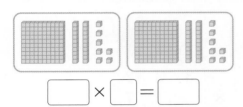

☐ × ☐ = ☐

02

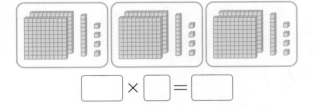

☐ × ☐ = ☐

03 ☐ 안에 알맞은 수를 써넣으세요.

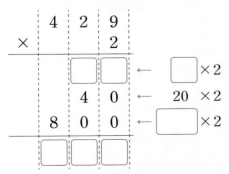

[04~06] ☐ 안에 알맞은 수를 써넣으세요.

04

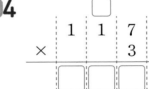

05

06

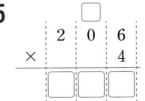

STEP 1 개념 확인하기

3 (세 자리 수)×(한 자리 수)(3) ▶ 십, 백의 자리에서 올림이 있는 경우

762×2 계산하기

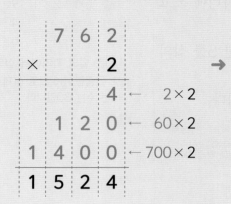

```
      7 6 2
  ×       2
          4   ← 2×2
      1 2 0   ← 60×2
    1 4 0 0   ← 700×2
    1 5 2 4
```

→

1 ─ 십의 자리 계산에서 올림한 수

```
      7 6 2
  ×       2
    1 5 2 4
```

7×2=14
올림한 수: 1 ⊕ → 15

백의 자리에서 올림한 수는 올림
으로 작게 표시하지 않고 천의
자리에 바로 적습니다.

```
     1 2
     8 4 5
  ×      4
   3 3 8 0
```

[01~03] ☐ 안에 알맞은 수를 써넣으세요.

01

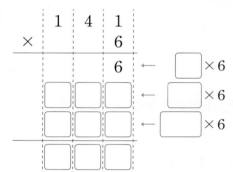

```
      1 4 1
  ×       6
          6   ← ☐ ×6
    ☐ ☐ ☐   ← ☐ ×6
  ☐ ☐ ☐     ← ☐ ×6
  ☐ ☐ ☐
```

02

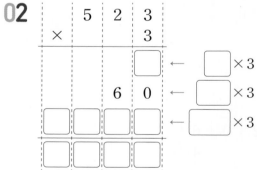

```
      5 2 3
  ×       3
          ☐   ← ☐ ×3
        6 0   ← ☐ ×3
  ☐ ☐ ☐     ← ☐ ×3
  ☐ ☐ ☐
```

03

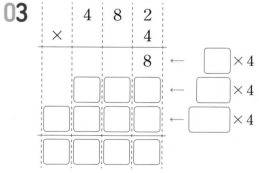

```
      4 8 2
  ×       4
          8   ← ☐ ×4
    ☐ ☐ ☐   ← ☐ ×4
  ☐ ☐ ☐     ← ☐ ×4
  ☐ ☐ ☐
```

[04~07] ☐ 안에 알맞은 수를 써넣으세요.

04

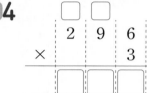

```
    ☐ ☐
    2 9 6
  ×     3
  ☐ ☐ ☐
```

05

```
    ☐ ☐
    3 3 2
  ×     7
 ☐ ☐ ☐ ☐
```

06

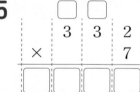

```
      ☐
    3 1 4
  ×     4
 ☐ ☐ ☐ ☐
```

07

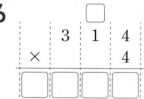

```
      ☐
    6 5 3
  ×     3
 ☐ ☐ ☐ ☐
```

---

010 수학 3-2

4 (몇십)×(몇십), (몇십몇)×(몇십)

30×20 계산하기

$$30 \times 2 = 60 \qquad 30 \times 20 = 600$$

곱하는 수가 10배가 되면 곱한 결과도 10배가 돼.

30×20은 30×2의 10배이므로 30×20=600입니다.

(몇십)×(몇십)은 (몇)×(몇)의 100배로 계산할 수 있습니다.

$$\begin{array}{r} 3 \\ \times\ 2 \\ \hline 6 \end{array} \xrightarrow{10배} \begin{array}{r} 3\ 0 \\ \times\ 2\ 0 \\ \hline 6\ 0\ 0 \end{array}$$

100배

15×30 계산하기

방법 1 15×3의 10배로 계산하기

$$15 \times 30 = 15 \times 3 \times 10 = 45 \times 10 = 450$$

방법 2 15×10의 3배로 계산하기

$$15 \times 30 = 15 \times 10 \times 3 = 150 \times 3 = 450$$

$$\begin{array}{r} 1\ 5 \\ \times\ \ \ 3 \\ \hline 4\ 5 \end{array} \xrightarrow{10배} \begin{array}{r} 1\ 5 \\ \times\ 3\ 0 \\ \hline 4\ 5\ 0 \end{array}$$

10배

01 ☐ 안에 알맞은 수를 써넣으세요.

$$90 \times 40 = 90 \times \boxed{} \times 10$$
$$= \boxed{} \times 10$$
$$= \boxed{}$$

02 31×20을 두 가지 방법으로 계산하였습니다. ☐ 안에 알맞은 수를 써넣으세요.

방법 1 $31 \times 20 = 31 \times \boxed{} \times 10$
$$= \boxed{} \times 10 = \boxed{}$$

방법 2 $31 \times 20 = 31 \times 10 \times \boxed{}$
$$= 310 \times \boxed{} = \boxed{}$$

[03~04] ☐ 안에 알맞은 수를 써넣으세요.

03
$$2 \times 8 = 16$$
10배 ↓ 10배 ↓ ↓ $\boxed{}$배
$$20 \times 80 = \boxed{}$$

04
$$25 \times 3 = 75$$
10배 ↓ ↓ $\boxed{}$배
$$25 \times 30 = \boxed{}$$

[05~07] ☐ 안에 알맞은 수를 써넣으세요.

05 $8 \times 4 = \boxed{} \rightarrow 80 \times 40 = \boxed{}$

06 $27 \times 3 = \boxed{} \rightarrow 27 \times 30 = \boxed{}$

07 $32 \times 6 = \boxed{} \rightarrow 32 \times 60 = \boxed{}$

유형
01 **올림이 없는 (세 자리 수) × (한 자리 수)**

예제 수 모형을 보고 곱셈식으로 나타내세요.

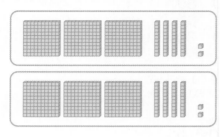

$$\boxed{} \times \boxed{} = \boxed{}$$

풀이 한 묶음에 수 모형이 $\boxed{}$ 개 있고,

모두 $\boxed{}$ 묶음입니다.

➡ $\boxed{} \times \boxed{} = \boxed{}$

01 계산해 보세요.

(1)
$$\begin{array}{r} 1\ 2\ 1 \\ \times \quad\ 3 \\ \hline \end{array}$$

(2)
$$\begin{array}{r} 4\ 0\ 3 \\ \times \quad\ 2 \\ \hline \end{array}$$

02 계산 결과를 찾아 이어 보세요.

(1)
$$\begin{array}{r} 2\ 3\ 3 \\ \times \quad\ 3 \\ \hline \end{array}$$

(2)
$$\begin{array}{r} 3\ 2\ 4 \\ \times \quad\ 2 \\ \hline \end{array}$$

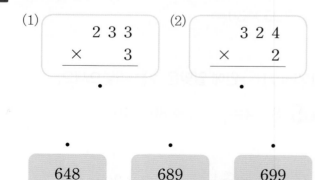

648   689   699

03 두 수의 곱을 구하세요.

434   2

(   )

04 덧셈식을 곱셈식으로 나타내고, 계산해 보세요.
중요★

$$112 + 112 + 112 + 112$$

식 _____

답 _____

05 미나가 말하는 수와 2의 곱을 구하려고 합니다.
서술형 풀이 과정을 쓰고, 답을 구하세요.

미나   100이 3개, 10이 4개인
세 자리 수

1단계 미나가 말하는 수 구하기

_____

_____

2단계 두 수의 곱 구하기

_____

_____

답 _____

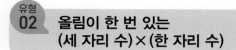 **02** 올림이 한 번 있는
(세 자리 수)×(한 자리 수)

예제 □ 안에 알맞은 수를 써넣으세요.

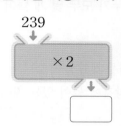

239
↓
×2
↓
□

풀이 일의 자리 수와의 곱이 $9 \times 2 =$ □ 이므로

□ 의 자리로 올림합니다.

06 □ 안에 알맞은 수를 써넣으세요.

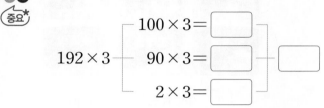

192×3
- $100 \times 3 =$ □
- $90 \times 3 =$ □
- $2 \times 3 =$ □
□

07 215×4의 계산 결과를 찾아 ○표 하세요.

840	660	860
( )	( )	( )

08 곱셈식에서 [2]가 실제로 나타내는 수는 얼마일까요?

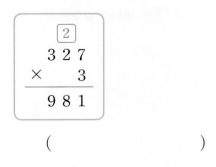

```
   2
  3 2 7
×     3
─────────
  9 8 1
```

(   )

09 다음이 나타내는 수를 구하세요.

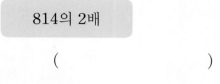

814의 2배

(   )

 03 올림이 여러 번 있는
(세 자리 수)×(한 자리 수)

예제 계산해 보세요.

312×7

(   )

풀이 올림이 있는 자리에 주의하며 계산합니다.

```
    □
  3 1 2
×     7
─────────
```

10 계산해 보세요.

(1) 463×3

(2) 245×4

11 〈보기〉와 같이 계산해 보세요.

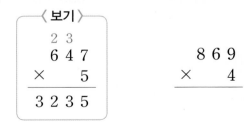

〈보기〉
```
  2 3
  6 4 7
×     5
─────────
3 2 3 5
```

```
  8 6 9
×     4
```

12 빈 곳에 알맞은 수를 써넣으세요.

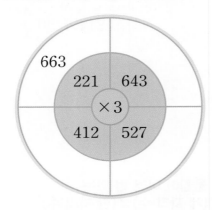

663

221   643

×3

412   527

13 다음 수 중에서 가장 큰 수와 6의 곱을 구하세요.

379	531	508

(   )

14 두 곱의 합을 구하세요.

134 × 4	653 × 2

(   )

유형 **04**   실생활 속 (세 자리 수)×(한 자리 수)

예제   자두가 한 상자에 143개씩 들어 있습니다. 2상자에는 자두가 모두 몇 개 들어 있을까요?

(   )

풀이   (전체 자두의 수)
= (한 상자에 들어 있는 자두의 수)×(상자 수)
= ☐ × ☐ = ☐ (개)

15 초콜릿이 한 봉지에 250개씩 들어 있습니다. 6봉지에는 초콜릿이 모두 몇 개 들어 있을까요?

☐ ×6 = ☐ (개)

16 리아는 매일 줄넘기를 191번씩 합니다. 리아가
서술형   일주일 동안 하는 줄넘기 횟수는 모두 몇 번인지 풀이 과정을 쓰고, 답을 구하세요.

1단계 일주일은 며칠인지 구하기

＿＿＿＿＿＿＿＿＿＿＿＿＿＿＿＿

＿＿＿＿＿＿＿＿＿＿＿＿＿＿＿＿

2단계 리아가 일주일 동안 하는 줄넘기 횟수 구하기

＿＿＿＿＿＿＿＿＿＿＿＿＿＿＿＿

＿＿＿＿＿＿＿＿＿＿＿＿＿＿＿＿

답

17 소리는 1초에 344 m씩 이동합니다. 민국이는 번개가 치고 5초 후에 천둥소리를 들었습니다. 번개가 친 곳은 민국이가 천둥소리를 들은 곳으로부터 몇 m 떨어져 있을까요?

식 _____

답 _____

18 연우는 가게에서 260원짜리 젤리 3개를 사고 1000원을 냈습니다. 연우가 받아야 할 거스름돈은 얼마일까요?

(   )

+플러스
유형
05 **도형에서 모든 변의 길이의 합 구하기**

예제 한 변의 길이가 324 cm이고 모든 변의 길이가 같은 삼각형이 있습니다. 이 삼각형의 모든 변의 길이의 합은 몇 cm일까요?

(   )

풀이 삼각형은 변이 ☐ 개입니다.

→ (삼각형의 모든 변의 길이의 합)

= ☐ × ☐ = ☐ (cm)

19 한 변의 길이가 152 m인 정사각형 모양의 꽃밭이 있습니다. 이 꽃밭의 네 변의 길이의 합은 몇 m일까요?

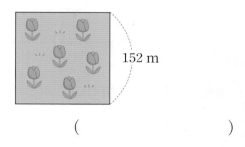

(   )

20 한 변의 길이가 317 cm인 정사각형 3개를 겹치지 않게 이어 붙여서 만든 도형입니다. 빨간색 선의 길이는 몇 cm일까요?

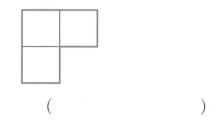

(   )

21 지효는 철사를 겹치지 않게 이어 붙여 다음과 같이 네 변의 길이가 모두 같은 사각형을 만들었습니다. 남은 철사의 길이가 16 mm라면 지효가 처음에 가지고 있던 철사의 길이는 몇 mm일까요?

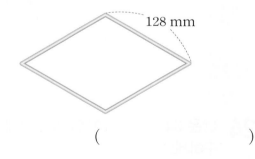

(   )

오! 길이가 모두 같은데요?

제가 정사각형이라서요~

1. 곱셈 **015**

+플러스
유형 06 수직선에서 길이 구하기

예제 그림을 보고 ☐ 안에 알맞은 수를 써넣으세요.

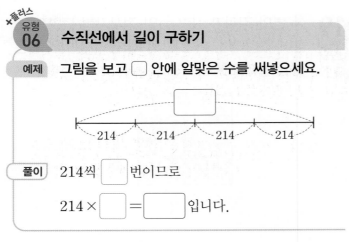

풀이 214씩 ☐ 번이므로

214 × ☐ = ☐ 입니다.

22 ㉠에 알맞은 수를 구하세요.

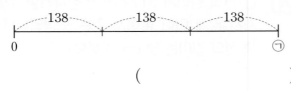

( )

23 세 자리 수 ■를 정하고, 곱셈식을 만들어 ㉠에
창의형 알맞은 수를 구하세요.

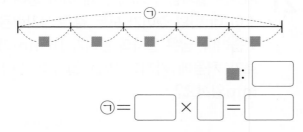

■ : ☐

㉠ = ☐ × ☐ = ☐

24 ㉠은 344, ㉡은 101입니다. 가에 알맞은 수를
구하세요.

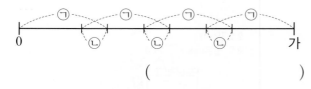

( )

유형 07 (몇십) × (몇십)

예제 다음을 계산할 때 2 × 7 = 14의 숫자 4는 어느
자리에 써야 하는지 기호를 쓰세요.

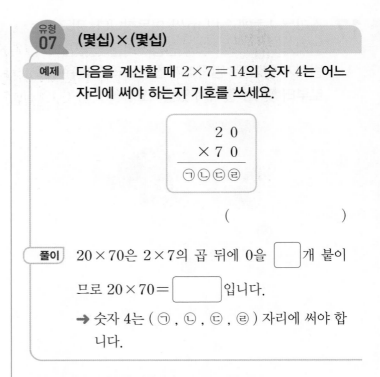

( )

풀이 20 × 70은 2 × 7의 곱 뒤에 0을 ☐ 개 붙이

므로 20 × 70 = ☐ 입니다.

➜ 숫자 4는 (㉠ , ㉡ , ㉢ , ㉣) 자리에 써야 합
니다.

25 관계있는 것끼리 이어 보세요.

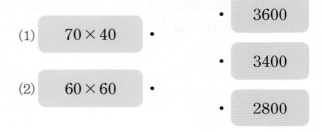

26 다음 곱셈식을 이용하여 빈칸에 알맞은 수를 써
넣으세요.

● × 80 = ♥

●	20	70	90
♥	1600		

27 계산 결과에서 0의 개수가 다른 하나를 찾아 기호를 쓰세요.

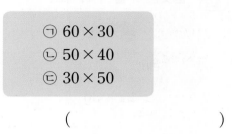

ㄱ 60 × 30
ㄴ 50 × 40
ㄷ 30 × 50

( )

유형 **08** (몇십몇) × (몇십)

예제 두 수의 곱을 구하세요.

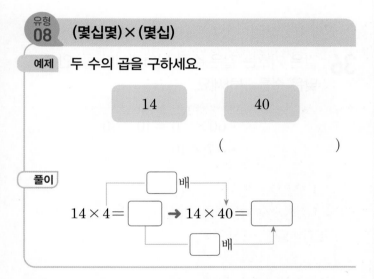

14   40

( )

풀이

$$14 \times 4 = \boxed{} \rightarrow 14 \times 40 = \boxed{}$$

배

배

---

28 계산해 보세요.

(1)   2 1
      × 8 0
      ─────

(2)   4 6
      × 3 0
      ─────

---

29 빈칸에 알맞은 수를 써넣으세요.

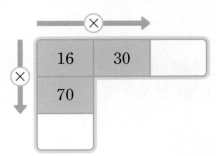

---

30 72 × 50을 계산하는 과정을 <u>잘못</u> 설명한 사람의 이름을 쓰세요.

7 × 50과 2 × 50을 더하면 돼!

주경

72 × 5의 값을 10배 하면 돼!

도율

( )

---

31 28과 수직선에서 화살표(↓)가 가리키는 수의 곱을 구하세요.

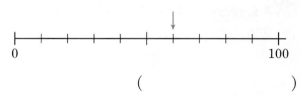

0   100

( )

---

32 직사각형 안에 있는 수의 곱을 구하려고 합니다. 풀이 과정을 쓰고, 답을 구하세요.

39   81   20   59   70

1단계 직사각형 안에 있는 수 구하기

2단계 직사각형 안에 있는 수의 곱 구하기

답

+플러스
유형 09 **곱이 같은 식 만들기**

예제 ★에 알맞은 한 자리 수를 구하세요.

$$40 \times 60 = 80 \times ★0$$

(   )

풀이 $40 \times 60 = \boxed{}00$이고 곱이 같으므로

$80 \times ★0 = \boxed{}00$입니다.

➡ $8 \times \boxed{} = \boxed{}$이므로 ★$= \boxed{}$입니다.

33 ☐ 안에 알맞은 수가 다른 하나를 찾아 기호를 쓰세요.

ㄱ $50 \times 70 = \boxed{} \times 10$
ㄴ $90 \times 40 = \boxed{} \times 10$
ㄷ $60 \times 60 = \boxed{} \times 10$

(   )

34 ☐ 안에 알맞은 수를 구하려고 합니다. 풀이 과정을 쓰고, 답을 구하세요.
서술형

$$90 \times 20 = 30 \times \boxed{}$$

1단계 90×20 계산하기

_____

_____

2단계 ☐ 안에 알맞은 수 구하기

_____

_____

답 _____

35 리아와 준호가 만든 식의 곱이 같을 때 ☐ 안에 알맞은 수를 구하세요.
중요★

리아   준호

22×30 $\boxed{} \times 20$

(   )

36 같은 기호는 같은 수를 나타냅니다. ☐ 안에 알맞은 수를 구하세요.

• $60 \times ▲0 = 40 \times 30$
• $▲7 \times 40 = \boxed{}$

(   )

유형 10 **실생활 속 (몇십)×(몇십), (몇십몇)×(몇십)**

예제 사탕을 한 사람에게 24개씩 나누어 주었습니다. 40명에게 나누어 준 사탕은 모두 몇 개일까요?

(   )

풀이 (전체 사탕의 수)
= (한 사람에게 나누어 준 사탕의 수) × (사람 수)
= $\boxed{} \times \boxed{} = \boxed{}$(개)

37 한 판에 30개씩 들어 있는 달걀이 50판 있습니다. 달걀은 모두 몇 개일까요?

(   )

38 주경이는 대만 돈 90달러를 우리나라 돈으로 환전하려고 합니다. 환전하는 날 대만 돈 1달러가 우리나라 돈으로 42원일 때 주경이가 환전하려는 돈은 우리나라 돈으로 얼마인지 식을 쓰고, 답을 구하세요.

식

답

39 서술형 다온이는 일정한 빠르기로 1분에 40 m를 갈 수 있습니다. 같은 빠르기로 다온이가 한 시간 동안 갈 수 있는 거리는 몇 m인지 풀이 과정을 쓰고, 답을 구하세요.

1단계 한 시간은 몇 분인지 구하기

2단계 다온이가 한 시간 동안 갈 수 있는 거리 구하기

답

40 한 개에 80원짜리 누름 못을 35개 사려고 합니다. 저금통에 50원짜리 동전이 50개 있다면 더 필요한 돈은 얼마일까요?

( )

유형 **11** 곱의 크기 비교하기 (1)

예제 곱의 크기를 비교하여 ◯ 안에 >, =, <를 알맞게 써넣으세요.

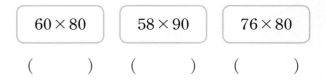

419×2 ◯ 126×7

풀이 $419 \times 2 = \boxed{}$, $126 \times 7 = \boxed{}$

→ $\boxed{}$ ◯ $\boxed{}$

41 계산 결과가 5000보다 크고 6000보다 작은 것에 ◯표 하세요.

| 60×80 | 58×90 | 76×80 |

( ) ( ) ( )

42 중요★ 지원이와 세희 중 계산 결과가 더 작은 사람의 이름과 그 곱을 차례로 쓰세요.

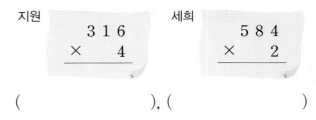

지원
$$\begin{array}{r} 3\ 1\ 6 \\ \times\quad 4 \\ \hline \end{array}$$

세희
$$\begin{array}{r} 5\ 8\ 4 \\ \times\quad 2 \\ \hline \end{array}$$

( ), ( )

43 ㉠과 ㉡ 중 설명하는 수가 더 큰 것의 기호를 쓰세요.

㉠ 291의 8배
㉡ 36을 60번 더한 수

( )

44 계산 결과가 작은 것부터 차례로 기호를 쓰려고
(서술형) 합니다. 풀이 과정을 쓰고, 답을 구하세요.

> ㉠ 224 × 5   ㉡ 40 × 30   ㉢ 59 × 20

[1단계] 각각의 식을 계산한 값 구하기

_____

_____

[2단계] 계산 결과가 작은 것부터 차례로 기호 쓰기

_____

_____

답 _____

유형 12 수를 만들어 곱 구하기

예제 수 카드 5 , 0 , 7 , 3 을 한 번씩만 사용
하여 만들 수 있는 가장 큰 두 자리 수와 가장
작은 두 자리 수의 곱을 구하세요.

(_____)

풀이 가장 큰 두 자리 수: ▢

가장 작은 두 자리 수: ▢

→ 두 수의 곱: ▢ × ▢ = ▢

---

45 시원이는 공에 적힌 수를 한 번씩만 사용하여
(중요★) 수를 만들려고 합니다. 가장 큰 세 자리 수와 가
장 작은 한 자리 수를 각각 만들어 ▢ 안에 써
넣고, 만든 두 수의 곱을 구하세요.

→ ▢ × ▢

(_____)

---

46 규민이와 연서가 만든 두 자리 수를 설명한 것
입니다. 규민이와 연서가 만든 두 수의 곱을 구
하세요.

난 십의 자리 숫자가
6인 가장 큰 수를
만들었어.

규민

난 십의 자리
숫자가 4인 몇십을
만들었어.

연서

(_____)

---

47 0부터 9까지의 수를 각각 써넣어 수 카드 5장
(창의형) 을 만들고, 수 카드를 한 번씩만 사용하여 만들
수 있는 가장 작은 세 자리 수와 두 번째로 큰
한 자리 수의 곱을 구하세요.

▢ ▢ ▢ ▢ ▢

(_____)

+플러스 유형 13 곱셈식 완성하기 (1)

예제 곱셈식의 ■에 알맞은 수를 구하세요.

$$\begin{array}{r} 6\ ■\ 1 \\ \times \quad\quad 4 \\ \hline 2\ 7\ 2\ 4 \end{array}$$

(_____)

풀이 ■ × 4의 일의 자리 숫자가 2가 되는 ■를 찾으
면 ■ = 3 또는 ■ = ▢ 입니다.

• ■ = 3일 때: 631 × 4 = ▢

• ■ = ▢ 일 때: 681 × 4 = ▢

→ ■에 알맞은 수는 ▢ 입니다.

48 곱셈식의 □ 안에 알맞은 수를 써넣으세요.

```
      6  2
  ×   □  0
  ─────────
  5 5 8 0
```

49 곱셈식에서 ㉠과 ㉡에 알맞은 수를 각각 구하세요.

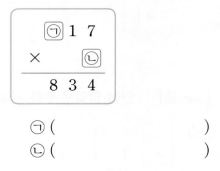

```
    ㉠ 1  7
  ×    ㉡
  ─────────
    8  3  4
```

㉠ (   )

㉡ (   )

⁺플러스
유형 14 곱이 가장 큰(작은) 곱셈식 만들기 (1)

예제 4장의 수 카드를 한 번씩만 사용하여 곱이 가장 작은 (세 자리 수)×(한 자리 수)를 만들려고 합니다. 그때의 곱을 구하세요.

(   )

풀이 곱이 가장 작으려면 곱하는 한 자리 수에 가장 작은 수인 2를 놓습니다.

남은 수 카드로 만들 수 있는 가장 작은 세 자리 수 □ 를 만들어 곱합니다.

➜ 곱이 가장 작은 곱셈식:

□ × 2 = □

50 수 카드 [2], [6], [1], [8] 을 한 번씩만 사용하여 곱이 가장 큰 (세 자리 수)×(한 자리 수)를 만들려고 합니다. 물음에 답하세요.

```
□□□ × ㉠
```

(1) 곱셈식의 곱이 가장 클 때 ㉠에 들어갈 수는 무엇일까요?

(   )

(2) 곱이 가장 큰 곱셈식의 곱은 얼마일까요?

(   )

51 수 카드의 수를 □ 안에 한 번씩만 써넣어 곱이 가장 작은 곱셈식을 만들고, 곱을 구하세요.

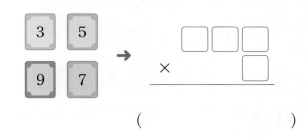

(   )

52 다음 수를 한 번씩 모두 사용하여 (세 자리 수)×(한 자리 수)를 만들려고 합니다. 곱이 가장 클 때와 곱이 가장 작을 때의 곱의 차는 얼마일까요?

```
  4    2    8    3
```

(   )

5 (한 자리 수)×(두 자리 수)

7×15 계산하기

7에 15의 각 자리 수를 각각 곱한 다음 모두 더합니다.

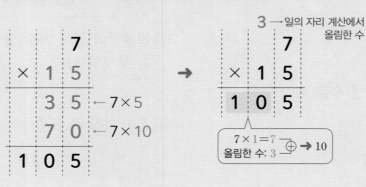

곱하는 두 수의 순서를 바꾸어도 계산 결과는 같습니다.
→ 7×15=15×7

[01~03] 모눈종이를 이용하여 9×13을 계산하려고 합니다. 물음에 답하세요.

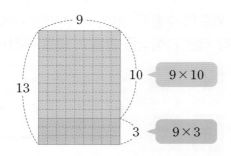

01 노란색 모눈의 수는 몇 칸인지 구하세요.

9× ☐ = ☐ (칸)

02 초록색 모눈의 수는 몇 칸인지 구하세요.

9× ☐ = ☐ (칸)

03 9×13은 얼마인지 구하세요.

9×13= ☐ + ☐ = ☐

[04~05] ☐ 안에 알맞은 수를 써넣으세요.

04

	×	3	3 8

☐ ☐ ← 3×8
☐ ☐ ← 3×30
☐ ☐ ☐

05

	×	2	6 6

☐ ☐ ← 6×☐
☐ ☐ ☐ ← 6×☐
☐ ☐ ☐

06 두 곱셈식을 계산해 보세요.

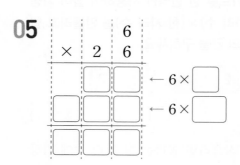

6 (두 자리 수)×(두 자리 수)⑴ ▶ 올림이 한 번 있는 경우

28×12 계산하기

28×12는 28×2와 28×10의 값을 더하여 계산합니다.

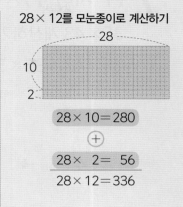

28×12를 모눈종이로 계산하기

28×10=280
(+)
28× 2= 56
28×12=336

01 수 모형을 보고 24×13을 계산해 보세요.

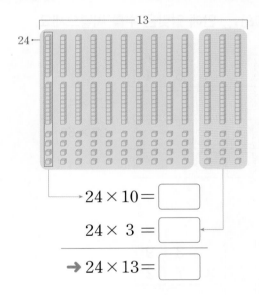

24×10= ☐

24× 3 = ☐

→ 24×13= ☐

[02~03] ☐ 안에 알맞은 수를 써넣으세요.

02 27×14=27×10+27× ☐
=270+ ☐
= ☐

03 36×12=36×10+36× ☐
= ☐ + ☐
= ☐

[04~06] ☐ 안에 알맞은 수를 써넣으세요.

04
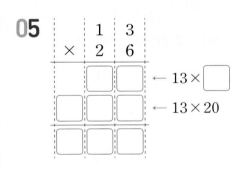

05

06
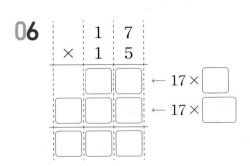

7 (두 자리 수)×(두 자리 수)(2) ▶ 올림이 여러 번 있는 경우

35×43 계산하기

35×43은 35×3과 35×40의 값을 더하여 계산합니다.

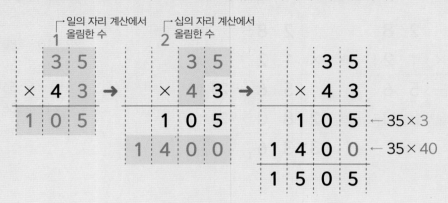

세로 계산에서 0을 생략하여 쓸 때 자리에 주의하여 적습니다.

```
    3 5          3 5
  × 4 3        × 4 3
  ─────        ─────
  1 0 5        1 0 5
  1 4 0        1 4 0
  ─────        ─────
  2 4 5        1 5 0 5
  ( × )        ( ○ )
```

[01~03] 모눈종이를 이용하여 48×26을 계산하려고 합니다. 물음에 답하세요.

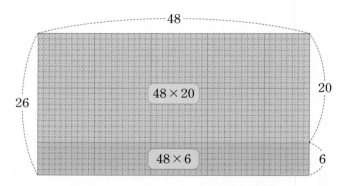

01 노란색 모눈의 수는 몇 칸인지 구하세요.

$$48 \times 20 = \boxed{} \text{(칸)}$$

02 초록색 모눈의 수는 몇 칸인지 구하세요.

$$48 \times 6 = \boxed{} \text{(칸)}$$

03 48×26은 얼마인지 구하세요.

$$48 \times 26 = \boxed{} + \boxed{} = \boxed{}$$

[04~06] ☐ 안에 알맞은 수를 써넣으세요.

04
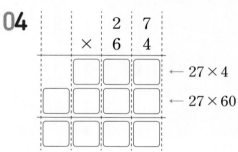

05
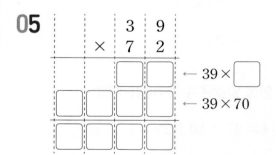

06
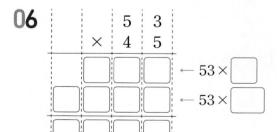

8 곱셈의 어림셈

612 × 6이 약 얼마인지 어림셈으로 구하기

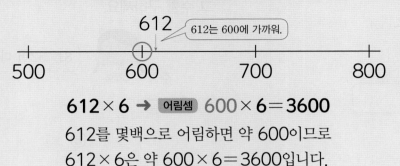

612 × 6 → 어림셈 600 × 6 = 3600

612를 몇백으로 어림하면 약 600이므로
612 × 6은 약 600 × 6 = 3600입니다.

몇십 또는 몇백으로 어림할 때에
실제 수와 더 가까운 수로 어림
합니다.

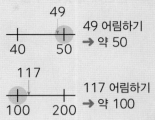

49 어림하기
→ 약 50

117 어림하기
→ 약 100

[01~02] 82 × 70이 약 얼마인지 어림셈으로 구하려고 합니다. 물음에 답하세요.

01 82를 몇십으로 어림하면 약 얼마일까요?

약 (   )

02 82 × 70을 어림셈으로 구하려고 합니다. ☐ 안에 알맞은 수를 써넣으세요.

어림셈 ☐ × 70 = ☐

→ 약 ☐

[03~04] 388 × 4가 약 얼마인지 어림셈으로 구하려고 합니다. 물음에 답하세요.

03 388을 몇백으로 어림하면 약 얼마일까요?

약 (   )

04 388 × 4를 어림셈으로 구하려고 합니다. ☐ 안에 알맞은 수를 써넣으세요.

어림셈 ☐ × 4 = ☐

→ 약 ☐

[05~07] 39 × 52가 약 얼마인지 어림셈으로 구하려고 합니다. ☐ 안에 알맞은 수를 써넣으세요.

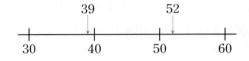

05 39를 어림하면 약 ☐ 입니다.

06 52를 어림하면 약 ☐ 입니다.

07 39 × 52를 어림셈으로 구하면
약 ☐ × ☐ = ☐ 입니다.

[08~09] 어림셈을 하기 위한 식에 색칠해 보세요.

08 813 × 3 →

800 × 3	900 × 3

09 29 × 80 →

20 × 80	30 × 80

유형
15 (한 자리 수)×(두 자리 수)

예제 빈칸에 알맞은 수를 써넣으세요.

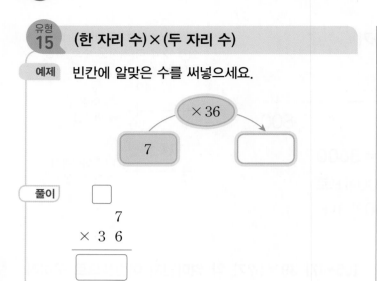

풀이 ☐

$$
\begin{array}{r}
7 \\
\times\ 3\ 6 \\
\hline
\end{array}
$$

01 다음 계산에서 ☐ 안의 수끼리의 곱이 실제로
중요★ 나타내는 수는 얼마일까요? (   )

$$
\begin{array}{r}
5 \\
\times\ \boxed{3}\ 7 \\
\hline
\end{array}
$$

① 5   ② 15   ③ 30
④ 150   ⑤ 300

02 계산해 보세요.

(1)
$$
\begin{array}{r}
9 \\
\times\ 5\ 4 \\
\hline
\end{array}
$$

(2)
$$
\begin{array}{r}
4 \\
\times\ 6\ 7 \\
\hline
\end{array}
$$

03 4×65와 곱이 같은 것을 찾아 ○표 하세요.

| 46×5 | 65×4 | 56×4 |

(   )   (   )   (   )

04 주경이가 설명하는 수를 곱셈식으로 나타내고,
그 수를 구하세요.

주경   8을 52번 더한 수

식

답 _____

05 두 곱의 차를 구하세요.

| 3×82 | 3×56 |

(   )

유형
16 올림이 한 번 있는
(두 자리 수)×(두 자리 수)

예제 23×14의 계산 결과를 구하세요.

(   )

풀이
$$
\begin{array}{r}
2\ 3 \\
\times\ 1\ 4 \\
\hline
\end{array}
$$

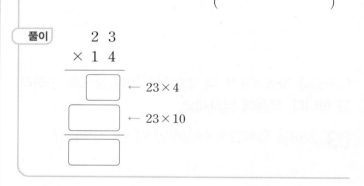

☐ ← 23×4
☐ ← 23×10
☐

06 〈보기〉와 같이 계산해 보세요.

〈보기〉

$39 \times 13 = 507$
$39 \times 10 = 390$
$39 \times\ \ 3 = 117$

51×12

07 모눈종이를 이용하여 15 × 17을 나타내고, 그 곱을 구하세요.

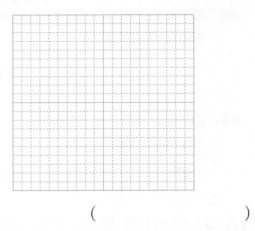

( )

10 28 × 13에 알맞은 문제를 만들고, 계산해 보세요.
(창의형)

문제

답

유형
17 올림이 여러 번 있는
(두 자리 수) × (두 자리 수)

예제 두 수의 곱을 구하세요.

67   25

( )

풀이

```
    6 7
  × 2 5
```
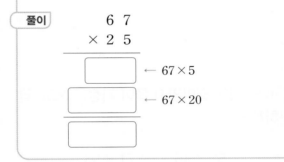
← 67 × 5

← 67 × 20

08 빈칸에 알맞은 수를 써넣으세요.

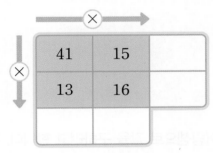

11 계산해 보세요.

(1)
```
    1 7
  × 2 3
```

(2)
```
    3 8
  × 6 2
```

09 가장 큰 수와 가장 작은 수의 곱을 구하세요.
(중요★)

| 14 | 36 | 27 | 52 |

( )

12 빈 곳에 알맞은 수를 써넣으세요.

13 계산 결과를 찾아 이어 보세요.

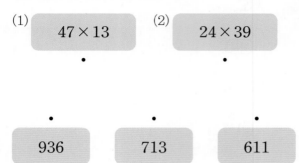

(1) 47 × 13   (2) 24 × 39

936   713   611

14 계산 결과가 1035인 식에 색칠해 보세요.

37 × 35   54 × 26

45 × 23   93 × 14

15 (서술형) ㉠과 ㉡의 합은 얼마인지 풀이 과정을 쓰고, 답을 구하세요.

㉠ 52 × 46   ㉡ 71 × 33

(1단계) ㉠과 ㉡을 각각 계산한 값 구하기

_____

_____

(2단계) ㉠과 ㉡의 합 구하기

_____

_____

답 _____

유형 **18** **곱셈의 어림셈**

예제 817 × 4는 약 얼마인지 어림셈으로 구한 값을 찾아 ○표 하세요.

2800   3200   3600

풀이 817을 약 몇백으로 어림하면
약 (800 , 900)입니다.

어림셈 [ ] × 4 = [ ] → 약 [ ]

16 (중요★) 67 × 50은 약 얼마인지 어림셈으로 구하려고 합니다. □ 안에 알맞은 수를 써넣으세요.

67을 어림하면 약 [ ]이므로
67 × 50을 어림셈으로 구하면
약 [ ]입니다.

17 어림셈으로 값을 구하려고 합니다. 가장 알맞은 값을 찾아 ○ 안에 기호를 써넣으세요.

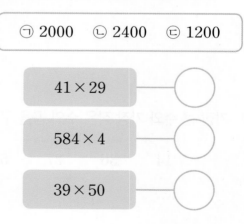

㉠ 2000   ㉡ 2400   ㉢ 1200

41 × 29 ○

584 × 4 ○

39 × 50 ○

18 211×4는 약 얼마인지 어림셈으로 구하고, 실제로 계산해 보세요.

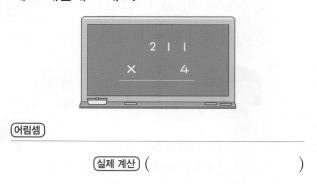

[어림셈]

[실제 계산] (   )

19 77×60의 값을 어림셈으로 구했습니다. 잘못 말한 사람의 이름을 쓰세요.

> 은성: 77은 80보다 작고 80×60=4800
> 이니까 77×60은 4800보다 작아.
>
> 준우: 77은 70보다 크고 70×60=4200
> 이니까 77×60은 4200보다 작아.
>
> 의명: 77을 어림하면 약 80이므로 77×60
> 은 약 4800이라고 할 수 있어.

(   )

유형 19 **곱의 크기 비교하기** (2)

[예제] 곱이 더 작은 것에 ○표 하세요.

9×28		4×53

(   )   (   )

[풀이] 9×28= ☐ , 4×53= ☐

→ ☐ ○ ☐

---

20 크기를 비교하여 ○ 안에 >, =, <를 알맞게 써넣으세요.

(중요★)

26×54 ○ 1450

21 현우와 미나 중 더 작은 수를 말한 사람은 누구인지 풀이 과정을 쓰고, 답을 구하세요.

(서술형)

49를 40번 더한 수	72와 29의 곱

현우   미나

[1단계] 현우와 미나가 말한 수 각각 구하기

_____

_____

[2단계] 더 작은 수를 말한 사람 구하기

_____

_____

답 _____

22 계산 결과가 큰 것부터 차례로 기호를 쓰세요.

> ㉠ 26×30
> ㉡ 32×31
> ㉢ 41×22

(   )

내가 제일 크다!   다들 엄청 크네...

1. 곱셈 **029**

유형 **다잡기**

유형 20 계산이 잘못된 부분 찾기

예제 바르게 계산한 것의 기호를 쓰세요.

> ㉠ 292×3=676
> ㉡ 115×6=690

( )

풀이 ㉠ 292×3= [ ] ㉡ 115×6= [ ]

바르게 계산한 것은 [ ]입니다.

23 바르게 계산한 것을 찾아 ○표 하세요.
중요*

```
    3 6
  × 5 4
  1 4 4
1 5 0
1 6 4 4
```

```
    2 4
  × 7 2
    4 8
1 6 8
1 7 2 8
```

( )   ( )

24 계산에서 잘못된 부분을 찾아 바르게 계산하려고 합니다. □ 안에 알맞은 수를 써넣으세요.

```
    8
  × 2 7
    5 6
  1 6
  7 2
```
→
```
    8
  × 2 7
    5 6
  [ ]
  [ ]
```

25 계산에서 <u>틀린</u> 부분을 바르게 말한 사람의 이름을 쓰세요.

```
    6 8
  × 3 0
  2 0 4
```

> 68×3의 계산 결과는 1824인데 잘못 계산해서 틀렸어.

연서

> 68×3을 계산한 다음 10을 곱하지 않아서 틀렸어.

준호

( )

26 567×4를 계산한 것입니다. <u>잘못된 부분을 찾</u>
서술형 아 이유를 쓰고, 바르게 계산해 보세요.

[바르게 계산]

```
    5 6 7
  ×     4
  2 2 4 8
```
→ [   ]

이유

유형 21 실생활 속 (두 자리 수)×(두 자리 수)

예제 한 상자에 구슬이 <u>14개</u>씩 들어 있습니다. 구슬이 <u>49상자</u> 있다면 구슬은 모두 몇 개일까요?

( )

풀이 (전체 구슬의 수)
= (한 상자에 들어 있는 구슬의 수)×(상자 수)
= [ ] × [ ] = [ ] (개)

27 운동장에 학생들을 한 줄에 26명씩 15줄로 세우려고 합니다. 운동장에 세우려는 학생은 모두 몇 명인지 식을 쓰고, 답을 구하세요.

식 $26 \times \boxed{} = \boxed{}$

답 _____

28 한 상자에 12봉지씩 들어 있는 쿠키를 18상자 사 왔습니다. 이 중에서 도율이에게 쿠키를 5봉지 주었다면 남은 쿠키는 몇 봉지일까요?

(   )

29 정사각형 모양의 타일을 벽 한 면에 붙이는 데 가로로 24개, 세로로 35개가 필요합니다. 똑같은 크기의 벽 4면에 붙이려면 타일은 모두 몇 개 필요할까요?

(   )

유형 **22** **실생활 속 곱의 크기 비교**

예제 장미가 한 다발에 16송이씩 20다발 있고, 국화는 325송이 있습니다. 장미와 국화 중 어느 것이 더 많을까요?

(   )

풀이 (장미의 수)$=16 \times 20 = \boxed{}$(송이)

$\boxed{} \bigcirc \boxed{}$ 이므로 (장미 , 국화) 가 더 많습니다.

30 동현이와 수지는 9월 한 달 동안 다음과 같이 턱걸이를 했습니다. 동현이와 수지 중 9월 한 달 동안 턱걸이를 한 횟수가 더 많은 사람의 이름을 쓰세요.

> 동현: 하루에 20번씩 12일 했어.
> 수지: 하루에 15번씩 18일 했어.

(   )

31 맛나 빵집에 사과파이는 12개씩 15줄 놓여 있고, 호두파이는 8개씩 21줄 놓여 있습니다. 사과파이와 호두파이 중 어느 것이 몇 개 더 많은지 풀이 과정을 쓰고, 답을 구하세요.

1단계 사과파이와 호두파이의 수 각각 구하기

_____

_____

2단계 어느 것이 몇 개 더 많은지 구하기

_____

_____

답 _____ , _____

단원 **1**

바르게 계산한 값 구하기

예제 어떤 수에 43을 곱해야 하는데 잘못하여 어떤 수에서 43을 뺐더니 18이 되었습니다. 바르게 계산하면 얼마인지 구하세요.

(   )

풀이 (어떤 수)−43=☐ 이므로

(어떤 수)=☐ +43=☐ 입니다.

➔ (바르게 계산한 값)

= ☐ ×43= ☐

32 어떤 수에 16을 곱해야 하는데 잘못하여 더했
중요★ 더니 58이 되었습니다. 어떤 수와 바르게 계산한 값을 각각 구하세요.

어떤 수 (   )
바르게 계산한 값 (   )

33 리아가 바르게 계산한 값은 얼마인지 풀이 과정
서술형 을 쓰고, 답을 구하세요.

어떤 수에 30을 곱해야 할 것을 잘못하여 어떤 수에서 30을 뺐더니 27이 되었어.

리아

[1단계] 어떤 수 구하기

_____

_____

[2단계] 바르게 계산한 값 구하기

_____

_____

답 _____

이어 붙인 색 테이프의 전체 길이 구하기

예제 길이가 117 cm인 색 테이프 3장을 38 cm씩 겹치게 한 줄로 이어 붙였습니다. 이어 붙인 색 테이프의 전체 길이는 몇 cm인지 구하세요.

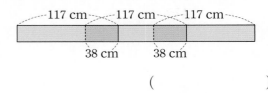

(   )

풀이 (색 테이프 3장의 길이의 합)

=117× ☐ = ☐ (cm)

(겹친 부분의 길이의 합)

=38× ☐ = ☐ (cm)

➔ (이어 붙인 색 테이프의 전체 길이)

= ☐ − ☐ = ☐ (cm)

34 길이가 29 cm인 색 테이프 15장을 겹치지 않게 이어 붙였습니다. 이어 붙인 색 테이프의 전체 길이는 몇 cm일까요?

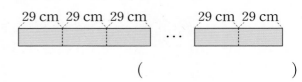

(   )

35 길이가 61 cm인 색 테이프 26장을 그림과 같이 9 cm씩 겹치게 이어 붙였습니다. 이어 붙인 색 테이프의 전체 길이는 몇 cm일까요?

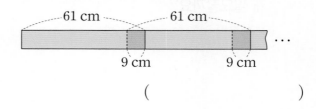

(   )

36 길이가 128 cm인 빨간색 리본 5개를 8 cm
씩 겹치게 한 줄로 이어 붙였고, 길이가 165 cm
인 노란색 리본 4개를 9 cm씩 겹치게 한 줄로
이어 붙였습니다. 이어 붙인 전체 길이가 더 긴
리본은 무슨 색일까요?

(   )

38 도로의 양쪽에 처음부터 끝까지 7 m 간격으로
(중요*) 가로수 56그루를 심었습니다. 가로수를 심은
도로의 길이는 몇 m일까요? (단, 가로수의 두
께는 생각하지 않습니다.)

(   )

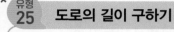

+플러스 유형 25 도로의 길이 구하기

[예제] 그림과 같이 길의 한쪽에 처음부터 끝까지 나무
<u>43그루</u>가 <u>12 m</u> 간격으로 심어져 있습니다. 나
무가 심어진 길의 길이는 몇 m일까요? (단, 나
무의 두께는 생각하지 않습니다.)

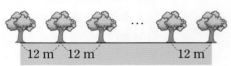

(   )

[풀이] (나무 사이의 간격 수)

$= \boxed{} - 1 = \boxed{}$ (군데)

➜ (나무가 심어진 길의 길이)

$= 12 \times \boxed{} = \boxed{}$ (m)

37 그림과 같이 도로의 한쪽에 처음부터 끝까지
828 cm 간격으로 가로등을 9개 세웠습니다.
가로등을 세운 도로의 길이는 몇 cm일까요?
(단, 가로등의 두께는 생각하지 않습니다.)

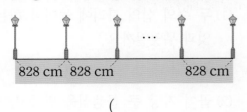

(   )

+플러스 유형 26 기호를 약속하여 계산하기

[예제] 가★나를 다음과 같이 약속할 때 7★34의 값
은 얼마일까요?

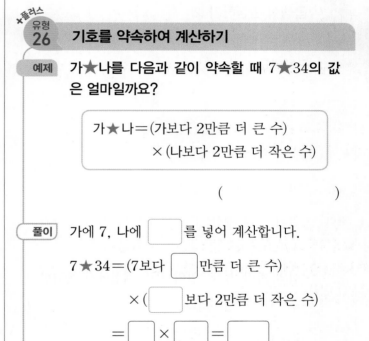

가★나＝(가보다 2만큼 더 큰 수)
        ×(나보다 2만큼 더 작은 수)

(   )

[풀이] 가에 7, 나에 $\boxed{}$ 를 넣어 계산합니다.

7★34＝(7보다 $\boxed{}$ 만큼 더 큰 수)

       ×($\boxed{}$ 보다 2만큼 더 작은 수)

$= \boxed{} \times \boxed{} = \boxed{}$

39 ☐ 안에 한 자리 수를 써넣어 약속을 완성하고,
(창의형) 약속에 맞게 계산해 보세요.

가◆나＝(가보다 $\boxed{}$ 만큼 더 큰 수)

       ×(나보다 $\boxed{}$ 만큼 더 작은 수)

$12 ◆ 31 = \boxed{}$

---

40 ㉠▲㉡을 다음과 같이 약속할 때 47▲9를 계산해 보세요.

> ㉠▲㉡은 ㉠×60과 ㉡×16의 차입니다.

(   )

+플러스 유형 27 곱셈식 완성하기 (2)

예제 다음 곱셈식에서 ㉠과 ㉡에 알맞은 수를 각각 구하세요.

$$\begin{array}{r} 8 \\ \times\ 1\ ㉠ \\ \hline 1\ ㉡\ 0 \end{array}$$

㉠ (   ), ㉡ (   )

풀이
- 일의 자리 계산: $8×㉠$의 일의 자리 숫자가 0입니다. $8×\boxed{}=\boxed{}$ ➡ $㉠=\boxed{}$
- 십의 자리 계산: 일의 자리 계산에서 올림한 수 $\boxed{}$가 있습니다.

$8×1=\boxed{}$, $\boxed{}+\boxed{}=\boxed{}$

➡ $㉡=\boxed{}$

---

41 중요★ ☐ 안에 알맞은 수를 써넣으세요.

$$\begin{array}{r} \boxed{}\ 7 \\ \times\ 7\ \boxed{} \\ \hline 2\ 2\ 8 \\ 3\ \boxed{}\ 9\ 0 \\ \hline 4\ \boxed{}\ 1\ 8 \end{array}$$

---

42 다음 곱셈식에서 ㉠+㉡+㉢+㉣의 값을 구하세요.

$$\begin{array}{r} ㉠\ 4 \\ \times\ 7\ ㉡ \\ \hline 4\ 8 \\ 1\ ㉢\ 8\ 0 \\ \hline 1\ ㉣\ 2\ 8 \end{array}$$

(   )

+플러스 유형 28 곱이 가장 큰(작은) 곱셈식 만들기 (2)

예제 수 카드 2, 4 를 ☐ 안에 한 번씩만 써넣어 곱이 가장 큰 곱셈식을 만들고, 곱을 구하세요.

$$8×\boxed{}\boxed{}$$

(   )

풀이 더 큰 두 자리 수를 만들려면 십의 자리에 더 큰 수인 $\boxed{}$를 놓고, 일의 자리에 남은 수 $\boxed{}$를 놓습니다.

➡ $8×\boxed{}\boxed{}=\boxed{}$

---

43 다음 수를 한 번씩 모두 사용하여 곱이 가장 큰 (두 자리 수)×(두 자리 수)를 만들려고 합니다. 물음에 답하세요.

> 1   5   3   4

(1) 두 수의 십의 자리에 놓아야 하는 수는 무엇과 무엇일까요?

(   ), (   )

(2) 곱이 가장 큰 곱셈식을 만들고, 곱을 구하세요.

$$\boxed{}\boxed{}×\boxed{}\boxed{}=\boxed{}$$

44 수 카드의 수를 ☐ 안에 한 번씩만 써넣어 곱이
가장 큰 곱셈식을 만들고, 곱을 구하세요.

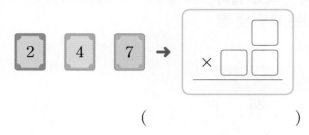

(   )

45 두 사람의 대화에 맞게 ☐ 안에 알맞은 수를 써
넣어 곱셈식을 만들고, 곱을 구하세요.

3, 4, 5, 6의 수를 한 번씩만 사용하여 곱셈식을 만들 거야.

곱이 가장 작은 곱셈식을 만들어 보자.

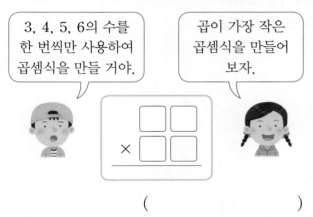

(   )

46 ☐ 안에 들어갈 수 있는 가장 큰 두 자리 수를
구하세요.

$$☐ \times 29 < 800$$

(   )

47 1부터 9까지의 수 중에서 ☐ 안에 들어갈 수
있는 수를 모두 구하세요.

$$35 \times 39 > 285 \times ☐$$

(   )

48 1부터 9까지의 수 중에서 $500 \times ☐ < 734 \times 4$
의 ☐ 안에 들어갈 수 있는 수는 모두 몇 개인
지 구하려고 합니다. 풀이 과정을 쓰고, 답을 구
하세요.

서술형

1단계 734×4 계산하기

_____

_____

2단계 ☐ 안에 들어갈 수 있는 수의 개수 구하기

_____

_____

_____

답

+플러스
유형 **29** 크기 비교에서 ☐ 안에 알맞은 수 구하기

예제 ♥가 될 수 있는 수를 모두 찾아 ◯표 하세요.

$$28 \times ♥0 > 1300$$

(3 , 4 , 5 , 6)

풀이 $28 \times 30 = 840$, $28 \times 40 = $ ☐ ,

$28 \times 50 = $ ☐ , $28 \times 60 = $ ☐

→ ♥가 될 수 있는 수: ☐ , ☐

필요한 색종이 수 구하기

1 준호네 학교 3학년 학생 모두에게 색종이를 18장씩 주려고 합니다. 각 반의 학생 수가 다음과 같을 때 필요한 색종이는 모두 몇 장일까요?

반	1	2	3	4
학생 수(명)	23	21	24	25

( )

사용하고 남은 철사의 길이 구하기

2 철사 10 m를 겹치지 않게 사용하여 다음과 같은 정사각형 모양을 6개 만들었습니다. 모양을 만들고 남은 철사의 길이는 몇 cm일까요?

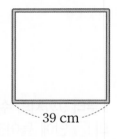

39 cm

( )

통나무를 자르는 데 걸리는 시간 구하기

서술형

3 통나무를 한 번 자르는 데 17분이 걸립니다. 통나무를 한 번 자른 후 5분을 쉰다면 24도막으로 자르는 데 걸리는 시간은 몇 분인지 풀이 과정을 쓰고, 답을 구하세요. (단, 통나무를 다 자른 후에는 쉬지 않습니다.)

풀이

답

해결 tip

통나무를 ■도막으로 자르려면?

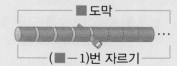

■ 도막

...

(■-1)번 자르기

통나무를 자른 횟수는 통나무의 도막 수보다 1 작은 수입니다.

연속하는 두 수의 곱 구하기

4 연속하는 두 수의 합이 67일 때, 두 수의 곱은 얼마일까요?

(   )

색 테이프 한 도막의 길이 구하기

5 미나는 길이가 27 cm인 색 테이프 14장을 6 cm씩 겹치게 한 줄로 이어 붙였습니다. 이어 붙인 색 테이프를 모두 같은 길이가 되도록 잘랐더니 20도막이 되었습니다. 색 테이프 한 도막의 길이는 몇 cm일까요?

(   )

읽은 위인전의 쪽수 구하기   (서술형)

6 은수는 10월 한 달 동안 매주 화요일, 토요일, 일요일에 위인전을 각각 32쪽씩 읽었습니다. 10월 1일이 목요일일 때 은수가 10월 한 달 동안 읽은 위인전은 모두 몇 쪽인지 풀이 과정을 쓰고, 답을 구하세요.

(풀이)

_____

_____

_____

_____

(답) _____

해결 **tip**

연속하는 두 수를 나타내려면?

어떤 한 수를 ●라 하면

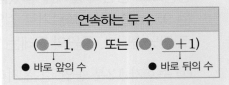

연속하는 두 수
(●−1, ●) 또는 (●, ●+1)

● 바로 앞의 수   ● 바로 뒤의 수

달력에서 같은 요일끼리 날수의 차는?

일주일은 7일이므로 같은 요일끼리는 7일 차이가 납니다.

공원의 둘레 구하기

7 준호와 리아는 공원의 같은 지점에서 동시에 출발하여 서로 반대 방향으로 공원의 둘레를 걸었습니다. 1분 동안 준호는 80 m, 리아는 95 m를 가는 빠르기로 걸었더니 두 사람이 12분 후에 처음으로 만났습니다. 공원의 둘레는 몇 m인지 구하세요.

(1) 준호가 12분 동안 걸은 거리는 몇 m일까요?

( )

(2) 리아가 12분 동안 걸은 거리는 몇 m일까요?

( )

(3) 공원의 둘레는 몇 m일까요?

( )

해결 tip

공원의 둘레를 구하려면?

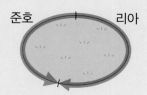

준호   리아

같은 지점에서 서로 반대 방향으로 걸었으므로 준호와 리아가 만날 때까지 걸은 거리의 합은 공원의 둘레와 같습니다.

곱이 가장 큰 곱셈식을 만든 후 두 곱의 차 구하기

8 주경이와 규민이는 수 카드 4 , 7 , 5 , 3 을 각각 한 번씩 사용하여 곱이 가장 큰 곱셈식을 만들었습니다. 두 사람이 만든 곱셈식의 모양이 다음과 같을 때 두 곱의 차를 구하세요.

주경 × 규민

(1) 주경이가 만든 곱셈식의 곱이 가장 클 때의 곱을 구하세요.

( )

(2) 규민이가 만든 곱셈식의 곱이 가장 클 때의 곱을 구하세요.

( )

(3) 두 곱의 차를 구하세요.

( )

01 수 모형을 보고 ☐ 안에 알맞은 수를 써넣으세요.

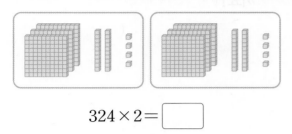

$$324 \times 2 = \boxed{}$$

02 ☐ 안에 알맞은 수를 써넣으세요.

$$4 \times 3 = \boxed{}$$

10배 ↓　10배 ↓　☐ 배

$$40 \times 30 = \boxed{}$$

03 ☐ 안에 알맞은 수를 써넣어 3×25를 계산해 보세요.

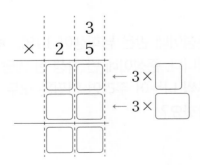

04 계산해 보세요.

$$\begin{array}{r} 2\,1\,8 \\ \times \quad\ 3 \\ \hline \end{array}$$

05 다음을 계산할 때 $9 \times 7 = 63$의 숫자 3은 어느 자리에 써야 하는지 기호를 쓰세요.

$$\begin{array}{r} 9\,0 \\ \times\ 7\,0 \\ \hline \end{array}$$
ㄱ ㄴ ㄷ ㄹ

(　　　　　　　)

06 계산 결과를 찾아 이어 보세요.

(1) 20×90 •　• 1800

(2) 80×30 •　• 2000

(3) 50×40 •　• 2400

07 어림셈으로 구하세요.

$$68 \times 90$$

약 (　　　　　　　)

08 빈칸에 알맞은 수를 써넣으세요.

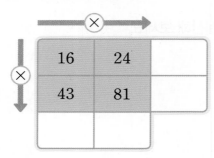

09 계산 결과의 크기를 비교하여 ○ 안에 >, =, <를 알맞게 써넣으세요.

$$14 \times 58 \bigcirc 177 \times 5$$

10 계산 결과가 700보다 큰 곱셈식을 찾아 기호를 쓰세요.

> ㉠ 213×3
> ㉡ 364×2
> ㉢ 172×4

(   )

11 책장 한 개에 책이 143권씩 꽂혀 있습니다. 책장 2개에 꽂혀 있는 책은 모두 몇 권일까요?

식 _____

답 _____

12 티셔츠가 한 상자에 28벌씩 들어 있습니다. 티셔츠가 32상자 있다면 티셔츠는 모두 몇 벌일까요?

(   )

13 38×46을 계산한 것입니다. 계산이 잘못된 부분을 찾아 이유를 쓰고, 바르게 계산해 보세요.

서술형

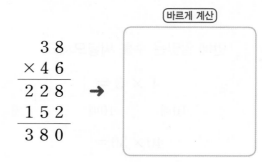

바르게 계산

이유 _____

14 준성이네 반은 남학생이 14명, 여학생이 12명입니다. 준성이네 반 학생 한 명당 연필을 12자루씩 나누어 주려면 연필은 모두 몇 자루 필요할까요?

(   )

15 ☐ 안에 알맞은 수를 구하세요.

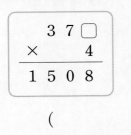

(   )

16 어떤 수에 25를 곱해야 하는데 잘못하여 어떤
수에서 25를 뺐더니 27이 되었습니다. 바르게
계산하면 얼마인지 풀이 과정을 쓰고, 답을 구
하세요.

풀이

답

17 길이가 73 cm인 색 테이프 12장을 8 cm씩
겹치게 한 줄로 이어 붙였습니다. 이어 붙인 색
테이프의 전체 길이는 몇 cm일까요?

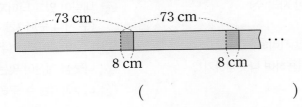

(   )

18 석민이는 가게에서 430원짜리 빵 3개와 50원
짜리 사탕 12개를 샀습니다. 석민이가 내야 할
돈은 모두 얼마인지 풀이 과정을 쓰고, 답을 구
하세요.

풀이

답

19 수 카드의 수를 ☐ 안에 한 번씩만 써넣어 곱이
가장 작은 곱셈식을 만들고, 곱을 구하세요.

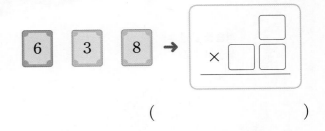

(   )

20 가♥나를 다음과 같이 약속할 때 6♥13의 값
을 구하세요.

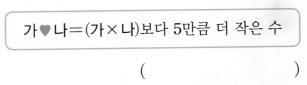

(   )

2

나눗셈

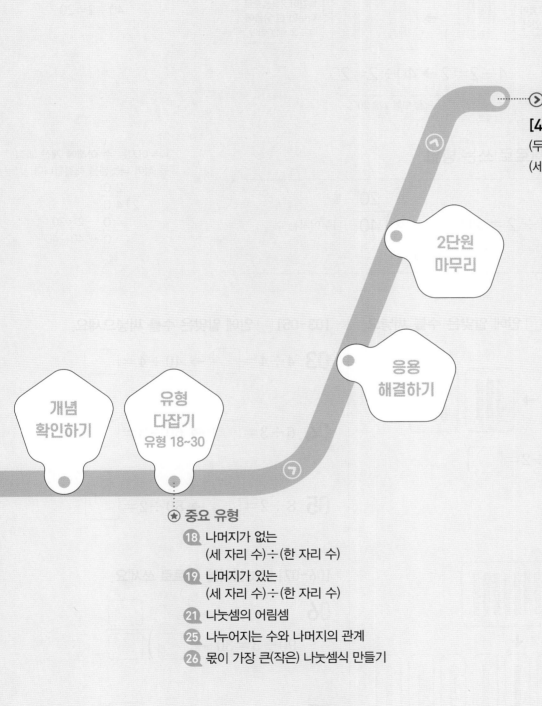

⊙ 다음에 배울 내용

[4-1] 곱셈과 나눗셈
(두 자리 수)÷(두 자리 수)
(세 자리 수)÷(두 자리 수)

2단원
마무리

응용
해결하기

개념
확인하기

유형
다잡기
유형 18~30

개념 확인하기

1 (몇십)÷(몇) ▶ 내림이 없는 경우

40÷2 계산하기

4÷2를 계산한 결과에 0을 1개 붙입니다.

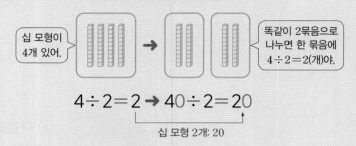

십 모형이 4개 있어.

똑같이 2묶음으로 나누면 한 묶음에 4÷2=2(개)야.

$4÷2=2 \rightarrow 40÷2=20$

십 모형 2개: 20

나누는 수가 같을 때 나누어지는 수가 10배가 되면 몫도 10배가 됩니다.

$4 ÷ 2 = 2$
10배   10배
$40÷2=20$

나눗셈식을 세로로 쓰는 방법

$40 ÷ 2 = 20 \rightarrow$

$$2\overline{)40}$$

20 ← 몫
40 ← 나누어지는 수

나누는 수

나누어지는 수 아래에 계산 과정을 적어 나눗셈을 해결합니다.

$$\begin{array}{r} 20 \\ 2\overline{)40} \\ 40 \\ \hline 0 \end{array}$$

40 ← 2×20
0 ← 40−40

[01~02] 수 모형을 보고 ⬜ 안에 알맞은 수를 써넣으세요.

01

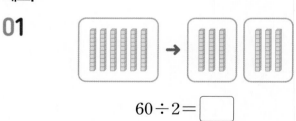

$60 ÷ 2 = \boxed{}$

02

$90 ÷ 9 = \boxed{}$

[03~05] ⬜ 안에 알맞은 수를 써넣으세요.

03 $4÷4=\boxed{} \rightarrow 40÷4=\boxed{}$

04 $6÷3=\boxed{} \rightarrow 60÷3=\boxed{}$

05 $8÷2=\boxed{} \rightarrow 80÷2=\boxed{}$

[06~07] 나눗셈식을 세로로 쓰세요.

06 $90÷3=30 \rightarrow \boxed{}\overline{)\boxed{}}$

07 $80÷4=20 \rightarrow \boxed{}\overline{)\boxed{}}$

2 (두 자리 수)÷(한 자리 수)(1) ▶ 내림이 없는 경우

39÷3 계산하기

십의 자리를 먼저 나누고 일의 자리를 나눕니다.

십의 자리	일의 자리

$$3 \overline{)39} \rightarrow 3\overline{)\begin{array}{c}1\\39\end{array}}$$
$$\begin{array}{r} 30 \end{array} \leftarrow 3 \times 10$$
$$\begin{array}{r} 9 \end{array} \leftarrow 39-30$$

$$\rightarrow 3\overline{)\begin{array}{c}13\\39\end{array}}$$
$$30 \leftarrow 일의 자리 0은 생략할 수 있어.$$
$$9$$
$$9 \leftarrow 3 \times 3$$
$$0 \leftarrow 9-9$$

십의 자리에서 나눈 몫은 십의 자리에, 일의 자리에서 나눈 몫은 일의 자리에 씁니다.

---

01 십 모형 6개, 일 모형 8개를 똑같이 2묶음으로 나눈 것입니다. ☐ 안에 알맞은 수를 써넣으세요.

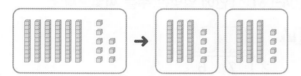

똑같이 2묶음으로 나누면 한 묶음에 십 모형이 ☐개씩, 일 모형이 ☐개씩 있습니다.

➜ 68÷2＝☐

02 십 모형 4개를 일 모형으로 바꾼 다음 일 모형을 4개씩 묶은 것입니다. ☐ 안에 알맞은 수를 써넣으세요.

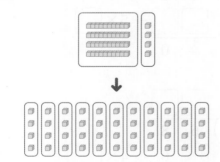

십 모형을 일 모형으로 바꾸고 일 모형을 4개씩 묶으면 모두 ☐묶음이 됩니다.

➜ 44÷4＝☐

[03~05] ☐ 안에 알맞은 수를 써넣으세요.

03
$$\begin{array}{c} \boxed{}\boxed{} \\ 2\overline{)\,28} \\ 20 \leftarrow 2\times\boxed{} \\ 8 \\ \boxed{} \leftarrow 2\times\boxed{} \\ 0 \end{array}$$

04
$$\begin{array}{c} \boxed{}\boxed{} \\ 3\overline{)\,66} \\ 60 \leftarrow 3\times\boxed{} \\ 6 \\ \boxed{} \leftarrow 3\times\boxed{} \\ 0 \end{array}$$

05
$$\begin{array}{c} \boxed{}\,0 \\ 4\overline{)\,84} \\ \boxed{}0 \leftarrow 4\times\boxed{} \\ 4 \\ \boxed{} \leftarrow 4\times\boxed{} \\ 0 \end{array}$$

3 (두 자리 수)÷(한 자리 수)⑵ ▶ 내림이 있는 경우

54÷2 계산하기

십의 자리를 먼저 나눈 후 내림하여 남은 수와 일의 자리 수의 합을 나눕니다.

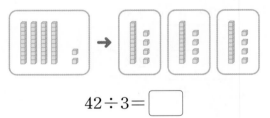

십의 자리에서 나눈 몫은 십의 자리에, 남은 수와 일의 자리 수의 합을 나눈 몫은 일의 자리에 씁니다.

[01~03] 수 모형을 보고 ☐ 안에 알맞은 수를 써넣으세요.

01

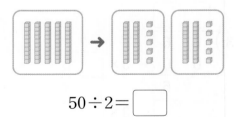

$42 \div 3 = $ ☐

02

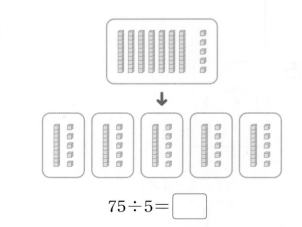

$50 \div 2 = $ ☐

03

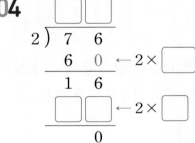

$75 \div 5 = $ ☐

[04~06] ☐ 안에 알맞은 수를 써넣으세요.

04

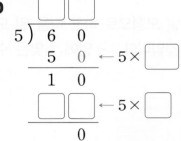

05

06

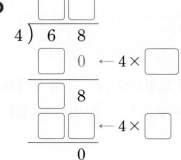

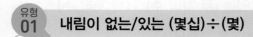
유형 **다잡기**

유형 01 내림이 없는/있는 (몇십)÷(몇)

예제 빈칸에 알맞은 수를 써넣으세요.

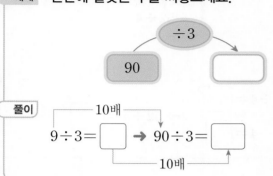

풀이

┌── 10배 ──┐
$9 \div 3 = \boxed{}$ → $90 \div 3 = \boxed{}$
└────── 10배 ──────┘

01 계산해 보세요.

(1)
$4\overline{)40}$

(2)
$5\overline{)80}$

02 ㉠과 ㉡에 알맞은 수를 각각 구하세요.
중요*

$6 \div 2 = ㉠$
$60 \div 2 = ㉡$

㉠ (   )
㉡ (   )

03 몫이 다른 하나를 찾아 ○표 하세요.

| $60 \div 3$ | $30 \div 3$ | $80 \div 4$ |

(   )   (   )   (   )

04 $60 \div 5 = 12$의 나눗셈식을 세로로 바르게 쓴 것을 찾아 기호를 쓰세요.

| ㉠ $\quad 12$ | ㉡ $\quad 60$ | ㉢ $\quad 5$ |
| $5\overline{)60}$ | $5\overline{)12}$ | $12\overline{)60}$ |

(   )

05 두 나눗셈의 몫의 합을 구하세요.

| $70 \div 7$ | $90 \div 2$ |

(   )

유형 02 내림이 없는 (두 자리 수)÷(한 자리 수)

예제 구슬 36개를 3묶음으로 똑같이 나눈 것입니다.
그림을 보고 ☐ 안에 알맞은 수를 써넣으세요.

$36 \div 3 = \boxed{}$

풀이 구슬 36개를 3묶음으로 똑같이 나누면 한 묶음에 10개짜리 주머니가 $\boxed{}$ 개씩, 낱개가 $\boxed{}$ 개씩 있습니다. → $36 \div 3 = \boxed{}$

06 나눗셈을 계산하고, 세로로 쓰세요.

$46 \div 2 = \boxed{}$ → $\boxed{}\overline{)\boxed{}\boxed{}}$

07 몫이 32인 나눗셈에 ○표 하세요.

96÷3	86÷2
( )	( )

08 나눗셈의 몫을 찾아 이어 보세요.

(1) 64÷2 • • 21

(2) 93÷3 • • 31

(3) 84÷4 • • 32

09 서술형 주어진 수 카드의 수 중에서 가장 큰 수를 가장 작은 수로 나눈 몫은 얼마인지 풀이 과정을 쓰고, 답을 구하세요.

10	68	52	2

1단계 가장 큰 수와 가장 작은 수 각각 찾기

_____

_____

2단계 가장 큰 수를 가장 작은 수로 나눈 몫 구하기

_____

_____

답 _____

유형 **03** 내림이 있는 (두 자리 수)÷(한 자리 수)

예제 나눗셈의 몫을 구하세요.

52÷4

( )

풀이

40÷4 = ☐
12÷4 = ☐ } → 52÷4 = ☐

10 계산해 보세요.

(1) 51÷3

(2) 85÷5

11 96÷4의 몫을 바르게 구한 사람의 이름을 쓰세요.

주경 22 준호 24 리아 26

( )

12 ☐ 안에 나눗셈의 몫을 써넣으세요.

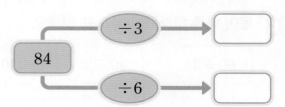

84 → ÷3 → ☐
84 → ÷6 → ☐

13 두 나눗셈의 □ 안에 같은 수가 들어갈 때 ♥에 알맞은 수를 구하세요.

$$78 \div 3 = \square \qquad \square \div 2 = ♥$$

(   )

유형 **04** **몫의 크기 비교하기**

예제 몫의 크기를 비교하여 ○ 안에 >, =, <를 알맞게 써넣으세요.

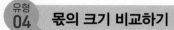

$$60 \div 6 \quad \bigcirc \quad 36 \div 3$$

풀이 $60 \div 6 = \boxed{}$, $36 \div 3 = \boxed{}$

→ $\boxed{}$ $\boxed{}$

14 몫이 더 작은 나눗셈에 △표 하세요.

중요★

$$78 \div 2 \qquad\qquad 99 \div 3$$

(   )   (   )

15 몫이 30보다 큰 것을 찾아 색칠해 보세요.

$$90 \div 3 \qquad 92 \div 4 \qquad 66 \div 2$$

---

16 몫이 가장 큰 것을 찾아 기호를 쓰려고 합니다. 풀이 과정을 쓰고, 답을 구하세요.

서술형

$$㉠ 46 \div 2 \qquad ㉡ 60 \div 3 \qquad ㉢ 76 \div 4$$

1단계 ㉠, ㉡, ㉢을 각각 계산하여 몫 구하기

_____

_____

2단계 몫이 가장 큰 것 찾기

_____

_____

답 _____

유형 **05** **실생활 속 (두 자리 수)÷(한 자리 수)**

예제 사진 70장을 앨범 2권에 똑같이 나누어 꽂으려 고 합니다. 한 권에 몇 장씩 꽂아야 할까요?

(   )

풀이 (한 권에 꽂아야 하는 사진 수)

= (전체 사진 수) ÷ (나누어 꽂는 앨범 수)

= $\boxed{}$ ÷ $\boxed{}$ = $\boxed{}$ (장)

17 달걀이 한 꾸러미에 10개씩 6꾸러미가 있습니 다. 이 달걀을 5명이 똑같이 나누어 가질 때 □ 안에 알맞은 수를 써넣으세요.

달걀은 모두 $\boxed{}$ 개입니다.

→ 한 명이 달걀을 $\boxed{}$ ÷ 5 = $\boxed{}$ (개)씩 가질 수 있습니다.

2 단원

18 자전거 보관소에 있는 두 발자전거의 바퀴는 모두 74개입니다. 자전거 보관소에 있는 두발자전거는 몇 대일까요?

식 _____

답 _____

19 서술형 민혁이네 학교의 방학식이 앞으로 91일 남았습니다. 민혁이네 학교의 방학식은 앞으로 몇 주 후인지 풀이 과정을 쓰고, 답을 구하세요.

[1단계] 일주일은 며칠인지 알아보기

_____

_____

[2단계] 민혁이네 학교의 방학식은 앞으로 몇 주 후인지 구하기

_____

_____

답 _____

20 6분 동안 90개의 물건을 만들 수 있는 ㉮ 기계와 4분 동안 84개의 물건을 만들 수 있는 ㉯ 기계가 있습니다. 일정한 빠르기로 1분 동안 물건을 만들 때, ㉮ 기계와 ㉯ 기계 중에서 어느 기계가 물건을 몇 개 더 많이 만들 수 있는지 구하세요.

(_____), (_____)

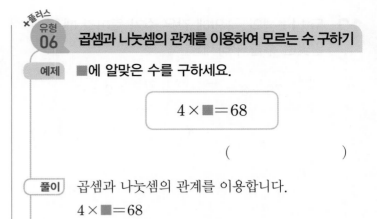

+플러스
유형 06 **곱셈과 나눗셈의 관계를 이용하여 모르는 수 구하기**

예제 ■에 알맞은 수를 구하세요.

$$4 \times ■ = 68$$

(_____)

풀이 곱셈과 나눗셈의 관계를 이용합니다.

$4 \times ■ = 68$

➡ ■ = ☐ ÷ ☐ = ☐

21 곱셈과 나눗셈의 관계를 이용하여 ♥에 알맞은 수를 구하세요.

$$♥ \times 4 = 80$$

(_____)

22 규민이와 미나가 만든 식의 계산 결과가 같을 때 ☐ 안에 알맞은 수를 구하세요.

규민

$$96 \div 2$$

미나

$$☐ \times 3$$

(_____)

23 ☐ 안에 알맞은 수가 더 큰 식에 ○표 하세요.

$$3 \times ☐ = 66$$

$$☐ \times 5 = 90$$

(_____)   (_____)

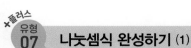

유형 07 나눗셈식 완성하기 ⑴

예제 오른쪽 식의 ㉠, ㉡, ㉢, ㉣에 알맞은 수 중 다른 하나를 찾아 기호를 쓰세요.

```
         ㉠ ㉡
   6 ) 9 6
        ㉢
      ─────
       3 6
       3 ㉣
      ─────
         0
```

( )

풀이
• 9 − ㉢ = 3 ➡ ㉢ = ☐

• 6 × ㉠ = ㉢, 6 × ㉠ = ☐ ➡ ㉠ = ☐

• 36 − 3㉣ = 0 ➡ ㉣ = ☐

• 6 × ㉡ = 3㉣, 6 × ㉡ = 3☐ ➡ ㉡ = ☐

따라서 알맞은 수가 다른 하나는 ☐ 입니다.

24 ☐ 안에 알맞은 수를 써넣으세요.

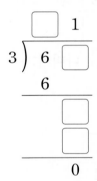

25 ㉠과 ㉡에 알맞은 수의 합을 구하세요.

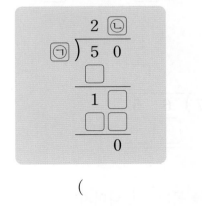

( )

유형 08 도형의 특징을 이용하여 나눗셈하기

예제 다음 도형은 세 변의 길이가 같은 삼각형입니다. 세 변의 길이의 합이 75 cm라면 한 변의 길이는 몇 cm일까요?

( )

풀이 (한 변의 길이)

= (세 변의 길이의 합) ÷ (변의 수)

= ☐ ÷ ☐ = ☐ (cm)

26 네 변의 길이의 합이 92 cm인 정사각형이 있습니다. 이 정사각형의 한 변의 길이는 몇 cm 인지 구하세요.

( )

27 짧은 변의 길이가 4 cm인 작은 직사각형 8개를 겹치지 않게 이어 붙여 만든 직사각형 모양입니다. 빨간색 선의 길이가 104 cm일 때 작은 직사각형의 긴 변의 길이는 몇 cm일까요?

( )

STEP 1 개념 확인하기

4 (두 자리 수)÷(한 자리 수)(3) ▶ 내림이 없고 나머지가 있는 경우

14÷4 계산하기

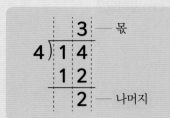

14를 4로 나누면 몫은 3이고 2가 남습니다. 이때 2를 **14÷4의 나머지**라고 합니다.

→ $14 \div 4 = 3 \cdots 2$

나머지는 나누는 수보다 항상 작아.

나머지가 없으면 나머지가 0이라고 할 수 있습니다.
나머지가 0일 때, **나누어떨어진다**고 합니다.

나누는 수가 ●일 때 나머지가 될 수 있는 수
가장 작은 수: 0
가장 큰 수: (●−1)

나눗셈의 몫과 나머지는 '(몫)…(나머지)'로 간단하게 나타낼 수 있습니다.

$$■ \div ▲ = ● \cdots ★$$
몫┘ └나머지

---

01 나눗셈식에서 몫과 나머지를 각각 찾아 ☐ 안에 써넣으세요.

$$43 \div 5 = 8 \cdots 3$$

→ 몫: ☐, 나머지: ☐

[02~03] 수 모형을 보고 ☐ 안에 알맞은 수를 써넣으세요.

02

$29 \div 3 = ☐ \cdots ☐$

03

$36 \div 7 = ☐ \cdots ☐$

[04~06] ☐ 안에 알맞은 수를 써넣으세요.

04
```
    ☐
4 ) 3 3
    3 2
    ☐
```
→ 몫: ☐, 나머지: ☐

05
```
    ☐
6 ) 5 1
    4 8
    ☐
```
→ 몫: ☐, 나머지: ☐

06
```
      ☐
7 ) 6 5
   ☐ ☐
     ☐
```
→ 몫: ☐, 나머지: ☐

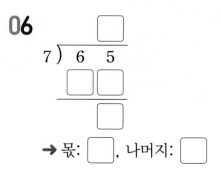

5 (두 자리 수)÷(한 자리 수)⑷ ▶ 내림이 있고 나머지가 있는 경우

57÷4 계산하기

십의 자리

```
4 ) 5 7   →    1
            4 ) 5 7
                4 0   ← 4×10
                1 7   ← 57-40
```

일의 자리

```
       1 4
→  4 ) 5 7
       4 0
       1 7
       1 6   ← 4×4
          1   ← 17-16
```

$$57÷4=14\cdots1 \quad → \quad 몫: 14, \ 나머지: 1$$

세로 계산에서 몫과 나머지를 간단하게 나타내기

```
     1 4 … 1
4 ) 5 7
```

나머지가 있는 나눗셈의 계산은 (나머지)<(나누는 수)인지 확인합니다.

[01~03] 수 모형을 보고 ☐ 안에 알맞은 수를 써넣으세요.

01

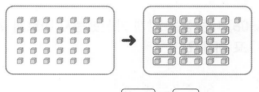

$$31÷2=\boxed{}\cdots\boxed{}$$

02

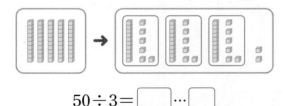

$$50÷3=\boxed{}\cdots\boxed{}$$

03

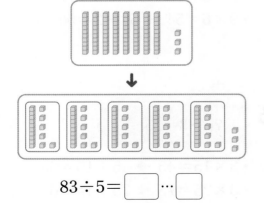

$$83÷5=\boxed{}\cdots\boxed{}$$

[04~05] ☐ 안에 알맞은 수를 써넣으세요.

04

```
        ☐ ☐
   2 ) 7 3
       6 0   ← 2×30
       1 3
       ☐ ☐   ← 2×☐
         ☐
```

$$→ 73÷2=\boxed{}\cdots\boxed{}$$

05

```
        ☐ ☐
   7 ) 9 5
       7 0   ← 7×10
       ☐ ☐
       ☐ ☐   ← 7×☐
         ☐
```

$$→ 95÷7=\boxed{}\cdots\boxed{}$$

6 나눗셈의 계산 확인

21÷5의 계산이 맞는지 확인하기

사과 21개를 5개씩 묶으면 4묶음이 되고 1개가 남습니다.

5개씩 4묶음이고 1개가 남았으므로 모두 21개입니다.
$5 \times 4 = 20$ 　　　　　　　　　　　　 $20 + 1 = 21$

→ 나누는 수와 몫의 곱에 나머지를 더하면 나누어지는 수가 되는지 확인합니다.

$$21 \div 5 = 4 \cdots 1$$

확인 $5 \times 4 = 20$ → $20 + 1 = 21$

나머지가 0인 경우에는
(나누는 수)×(몫)=(나누어지는 수)
인지 확인합니다.

[01~03] 그림을 이용하여 $44 \div 8$을 계산하고, 계산 결과가 맞는지 확인해 보려고 합니다. 물음에 답하세요.

01 일 모형 44개를 8개씩 묶어 보세요.

02 ☐ 안에 알맞은 수를 써넣으세요.

일 모형 44개를 8개씩 묶으면
☐묶음이 되고, ☐개가 남습니다.
→ $44 \div 8 = $ ☐ $\cdots$ ☐

03 02의 계산 결과가 맞는지 확인해 보세요.

확인 $8 \times 5 = $ ☐
→ ☐ + ☐ = ☐

[04~06] 나눗셈을 맞게 계산했는지 바르게 확인한 것에 ○표 하세요.

04
$$60 \div 7 = 8 \cdots 4$$

• $7 \times 8 = 56$ → $56 + 4 = 60$ 　(　　)
• $7 \times 4 = 28$ → $28 + 8 = 36$ 　(　　)

05
$$56 \div 9 = 6 \cdots 2$$

• $9 + 6 = 15$ → $15 + 2 = 17$ 　(　　)
• $9 \times 6 = 54$ → $54 + 2 = 56$ 　(　　)

06
$$76 \div 3 = 25 \cdots 1$$

• $3 \times 15 = 45$ → $45 + 15 = 60$ 　(　　)
• $3 \times 25 = 75$ → $75 + 1 = 76$ 　(　　)

[07~09] 주어진 수가 나머지가 될 수 <u>없는</u> 나눗셈에 색칠해 보세요.

07 6 → ☐÷4 ☐÷7

08 4 → ☐÷3 ☐÷6

09 5 → ☐÷9 ☐÷5

[10~12] ☐ 안에 알맞은 수를 써넣으세요.

10 6)58 → 몫: ☐ / 나머지: ☐

11 3)89 → 몫: ☐ / 나머지: ☐

12 88÷7=☐…☐ → 몫: ☐ / 나머지: ☐

[13~15] 나눗셈식을 보고 계산 결과가 맞는지 확인해 보세요.

13 $44÷6=7…2$

확인 $6×☐=42$ → $42+☐=☐$

14 8)69 = 8…5

확인 $8×☐=64$ → $☐+☐=☐$

15 3)77 = 25…2

확인 $3×☐=☐$ → $☐+☐=☐$

[16~17] 나눗셈을 계산하고, 계산 결과가 맞는지 확인해 보세요.

16 4)97

확인 $4×☐=☐$ → $☐+☐=☐$

17 $98÷8=☐…☐$

확인 $8×☐=☐$ → $☐+☐=☐$

2. 나눗셈 **055**

유형 09 내림이 없고 나머지가 있는
(두 자리 수)÷(한 자리 수)

예제 큰 수를 작은 수로 나누었을 때의 몫과 나머지를 각각 구하세요.

$$47 \quad 8$$

몫 (   ), 나머지 (   )

풀이 47 ◯ 8 → □ ÷ □ = □ … □

01 〈보기〉와 같이 나눗셈을 하고, 몫과 나머지를 각각 구하세요.

〈보기〉

```
      1 2
  3 ) 3 7
      3
      ―
      7
      6
      ―
      1
```

$$6) \overline{6 \ 9}$$

몫 (   )
나머지 (   )

02 나눗셈식에 대해 잘못 설명한 것을 찾아 기호를 쓰세요.

$$74 \div 9 = □ … □$$

㉠ 몫은 10보다 작습니다.
㉡ 나누어떨어지는 나눗셈식입니다.
㉢ 나머지는 9보다 작습니다.

(   )

03 □ 안에 몫을 쓰고, ◯ 안에 나머지를 써넣으세요.

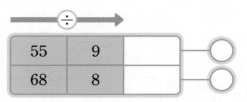

| 55 | 9 |
| 68 | 8 |

04 나머지가 같은 것끼리 이어 보세요.

(1) 38÷7   •   •   53÷8

(2) 41÷6   •   •   45÷7

(3) 49÷5   •   •   40÷6

유형 10 나머지가 될 수 있는 수 구하기

예제 어떤 수를 3으로 나누었을 때 나머지가 될 수 있는 수에 ◯표 하세요.

$$2 \quad 3 \quad 4 \quad 5 \quad 6$$

풀이 3으로 나누었을 때의 나머지는 3보다
(커야 , 작아야) 합니다.

→ 주어진 수 중 나머지가 될 수 있는 수: □

05 어떤 수를 5로 나누었을 때 나머지가 될 수 있는 수를 모두 쓰세요.

(   )

06 나머지가 4가 될 수 <u>없는</u> 나눗셈을 찾아 기호를 쓰세요.

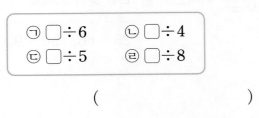

(   )

07 (서술형) 다음 나눗셈식에서 ●가 될 수 있는 수 중 가장 큰 수는 얼마인지 풀이 과정을 쓰고, 답을 구하세요.

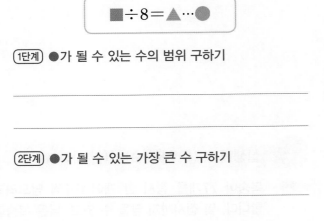

(1단계) ●가 될 수 있는 수의 범위 구하기

_____

_____

(2단계) ●가 될 수 있는 가장 큰 수 구하기

_____

_____

(답)

08 나머지가 될 수 있는 수 중 가장 큰 수가 6일 때 ♣에 알맞은 수는 얼마일까요?

(   )

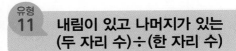

(예제) □ 안에 몫을 쓰고, ○ 안에 나머지를 써넣으세요.

(풀이) 내림에 주의하여 나눗셈을 합니다.
계산 후 (나머지) < (나누는 수)임을 확인합니다.

09 계산해 보세요.

(1) $55 \div 3$

(2) $74 \div 5$

10 (중요) 나눗셈의 몫과 나머지를 각각 구하세요.

$$86 \div 7$$

몫 (   )
나머지 (   )

11 나눗셈의 몫과 나머지를 <u>잘못</u> 쓴 것을 찾아 기호를 쓰세요.

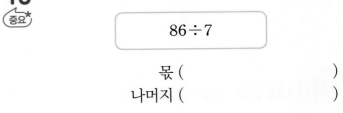

(   )

12 2부터 9까지의 수 중에서 하나를 골라 ☐ 안에 써넣고, 만든 나눗셈의 몫과 나머지를 각각 구하세요.

$$71 \div \boxed{}$$

몫 (   ), 나머지 (   )

13 가장 큰 수를 가장 작은 수로 나누었을 때의 몫과 나머지를 각각 구하세요.

$$50 \quad 4 \quad 5 \quad 28$$

몫 (   )
나머지 (   )

+플러스 유형 12 나누어떨어지는 나눗셈 찾기

예제 나누어떨어지는 나눗셈을 찾아 기호를 쓰세요.

$$\text{㉠ } 31 \div 5 \quad \text{㉡ } 36 \div 4 \quad \text{㉢ } 45 \div 7$$

(   )

풀이 나머지가 ☐ 인 나눗셈을 찾습니다.

㉠ $5\overline{)31}$ ㉡ $4\overline{)36}$ ㉢ $7\overline{)45}$

14 주어진 수 중에서 6으로 나누었을 때 나누어떨어지는 수를 모두 찾아 쓰세요.

$$25 \quad 66 \quad 50 \quad 90$$

(   )

15 나눗셈 $35 \div \square$는 나누어떨어집니다. ☐가 될 수 있는 가장 큰 한 자리 수를 구하세요.

(   )

유형 13 실생활 속 (두 자리 수)÷(한 자리 수)

예제 복숭아 77개를 접시 한 개에 6개씩 담으려고 합니다. 몇 접시까지 담을 수 있고, 남은 복숭아는 몇 개인지 차례로 쓰세요.

(   ), (   )

풀이 (전체 복숭아 수)÷(한 접시에 담은 복숭아 수)

$$= \boxed{} \div \boxed{} = \boxed{} \cdots \boxed{}$$

16 길이가 62 cm인 끈을 한 도막이 7 cm가 되도록 자르려고 합니다. 7 cm짜리 도막은 몇 개까지 만들 수 있을까요?

(   )

17 85일은 몇 주 며칠일까요?

앞으로 생일이
85일 남았네!
그럼 몇 주 며칠이
남은 거지?

(식)

(답)

18 다음과 같이 준비된 수업 준비물을 5모둠에 똑같이 나누어 주려고 합니다. 똑같이 나누어 줄 때 남는 것이 없는 물건은 무엇일까요?

색종이 72장   클립 85개

(   )

19 남학생 38명과 여학생 45명이 있습니다. 학생
(서술형) 들이 한 줄에 4명씩 서면 모두 몇 줄이 되고, 남은 학생은 몇 명인지 차례로 쓰려고 합니다. 풀이 과정을 쓰고, 답을 구하세요.

(1단계) 전체 학생 수 구하기

(2단계) 몇 줄이 되고 남은 학생은 몇 명인지 구하기

(답)   ,

유형
14 **적어도 몇 개 필요한지 구하기**

예제 채원이네 학교 3학년 학생 92명에게 초콜릿을 한 개씩 나누어 주려고 합니다. 한 상자에 6개씩 들어 있는 초콜릿을 적어도 몇 상자 사야 할까요?

(   )

풀이 (필요한 초콜릿 수)÷(한 상자에 담긴 초콜릿 수)

= ☐ ÷ ☐ = ☐ ··· ☐

초콜릿을 ☐ 상자 사면 2명에게 나누어 줄 수 없으므로 적어도 ☐ 상자를 사야 합니다.

20 한 번에 6명씩 탈 수 있는 코끼리 열차를 32명의 학생들이 모두 한 번씩 타려고 합니다. 코끼리 열차는 적어도 몇 번 운행해야 할까요?

(   )

21 축구부 학생 52명과 농구부 학생 39명에게 아이스크림을 한 개씩 나누어 주려고 합니다. 아이스크림을 한 상자에 8개씩 묶음으로만 판다면 아이스크림을 적어도 몇 상자 사야 할까요?

(   )

한 상자에
4개씩!

우리도 들어가야 하니까,
상자 1개 더!

+플러스
유형 15 **수를 만들어 나눗셈하기**

예제 수 카드 중 2장을 사용하여 십의 자리가 4인 가장 작은 두 자리 수를 만들었습니다. 만든 수를 남은 수 카드의 수 중 더 큰 수로 나눈 몫과 나머지를 각각 구하세요.

몫 (   )

나머지 (   )

풀이 십의 자리가 4인 가장 작은 두 자리 수: ☐

남은 수 카드의 수 중 더 큰 수: ☐

→ ☐ ÷ ☐ = ☐ … ☐

22
창의형 3장의 수 카드를 한 번씩만 사용하여 (두 자리 수)÷(한 자리 수)를 만들고, 몫과 나머지를 각각 구하세요.

 7   2   5

☐☐ ÷ ☐ = ☐ … ☐

23 공에 적힌 수 중에서 두 수를 사용하여 가장 큰 두 자리 수를 만들었습니다. 만든 수를 공에 적힌 수 중 가장 작은 수로 나누었을 때의 몫과 나머지를 각각 구하세요.

3   6   5   8

몫 (   )

나머지 (   )

유형 16 **나눗셈 계산이 맞는지 확인하기**

예제 나눗셈식을 보고 계산 결과가 맞는지 확인해 보세요.

$$71 \div 9 = 7 \cdots 8$$

확인 _____

풀이 나누는 수와 ☐ 의 곱에 ☐ 를 더한 값이 나누어지는 수와 같은지 확인합니다.

24
중요★ $93 \div 5$의 계산을 하고, 계산 결과가 맞는지 확인해 보세요.

5) 9 3

확인 _____

25 도율이가 $84 \div 7$을 계산한 것입니다. 도율이의 계산이 맞는지 확인해 보세요.

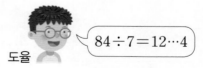
도율 $84 \div 7 = 12 \cdots 4$

$7 \times$ ☐ $=$ ☐ , ☐ $+$ ☐ $=$ ☐
이므로 계산이 (맞습니다 , 틀립니다).

26 나눗셈을 하고 맞게 계산했는지 확인한 식이 〈보기〉와 같습니다. 계산한 나눗셈식을 쓰고, 몫과 나머지를 각각 구하세요.

──〈보기〉──
$$9 \times 6 = 54, \ 54 + 8 = 62$$

식 _____

몫 (   )
나머지 (   )

+플러스
유형 **17** 나누어지는 수 구하기

예제 ㉠에 알맞은 수를 구하세요.

$$㉠ \div 8 = 11 \cdots 5$$

(   )

풀이 $8 \times 11 = \boxed{}$, $\boxed{} + \boxed{} = \boxed{}$

➡ ㉠ = $\boxed{}$

27 ☐ 안에 알맞은 수를 써넣으세요.
중요★

$$\begin{array}{r} 1\ 9 \cdots 3 \\ 4\overline{)\boxed{}} \end{array}$$

28 어떤 나눗셈의 나누는 수는 5, 몫은 14입니다. 이 나눗셈이 나누어떨어질 때 나누어지는 수를 구하세요.

(   )

---

29 준호의 말을 읽고 ◆에 알맞은 수를 구하세요.

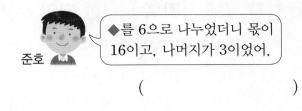
준호: ◆를 6으로 나누었더니 몫이 16이고, 나머지가 3이었어.

(   )

30 어떤 수를 7로 나누었더니 몫이 6이고, 나머지
서술형 가 2가 되었습니다. 어떤 수는 얼마인지 풀이 과정을 쓰고, 답을 구하세요.

1단계 어떤 수를 ☐라 하고 나눗셈식 세우기

_____

_____

2단계 어떤 수 구하기

_____

_____

답 _____

31 주하가 카드를 4장씩 22명에게 똑같이 나누어 주었더니 1장이 남았습니다. 주하가 처음에 가지고 있던 카드는 몇 장일까요?

(   )

2 단원

7 (세 자리 수)÷(한 자리 수)

527÷5 계산하기

백의 자리부터 차례로 계산합니다. 십의 자리 또는 일의 자리에서 나눌 수 없으면 각 몫의 자리에 0을 씁니다.

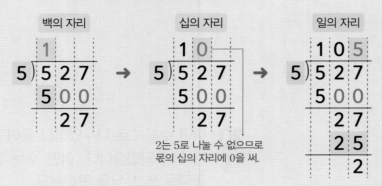

2는 5로 나눌 수 없으므로 몫의 십의 자리에 0을 써.

몫의 일의 자리가 0인 경우

```
    1 2 0
4) 4 8 0
   4 0 0
   ─────
     8 0
     8 0
   ─────
       0
```

216÷4 계산하기

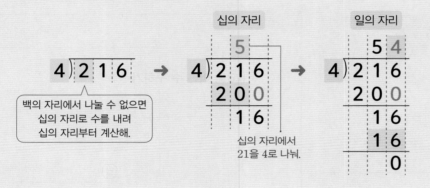

백의 자리에서 나눌 수 없으면 십의 자리로 수를 내려 십의 자리부터 계산해.

십의 자리에서 21을 4로 나눠.

(세 자리 수)÷(한 자리 수)의 몫의 자리 수 알아보기

■●▲÷㉠

· ■>㉠이거나 ■=㉠이면 몫은 세 자리 수입니다.

· ■<㉠이면 몫은 두 자리 수입니다.

[01~04] ☐ 안에 알맞은 수를 써넣으세요.

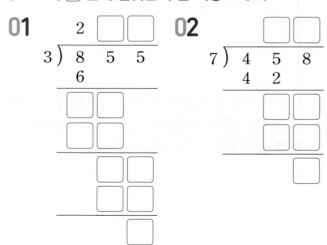

01
```
    2 ☐ ☐
3) 8 5 5
   6
   ☐
   ☐
     ☐
```

02
```
    ☐ ☐
7) 4 5 8
   4 2
   ☐ ☐
     ☐
```

[03~04] ☐ 안에 알맞은 수를 써넣으세요.

03

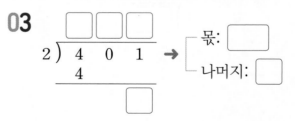
```
   ☐ ☐ ☐
2) 4 0 1
   4
   ☐
```
→ 몫: ☐
　 나머지: ☐

04

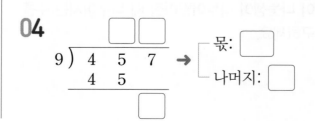
```
    ☐ ☐
9) 4 5 7
   4 5
     ☐
```
→ 몫: ☐
　 나머지: ☐

8 나눗셈의 어림셈

198÷4의 몫이 약 얼마인지 어림셈으로 구하기

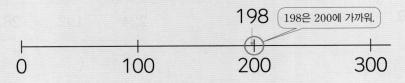

$198 \div 4 \rightarrow$ 어림셈 $200 \div 4 = 50$

198은 200에 가까우므로 어림하면 약 200입니다.
따라서 198÷4의 몫은 약 50입니다.

198보다 큰 수인 200으로 어림하여 계산했으므로 198÷4를 실제로 계산한 몫은 50보다 작거나 50과 같습니다.
$\rightarrow 198 \div 4 = 49 \cdots 2$

---

01 605÷3의 몫이 약 얼마인지 어림셈으로 구하려고 합니다. 알맞은 수에 ○표 하세요.

605를 어림하면 약 (500 , 600)입니다.
따라서 605÷3을 어림셈으로 구한 몫은
약 (100 , 200)입니다.

02 549÷5의 몫이 약 얼마인지 어림셈으로 구하려고 합니다. 알맞은 수에 ○표 하세요.

549를 어림하면 약 (450 , 550)입니다.
따라서 549÷5를 어림셈으로 구한 몫은
약 (90 , 110)입니다.

[03~04] 어림셈을 하기 위한 식에 ○표 하세요.

03 803÷4 $\rightarrow$
┌ 800÷4 ( )
└ 900÷4 ( )

04 768÷7 $\rightarrow$
┌ 760÷7 ( )
└ 770÷7 ( )

[05~06] 517÷5의 몫이 약 얼마인지 어림셈으로 구하려고 합니다. 물음에 답하세요.

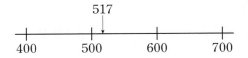

05 517을 어림하여 그림에 ○표로 나타내세요.

06 어림셈을 해 보세요.

어림셈 ▢ ÷5 = ▢
$\rightarrow$ 약 ▢

[07~08] 358÷9의 몫이 약 얼마인지 어림셈으로 구하려고 합니다. 물음에 답하세요.

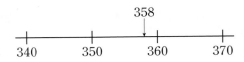

07 358을 어림하여 그림에 ○표로 나타내세요.

08 어림셈을 해 보세요.

어림셈 ▢ ÷9 = ▢
$\rightarrow$ 약 ▢

유형 18 나머지가 없는 (세 자리 수)÷(한 자리 수)

예제 빈 곳에 알맞은 수를 써넣으세요.

$$260 \div 4$$

풀이 백의 자리에서 2를 4로 나눌 수 없으므로 십의 자리에서 [ ]을 4로 나눕니다.

→ $260 \div 4 = $ [ ]

01 계산해 보세요.

(1) $4\overline{)312}$

(2) $9\overline{)927}$

02 나눗셈의 몫을 찾아 이어 보세요.

(1) $804 \div 4$ •   • 241

(2) $482 \div 2$ •   • 233

(3) $699 \div 3$ •   • 201

03 몫이 55인 나눗셈의 기호를 쓰세요.

㉠ $378 \div 7$ ㉡ $440 \div 8$

(   )

04 가장 큰 수를 6으로 나눈 몫을 구하세요.

| 224 | 192 | 282 |

(   )

유형 19 나머지가 있는 (세 자리 수)÷(한 자리 수)

예제 나눗셈의 몫과 나머지를 각각 구하세요.

$$920 \div 7$$

몫 (   )

나머지 (   )

풀이 백의 자리, 십의 자리, 일의 자리 순서로 나눕니다.

→ $920 \div 7 = $ [ ] ⋯ [ ]

05 ☐ 안에 알맞은 식의 기호를 써넣으세요.

㉠ 9×80 ㉡ 9×1
㉢ $737 - 720$ ㉣ 9×17

```
        8 1
   9 ) 7 3 7
       7 2 0 ←  [  ]
       ─────
         1 7 ←  [  ]
            9 ←  [  ]
         ─────
            8
```

06 계산해 보세요.

(1) $125 \div 7$

(2) $547 \div 5$

07 ☐ 안에 몫을 쓰고, ◯ 안에 나머지를 써넣으세요.

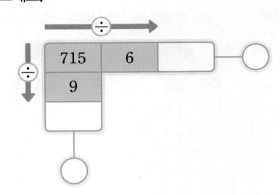

08 308÷3과 나머지가 같은 나눗셈을 찾아 기호를 쓰세요.

| ㉠ 653÷5 |
| ㉡ 421÷4 |
| ㉢ 386÷6 |

(   )

09 (창의형) 주어진 수와 단어를 이용하여 나눗셈 문제를 만들고, 답을 구하세요.

| 7   832   포도 |

문제 _____

_____

답 _____

• 정답 16쪽

유형 **20** 실생활 속 (세 자리 수)÷(한 자리 수)

예제   구슬 196개를 한 사람에게 9개씩 나누어 주려고 합니다. 모두 몇 명까지 줄 수 있고, 구슬은 몇 개 남는지 차례로 쓰세요.

(   ), (   )

풀이   ☐ ÷ ☐ = ☐ … ☐

➡ ☐ 명까지 줄 수 있고,

구슬은 ☐ 개 남습니다.

10 (중요★) 곤충관에 있는 장수풍뎅이의 다리는 모두 102개입니다. 곤충관에는 장수풍뎅이가 몇 마리 있는지 식을 쓰고, 답을 구하세요.

장수풍뎅이의 다리는 6개 입니다.

식 _____

답 _____

11 사과 249개 중에서 21개로 잼을 만들고, 남은 사과를 똑같이 6상자에 나누어 담으려고 합니다. 한 상자에 담을 사과는 몇 개일까요?

(   )

12 쿠키 한 판을 굽는 데 7분이 걸립니다. 쿠키 한 판에 6개씩 굽는다면 120분 동안 구울 수 있는 쿠키는 몇 개일까요?

(   )

유형 21 나눗셈의 어림셈

예제 나눗셈의 몫을 어림셈으로 구하려고 합니다. 어림셈으로 구한 몫을 찾아 ○표 하세요.

$$422 \div 7$$

| 50 | 60 | 70 |

풀이 422는 약 420으로 어림할 수 있습니다.

어림셈으로 구하면 ▢ ÷ 7 = ▢ 이므로

몫은 약 ▢ 입니다.

---

13 897 ÷ 3의 몫을 어림셈으로 구하고, 어림셈한 것을 이용하여 실제 몫을 구하세요.

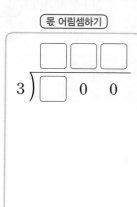
몫 어림셈하기

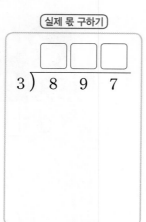
실제 몫 구하기

---

14 도화지 392장을 한 봉투에 8장씩 넣으려고 합니다. 현정이가 봉투 50장을 가지고 있다면 봉투가 충분한지 어림셈으로 구하고, 알맞은 말에 ○표 하세요.

어림셈 ▢ ÷ 8 = ▢

현정이가 가진 봉투 50장은
(충분합니다 , 충분하지 않습니다).

유형 22 계산이 잘못된 부분 찾기

예제 74 ÷ 6을 바르게 계산한 사람의 이름을 쓰세요.

연서   현우

(   )

풀이 (나누는 수) ◯ (나머지)이므로 바르게 계산한 사람은 ▢ 입니다.

---

15 현지는 97 ÷ 4를 다음과 같이 계산하였습니다. 현지의 계산에서 잘못된 곳을 찾아 바르게 계산해 보세요.

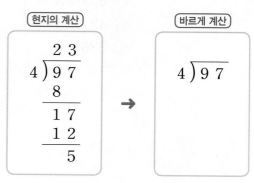
현지의 계산   바르게 계산

---

16 몫과 나머지를 잘못 구한 것의 기호를 쓰고, 바르게 계산한 몫과 나머지를 각각 구하세요.

㉠ 77 ÷ 4 = 19…1
㉡ 770 ÷ 4 = 190…1

(   )

바르게 계산 몫: ▢ , 나머지: ▢

17 119÷5를 계산한 것입니다. 계산이 잘못된 곳
（서술형） 을 찾아 이유를 쓰고, 바르게 계산해 보세요.

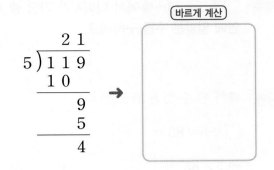

바르게 계산

이유

---

20 리아의 일기입니다. ☐ 안에 알맞은 수를 써넣
고, 사탕과 초콜릿 중에서 받은 학생 수가 더 많
은 것을 쓰세요.

> 20××년 ××월 ××일   날씨: ☀
>
> 학교에서 체육 대회를 했다. 선생님께서
> 사탕 75개는 한 명에게 3개씩, 초콜릿 90
> 개는 한 명에게 5개씩 남김없이 나누어
> 주셨다. 사탕을 받은 학생은 ☐명이고,
> 초콜릿을 받은 학생은 ☐명이었다.

(   )

유형 23 몫 또는 나머지의 크기 비교하기

（예제） 몫이 더 큰 나눗셈에 ○표 하세요.

552÷6	714÷7
( )	( )

（풀이）
552÷6 = ☐
714÷7 = ☐
→ ☐ ○ ☐

---

21 나머지가 작은 것부터 차례로 기호를 쓰려고 합
（서술형） 니다. 풀이 과정을 쓰고, 답을 구하세요.

㉠ 7)89   ㉡ 4)115   ㉢ 8)290

1단계 ㉠, ㉡, ㉢의 나머지 각각 구하기

2단계 나머지가 작은 것부터 차례로 기호 쓰기

답

---

18 몫의 크기를 비교하여 ○ 안에 >, =, <를
（중요★） 알맞게 써넣으세요.

98÷8		59÷3

---

19 9로 나누었을 때 나머지가 가장 큰 수를 찾아
색칠해 보세요.

 78   101   260

유형 24 **더 필요한 물건의 수 구하기**

예제 호박 94개를 남김없이 7봉지에 똑같이 나누어 담으려고 합니다. 호박은 적어도 몇 개 더 있어야 하는지 구하세요.

( )

풀이 $94 \div 7 = \boxed{} \cdots \boxed{}$

나누어 담고 남은 호박 수: $\boxed{}$ 개

더 필요한 호박 수: $7 - \boxed{} = \boxed{}$ (개)

22 규민이와 리아의 대화를 읽고 곶감은 적어도 몇 개 더 필요한지 구하세요.

곶감이 158개 있어.

곶감을 6명에게 남김없이 똑같이 나누어 주고 싶어.

규민   리아

( )

23 학을 이서는 77개, 정수는 92개 접었습니다. 두 사람이 접은 학을 남김없이 유리병 5개에 똑같이 나누어 담으려고 합니다. 학을 적어도 몇 개 더 접어야 할까요?

( )

+플러스
유형 25 **나누어지는 수와 나머지의 관계**

예제 $\boxed{} \div 5 = 83 \cdots \bullet$ 에서 나머지가 가장 클 때 $\boxed{}$ 안에 알맞은 수를 구하세요.

( )

풀이 $\bullet$가 될 수 있는 가장 큰 수: $\boxed{}$

$\boxed{} \div 5 = 83 \cdots \boxed{}$

→ $5 \times 83 = \boxed{}$, $\boxed{} + \boxed{} = \boxed{}$

24 $\boxed{}$ 안에 들어갈 수 있는 수 중에서 가장 큰 수를 구하세요.
중요★

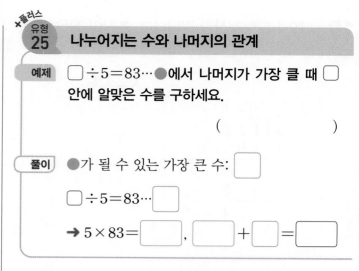

$\boxed{} \div 9 = 11 \cdots \heartsuit$

( )

25 어떤 수를 6으로 나누었더니 나누어떨어지지 않고 몫이 113이었습니다. 어떤 수가 될 수 있는 가장 작은 수를 구하세요.

( )

26 나머지가 있는 (세 자리 수)÷(한 자리 수)의 나눗셈식입니다. ■가 될 수 있는 수를 1개 쓰고, 그때 ●에 알맞은 수를 구하세요.
창의형

$\bullet \div 8 = 95 \cdots \blacksquare$

■ ( )

● ( )

+플러스
유형 26 몫이 가장 큰(작은) 나눗셈식 만들기

예제 수 카드  을 한 번씩만 사용하여 몫이 가장 큰 (두 자리 수)÷(한 자리 수)를 만들고, 계산해 보세요.

$$\boxed{}\boxed{} \div \boxed{} = \boxed{} \cdots \boxed{}$$

풀이 나눗셈의 몫이 가장 크려면 가장 큰 수를 가장 작은 수로 나누어야 합니다.

가장 큰 두 자리 수: $\boxed{}$

가장 작은 한 자리 수: $\boxed{}$

→ $\boxed{} \div \boxed{} = \boxed{} \cdots \boxed{}$

27 공에 적혀 있는 수를 한 번씩 모두 사용하여 몫이 가장 작은 (세 자리 수)÷(한 자리 수)를 만들려고 합니다. ☐ 안에 알맞은 수를 써넣고, 몫과 나머지를 각각 구하세요.

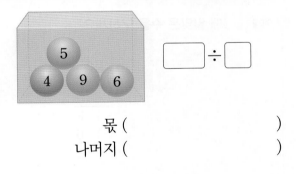

$\boxed{} \div \boxed{}$

몫 (   )
나머지 (   )

28 주어진 수 중 3개를 골라 한 번씩만 사용하여 몫이 가장 큰 (두 자리 수)÷(한 자리 수)의 나눗셈을 만들었습니다. 만든 나눗셈의 몫과 나머지를 각각 구하세요.

| 5   9   4   7 |

몫 (   )
나머지 (   )

+플러스
유형 27 일정한 간격으로 놓는 물건의 수 구하기

예제 길이가 95 m인 길의 한쪽에 5 m 간격으로 처음부터 끝까지 나무를 심으려고 합니다. 필요한 나무는 모두 몇 그루일까요? (단, 나무의 두께는 생각하지 않습니다.)

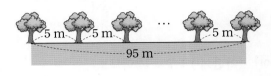

(   )

풀이 (나무 사이의 간격 수)

$= \boxed{} \div \boxed{} = \boxed{}$ (군데)

(필요한 나무 수)=(간격 수)+1

$= \boxed{} +1= \boxed{}$ (그루)

29
서술형
길이가 336 m인 산책로의 한쪽에 7 m 간격으로 의자를 놓으려고 합니다. 산책로의 처음부터 끝까지 의자를 놓는다면 필요한 의자는 모두 몇 개인지 풀이 과정을 쓰고, 답을 구하세요. (단, 의자의 두께는 생각하지 않습니다.)

1단계 의자 사이의 간격 수 구하기

_____

_____

2단계 필요한 의자 수 구하기

_____

_____

답 _____

30 길이가 828 m인 도로의 양쪽에 6 m 간격으로 처음부터 끝까지 가로등을 설치하려고 합니다. 필요한 가로등은 모두 몇 개일까요? (단, 가로등의 두께는 생각하지 않습니다.)

(   )

+플러스
유형 **28** **바르게 계산한 값 구하기**

예제 어떤 수를 5로 나누어야 할 것을 잘못하여 7로 나누었더니 몫이 12로 나누어떨어졌습니다. 바르게 계산한 몫과 나머지를 각각 구하세요.

몫 ( )

나머지 ( )

풀이 (어떤 수)÷7=12이므로

(어떤 수)=7×12=□ 입니다.

➡ □÷5=□ ⋯ □

31 현준이가 오답 노트에 잘못 계산한 이유를 쓴 것입니다. 바르게 계산한 몫과 나머지는 각각 얼마인지 구하세요.

> 어떤 수를 4로 나누어야 하는데 잘못하여 어떤 수에 4를 곱했더니 268이 되었습니다.

몫 ( )

나머지 ( )

32 현우가 바르게 계산했을 때의 몫과 나머지를 각각 구하세요.

중요★

현우

> 어떤 수를 6으로 나누어야 하는데 잘못하여 어떤 수에 6을 더하였더니 63이 되었어.

몫 ( )

나머지 ( )

33 어떤 수를 7로 나누어야 할 것을 잘못하여 9로 나누었더니 몫이 23, 나머지가 4가 되었습니다. 바르게 계산한 몫과 나머지는 각각 얼마인지 풀이 과정을 쓰고, 답을 구하세요.

서술형

1단계 어떤 수 구하기

_____

_____

2단계 바르게 계산한 몫과 나머지 각각 구하기

_____

_____

답 몫: , 나머지:

+플러스
유형 **29** **나눗셈식 완성하기** (2)

예제 ㉠에 알맞은 수를 구하세요.

```
        2 ㉠
   □ ) 9 8
       8
     ─────
       1 8
       1 6
     ─────
         2
```

( )

풀이 □×2=8에서 □=□ 입니다.

□×㉠=16 ➡ ㉠=□

34 나누어떨어지는 나눗셈이 되도록 □ 안에 ■, ▲에 알맞은 수를 각각 써넣으세요.

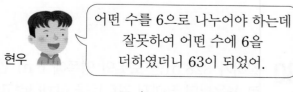

```
      1 ■
  8 ) 1 ▲ 0
```
➡ ■: □
   ▲: □

35 (세 자리 수)÷(한 자리 수)의 나눗셈식이 적힌 종이의 일부에 얼룩이 묻어 수가 보이지 않습니다. 나누어지는 수를 구하세요.

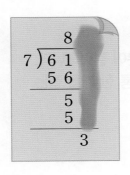

(   )

36 □ 안에 알맞은 수를 써넣으세요.

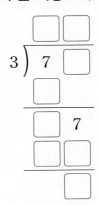

+플러스
유형 30 크기 비교에서 □ 안에 알맞은 수 구하기

예제 □ 안에 들어갈 수 있는 수에 모두 ○표 하세요.

$$108 \div 9 < \square < 15$$

(11 , 12 , 13 , 14 , 15)

풀이 $108 \div 9 = $ ☐

☐ < □ < 15이므로 □ 안에 들어갈 수 있는 수는 ☐ , ☐ 입니다.

37 □ 안에 들어갈 수 있는 두 자리 수를 모두 구하려고 합니다. 풀이 과정을 쓰고, 답을 구하세요.

서술형

$$98 \div 2 < \square < 371 \div 7$$

1단계 나눗셈의 몫 각각 구하기

_____

_____

2단계 □ 안에 들어갈 수 있는 두 자리 수 모두 구하기

_____

_____

답 _____

38 □ 안에 들어갈 수 있는 두 자리 수 중에서 가장 큰 수를 구하세요.

$$5 \times \square < 335$$

(   )

39 1부터 9까지의 한 자리 수 중에서 □ 안에 들어갈 수 있는 수는 모두 몇 개일까요?

$$40 \times \square > 744 \div 3$$

(   )

2
단원

한 개를 접는 데 걸린 시간 구하기

1 은주가 종이접기로 공룡 7개를 접는 데 1시간 24분이 걸렸습니다. 공룡 한 개를 접는 데 걸리는 시간이 일정하다면 공룡 한 개를 접는 데 걸린 시간은 몇 분일까요?

(   )

만들 수 있는 카드의 수 구하기   서술형

2 다음과 같이 직사각형 모양의 종이를 잘라서 가로가 3 cm, 세로가 5 cm인 직사각형 모양의 카드를 만들려고 합니다. 카드는 몇 장까지 만들 수 있는지 풀이 과정을 쓰고, 답을 구하세요.

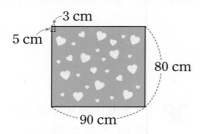

3 cm

5 cm

80 cm

90 cm

풀이 _____

_____

_____

_____

답 _____

연속하는 수 구하기

3 연속하는 두 자리 수 3개의 합이 258일 때 가장 큰 수를 구하세요.

(   )

■−1   ■   ■+1

나누어떨어지는 나눗셈식 만들기

4 다음 나눗셈은 나누어떨어집니다. 0부터 9까지의 수 중에서 ☐ 안에 들어갈 수 있는 수를 모두 구하세요.

$$4 \overline{\smash{)}\, 1\ 3\ \square}$$

(   )

모든 변의 길이의 합이 같을 때 도형의 한 변의 길이 구하기

5 은진이는 끈을 겹치지 않게 사용하여 왼쪽과 같은 삼각형을 만들었습니다. 같은 길이의 끈을 겹치지 않게 모두 사용하여 정사각형을 한 개 만든다면 정사각형의 한 변의 길이는 몇 cm일까요?

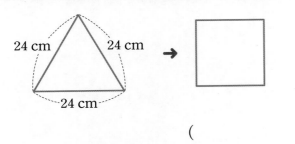

(   )

조건에 알맞은 수 구하기

(서술형)

6 〈조건〉을 모두 만족하는 수를 구하려고 합니다. 풀이 과정을 쓰고, 답을 구하세요.

〈조건〉
• 60보다 크고 90보다 작은 수입니다.
• 8로 나누어떨어집니다.
• 9로 나누었을 때 나머지는 7입니다.

(풀이)

_____

_____

_____

(답)

해결 tip

두 도형을 같은 길이의 끈으로 만들었다면?

(삼각형의 세 변의 길이의 합)
＝(정사각형의 네 변의 길이의 합)

나누어떨어지는 나눗셈식은?

나누어떨어지면 나머지가 0이므로
■÷▲=● ➡ ▲×●=■입니다.

반복되는 규칙에서 ■번째 모양 찾기

7 모양을 일정한 규칙에 따라 늘어놓은 것입니다. 99번째 모양은 어떤 모양인지 구하세요.

■ ● ▲ ♥ ■ ● ▲ ♥ ■ ● ▲ ♥ ■ ● …

(1) 모양의 규칙을 찾아 적어 보세요.

규칙 _____

(2) 99번째까지의 모양을 앞에서부터 4개씩 묶으면 몇 묶음이 되고 모양 몇 개가 남는지 차례로 쓰세요.

(   ), (   )

(3) (2)에서 구한 값을 이용하여 99번째 모양을 그려 보세요.

(   )

해결 tip

㉠개씩 반복되는 모양에서 ㉡번째 모양을 찾으려면?

㉡÷㉠의 나머지를 이용하여 알아봅니다.

◆ ★ ♣ / ◆ ★ ♣ / ◆ ★ …
                         ↑
7번째 모양: $7 \div 3 = 2 \cdots 1$

나머지가 1이면 묶음의 1번째 모양, 나머지가 2이면 묶음의 2번째 모양, …, 나머지가 0이면 묶음이 마지막 모양과 같습니다.

두 수로 나누어떨어지는 수 중 가장 큰 두 자리 수 구하기

8 6으로도 나누어떨어지고 8로도 나누어떨어지는 수 중에서 가장 큰 두 자리 수를 구하세요.

(1) 6으로 나누었을 때 나누어떨어지는 두 자리 수를 큰 수부터 차례로 5개 쓰세요.

(   )

(2) (1)의 수 중에서 8로 나누었을 때 나누어떨어지는 수를 모두 구하세요.

(   )

(3) 6으로도 나누어떨어지고 8로도 나누어떨어지는 수 중에서 가장 큰 두 자리 수를 구하세요.

(   )

■로 나누어떨어지는 가장 큰 두 자리 수를 구하려면?

$99 \div 7 = 14 \cdots 1$ $99 \div 5 = 19 \cdots 4$
   ↓ -1 ↓ -4
$98 \div 7 = 14$ $95 \div 5 = 19$

$99 \div ■ = ▲ \cdots ●$일 때
$(99 - ●)$은 ■로 나누어떨어지는 가장 큰 두 자리 수입니다.

01 수 모형을 보고 ☐ 안에 알맞은 수를 써넣으세요.

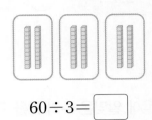

$60 \div 3 = \boxed{}$

02 ☐ 안에 알맞은 수를 써넣으세요.

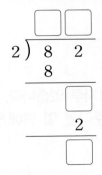

03 큰 수를 작은 수로 나눈 몫과 나머지를 각각 구하세요.

| 85 | 3 |

몫 (   )

나머지 (   )

04 나눗셈을 계산하고, 맞게 계산했는지 확인하려고 합니다. ☐ 안에 알맞은 수를 써넣으세요.

$$38 \div 4 = \boxed{} \cdots \boxed{}$$

확인 $\boxed{} \times \boxed{} = 36 \; \rightarrow \; 36 + \boxed{} = 38$

05 나눗셈의 몫을 어림셈으로 구하려고 합니다. 어림셈으로 구한 몫을 찾아 ◯표 하세요.

| 398 ÷ 8 |

| 30 | 40 | 50 | 60 |

06 관계있는 것끼리 이어 보세요.

(1) $39 \div 3$ •

(2) $46 \div 2$ •

• 23

• 13

• 12

07 나누어떨어지는 나눗셈을 찾아 ◯표 하세요.

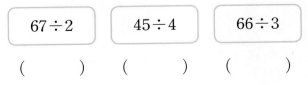

(   )   (   )   (   )

08 두 나눗셈의 몫의 차를 구하세요.

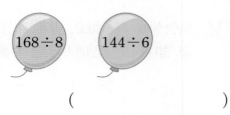

( )

09 몫이 15보다 큰 것을 찾아 기호를 쓰세요.

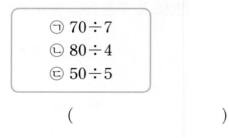

⊙ 70÷7
ⓒ 80÷4
ⓒ 50÷5

( )

10 다음 수 중에서 어떤 수를 5로 나누었을 때 나머지가 될 수 없는 수를 구하려고 합니다. 풀이 과정을 쓰고, 답을 구하세요.
(서술형)

1 2 3 4 5

(풀이)

(답)

11 몫의 크기를 비교하여 ○ 안에 >, =, < 를 알맞게 써넣으세요.

292÷4 ○ 365÷5

12 ⊙과 ⓒ에 알맞은 수의 합을 구하세요.

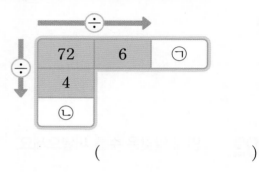

( )

13 연필이 84자루 있습니다. 이 연필을 한 명에게 7자루씩 준다면 몇 명에게 나누어 줄 수 있을까요?

( )

14 네 변의 길이의 합이 256 cm인 정사각형이 있습니다. 이 정사각형의 한 변의 길이는 몇 cm 인지 풀이 과정을 쓰고, 답을 구하세요.
(서술형)

(풀이)

(답)

15 지우가 하루에 29쪽씩 3일 동안 동화책을 모두 읽었습니다. 이 동화책을 하루에 7쪽씩 다시 읽는다면 모두 읽는 데 적어도 며칠이 걸릴까요?

(   )

16 두 나눗셈의 ☐ 안에 같은 수가 들어갈 때 ▲ 에 알맞은 수를 구하세요.

$$96 \div 4 = \boxed{} \qquad \boxed{} \div 2 = \blacktriangle$$

(   )

17 감자 97개를 한 바구니에 6개씩 담으려고 합니다. 바구니 몇 개에 나누어 담을 수 있고 감자는 몇 개가 남을지 차례로 쓰고, 맞게 계산했는지 확인해 보세요.

(   ), (   )

확인

18 서술형 어떤 수를 3으로 나누어야 할 것을 잘못하여 4로 나누었더니 몫이 109로 나누어떨어졌습니다. 바르게 계산한 몫과 나머지는 각각 얼마인지 풀이 과정을 쓰고, 답을 구하세요.

풀이 _____

_____

_____

답 몫: , 나머지:

19 ㉠과 ㉡에 알맞은 수의 합을 구하세요.

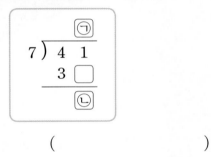

(   )

20 수 카드 중에서 3장을 골라 한 번씩만 사용하여 몫이 가장 큰 (두 자리 수)÷(한 자리 수)를 만들었습니다. 만든 나눗셈의 몫과 나머지를 각각 구하세요.

몫 (   )

나머지 (   )

3

원

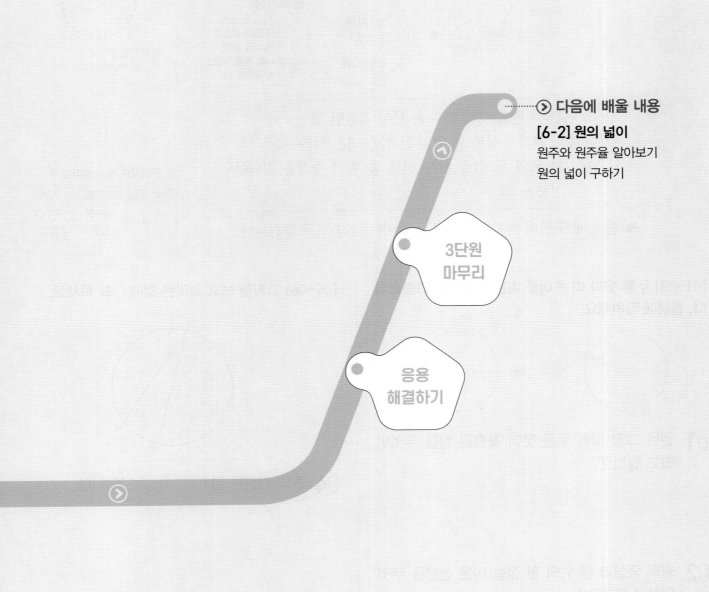

다음에 배울 내용

[6-2] 원의 넓이
원주와 원주율 알아보기
원의 넓이 구하기

3단원
마무리

응용
해결하기

1 원의 중심, 반지름, 지름 알아보기

누름 못으로 띠 종이를 고정한 후 연필을 구멍에 넣고 돌려서 원을 그립니다.

한 점에서 같은 길이만큼 떨어진 점을 찍어 원을 그릴 수 있습니다.

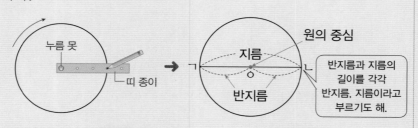

원의 가장 안쪽에 있는 점 ➡ 원의 중심

- **원의 중심**: 원을 그릴 때 누름 못이 꽂혔던 점 ─ 점 ㅇ
- **반지름**: 원의 중심과 원 위의 한 점을 이은 선분 ─ 선분 ㅇㄱ, 선분 ㅇㄴ
- **지름**: 원 위의 두 점을 이은 선분 중 원의 중심을 지나는 선분 ─ 선분 ㄱㄴ

➡ 한 원에서 원의 반지름과 지름의 길이는 각각 모두 같습니다.

한 원에서의 개수 알아보기

원의 중심	반지름	지름
1개	무수히 많음	무수히 많음

[01~03] 누름 못과 띠 종이를 이용하여 원을 그렸습니다. 물음에 답하세요.

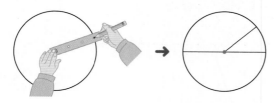

01 원을 그릴 때에 누름 못이 꽂혔던 점을 무엇이라고 할까요?

( )

02 원의 중심과 원 위의 한 점을 이은 선분을 무엇이라고 할까요?

( )

03 원 위의 두 점을 이은 선분 중 원의 중심을 지나는 선분을 무엇이라고 할까요?

( )

[04~06] 그림을 보고 알맞은 것에 ◯표 하세요.

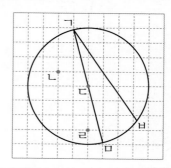

04 원의 중심은 점 (ㄴ , ㄷ , ㄹ)입니다.

05 원의 반지름은 (선분 ㄱㅁ , 선분 ㄷㅁ)입니다.

06 원의 지름은 (선분 ㄱㅁ , 선분 ㄱㅂ)입니다.

2 원의 성질 알아보기

지름의 성질 알아보기

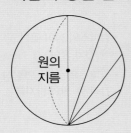

- 원의 지름은 원을 **똑같이 둘로** 나눕니다.
- 원의 지름은 원 위의 두 점을 이은 선분 중 **길이가 가장 긴** 선분입니다.

원 모양의 종이를 똑같이 반으로 각각 접었다 펼친 모양에서 접혔던 선은 원의 **지름**, 접혔던 선이 만나는 점은 원의 중심입니다.

원의 반지름과 지름의 관계

- 한 원에서 지름은 반지름의 2배입니다.
  → (지름)＝(반지름)×2
- 한 원에서 반지름은 지름의 반입니다.
  → (반지름)＝(지름)÷2

[01~03] 지름에 대한 설명으로 옳으면 ○표, 틀리면 ×표 하세요.

01 한 원에서 원의 지름은 원 안에 그을 수 있는 선분 중 가장 긴 선분입니다.

( )

02 원의 지름은 원을 똑같이 둘로 나눕니다.

( )

03 한 원에서 지름은 한 개 그을 수 있습니다.

( )

[04~06] ☐ 안에 알맞은 수를 써넣으세요.

04
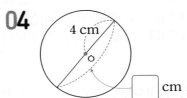

05
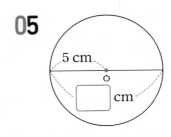

06
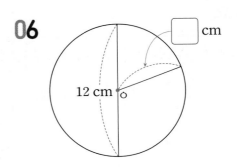

3 컴퍼스를 이용하여 원 그리기

반지름이 3 cm인 원 그리기

원의 중심이 되는
점 ㅇ을 정합니다.

컴퍼스를 3 cm만큼
벌립니다. 원의 반지름

컴퍼스의 침을 점 ㅇ에
꽂고 원을 그립니다.

• 컴퍼스의 침이 꽂힌 곳
→ 원의 중심
• 컴퍼스의 침과 연필심 사이의
간격 → 원의 반지름

주어진 원과 크기가 같은 원 그리기

컴퍼스의 침을 주어진
원의 중심에 꽂습니다.

컴퍼스를 주어진 원의
반지름만큼 벌립니다.

컴퍼스를 그대로 옮겨
원을 그립니다.

컴퍼스를 돌릴 때에는 침과 연필
심 사이의 간격이 달라지지 않도
록 주의합니다.

---

01 ☐ 안에 알맞은 말을 써넣으세요.

컴퍼스를 이용하여 원을 그릴 때
컴퍼스의 침이 꽂힌 곳은 원의 [　　　]이고,
컴퍼스는 원의 [　　　]만큼 벌립니다.

02 컴퍼스를 이용하여 반지름이 2 cm인 원을 그리려고 합니다. 그리는 순서대로 ☐ 안에 1, 2, 3을 써넣으세요.

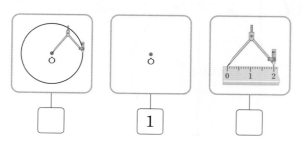

[　] [1] [　]

03 컴퍼스를 이용하여 반지름이 4 cm인 원을 그리려고 합니다. 컴퍼스를 <u>잘못</u> 벌린 것을 찾아 ✕표 하세요.

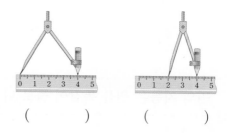

(　　) (　　)

04 다음 원과 크기가 같은 원을 그리려고 합니다. 컴퍼스를 바르게 벌린 것에 ○표 하세요.

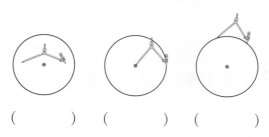

(　　) (　　) (　　)

05 오른쪽 그림은 컴퍼스를 이용하여 원을 그린 것입니다. 컴퍼스의 침을 꽂은 점은 무엇일까요?

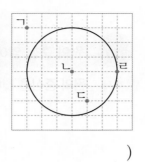

(   )

[06~07] 원의 반지름을 나타내는 선분을 찾아 쓰세요.

06

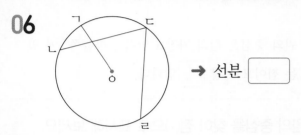

→ 선분 [   ]

07

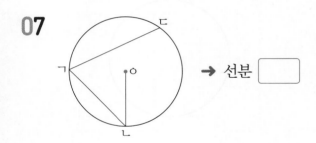

→ 선분 [   ]

[08~09] 원의 지름을 나타내는 선분을 찾아 쓰세요.

08

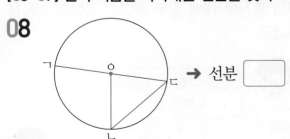

→ 선분 [   ]

09

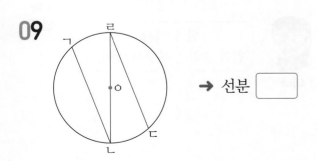

→ 선분 [   ]

[10~11] ☐ 안에 알맞은 수를 써넣으세요.

10

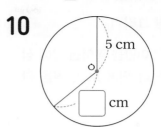

☐ cm

11

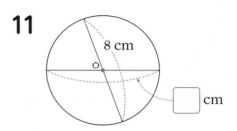

☐ cm

[12~13] 컴퍼스를 이용하여 점 ㅇ을 원의 중심으로 하고 반지름이 주어진 길이와 같은 원을 그려 보세요.

12 반지름: 1 cm

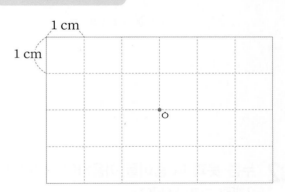

13 반지름: 2 cm

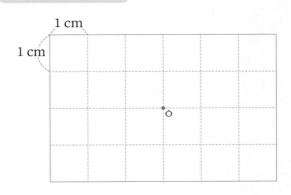

유형 01 여러 가지 방법으로 원 그리기

예제 빨간색 점(•)에서 같은 길이만큼 떨어진 곳에 점을 찍은 것입니다. 점을 더 찍어 보고, 원을 완성해 보세요.

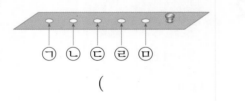

풀이 점의 수가 늘어날수록 ☐ 모양에 가까워집니다.

01 누름 못과 띠 종이를 이용하여 원을 그리려고 합니다. 가장 큰 원을 그리려면 연필심을 어느 곳에 넣어야 하는지 찾아 기호를 쓰세요.

(   )

02 누름 못과 띠 종이를 이용하여 크기가 다른 원 2개를 그려 보세요.

유형 02 원의 중심 알아보기

예제 원의 중심을 찾아 쓰세요.

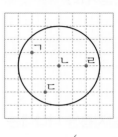

(   )

풀이 원의 중심은 원의 가장 (안쪽 , 바깥쪽)에 있는 점이므로 점 ☐ 입니다.

03 원의 중심을 찾아 점(•)으로 표시해 보세요.

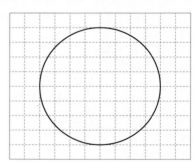

04 원의 중심에 대해 잘못 설명한 사람의 이름을 쓰세요.

도율: 원을 그릴 때 누름 못이 꽂혔던 점이야.

연서: 원의 가장 안쪽에 있는 점이야.

미나: 한 원에서 원의 중심은 무수히 많아.

(   )

3
단원

유형 03 원의 반지름 알아보기

예제 다음 선분 중에서 원의 반지름을 모두 찾아 색칠해 보세요.

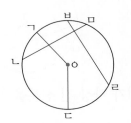

선분 ㄱㅇ	선분 ㄴㅁ
선분 ㅂㄹ	선분 ㄷㅇ

풀이 원의 반지름은 원의 [ ]과 원 위의 한 점을

이은 선분이므로 반지름은 선분 [ ]과

선분 [ ]입니다.

---

05 원에 반지름을 3개 그어 보세요.

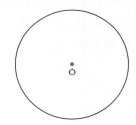

---

06 원의 반지름은 몇 cm일까요?

(중요★)

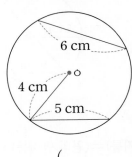

(   )

---

07 원에서 반지름을 나타내는 선분을 모두 찾아 길이를 재어 보고, 알 수 있는 점을 쓰세요.

(서술형)

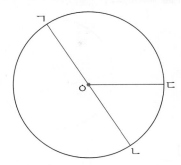

반지름	선분 ㅇㄱ		
길이(cm)	2		

[알 수 있는 점]

_____

유형 04 원의 지름 알아보기

예제 원의 지름이 아닌 선분을 찾아 기호를 쓰세요.

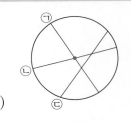

(   )

풀이 원의 지름은 원의 [ ]을 지나야 합니다.

따라서 지름이 아닌 것은 [ ]입니다.

---

08 선분 ㄱㄹ과 길이가 같은 선분을 찾아 쓰세요.

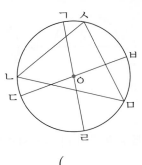

(   )

09 다음은 원의 지름을 잘못 나타낸 것입니다. 그
(서술형) 이유를 쓰세요.

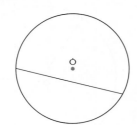

[이유]
_____

_____

10 두 원 가와 나의 지름의 차는 몇 cm일까요?

가　　　　　　　　나

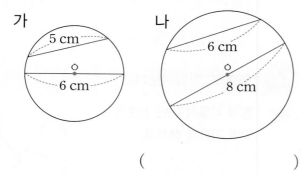

(　　　　　　　　)

유형
05　**원의 지름의 성질 알아보기**

[예제] 원 모양의 종이를 똑같이 나누어지도록 한 번
접었다 펼쳤습니다. 종이에 생긴 선분은 원의
무엇이라 할까요?

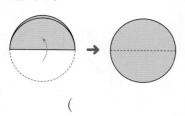

(　　　　　　　　)

[풀이] 원을 둘로 똑같이 나누는 선분은 원의 [　] 입
니다.

---

11 그림을 보고 물음에 답하세요.
(중요)

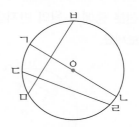

(1) 길이가 가장 긴 선분을 찾아 쓰세요.

(　　　　　　　　)

(2) 원의 지름을 나타내는 선분을 찾아 쓰세요.

(　　　　　　　　)

12 원의 지름의 성질에 대한 설명으로 틀린 것을
찾아 기호를 쓰세요.

> ㉠ 한 원에서 지름은 길이가 모두 같습니다.
> ㉡ 원의 지름은 원을 똑같이 둘로 나눕니다.
> ㉢ 원의 지름은 원 안에 그을 수 있는 가장
> 　 짧은 선분입니다.

(　　　　　　　　)

유형
06　**원의 반지름과 지름의 관계 알아보기**

[예제] 원의 지름은 몇 cm일까요?

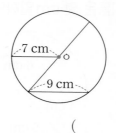

(　　　　　　　　)

[풀이] (원의 지름)＝(원의 반지름)×[　]

→ [　] × [　] = [　] (cm)

13 크기가 같은 원끼리 이어 보세요.
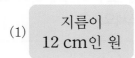

(1) 지름이 12 cm인 원 •

(2) 지름이 18 cm인 원 •

• 반지름이 9 cm인 원

• 반지름이 8 cm인 원

• 반지름이 6 cm인 원

14 원 안에 그을 수 있는 가장 긴 선분의 길이가 8 cm인 원이 있습니다. 이 원의 반지름의 길이는 몇 cm일까요?

( )

15 규민이가 설명하는 원의 지름은 몇 m일까요?

규민 반지름이 50 cm인 원이야.

( )

유형 07 **원의 크기 비교하기**

예제 더 작은 원의 기호를 쓰세요.

㉠ 반지름이 12 cm인 원
㉡ 지름이 22 cm인 원

( )

풀이 ㉠ (원의 지름)= ☐ ×2= ☐ (cm)

원의 지름을 비교하면 ☐ ◯ 22이므로

더 작은 원은 ☐ 입니다.

16 은진이와 성철이가 그린 원을 설명한 것입니다. 반지름이 7 cm인 원보다 더 큰 원을 그린 사람은 누구인지 풀이 과정을 쓰고, 답을 구하세요.

은진: 나는 지름이 10 cm인 원을 그렸어.
성철: 내가 그린 원은 지름이 16 cm인 원이야.

1단계 은진이와 성철이가 그린 원의 반지름 각각 구하기

_____

_____

2단계 반지름이 7 cm인 원보다 더 큰 원을 그린 사람 구하기

_____

_____

답 _____

17 큰 원부터 차례로 기호를 쓰세요.

㉠ 지름이 6 cm인 원
㉡ 반지름이 5 cm인 원
㉢ [원 그림] 8 cm

( )

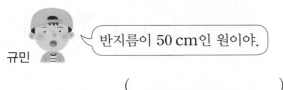

나는 반지름이 4 cm지.

난 지름이 5 cm인데 왜 작지?

유형 08 컴퍼스를 이용하여 원 그리기

예제 컴퍼스로 지름이 14 cm인 원을 그리려면 컴퍼스를 몇 cm만큼 벌려서 그려야 할까요?

( )

풀이 컴퍼스를 원의 [ ]만큼 벌려야 합니다.

→ (반지름)=14÷ [ ] = [ ] (cm)

18 그림과 같이 컴퍼스를 벌려서 원을 그렸습니다. 그린 원의 반지름은 몇 cm일까요?

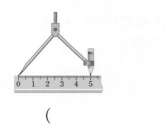

( )

19 컴퍼스를 이용하여 주어진 원과 크기가 같은 원을 그려 보고, 그린 방법을 설명해 보세요.
서술형

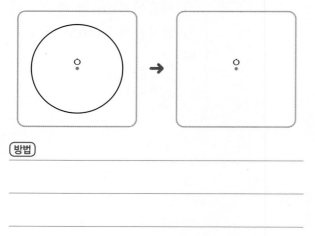

방법

_____

_____

유형 09 원을 이용하여 여러 가지 모양 그리기

예제 원의 중심과 반지름을 모두 다르게 하여 그린 모양을 찾아 기호를 쓰세요.

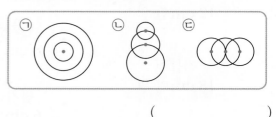

( )

풀이 원의 중심을 다르게 하여 그린 모양: [ ], [ ]

반지름을 다르게 하여 그린 모양: [ ], [ ]

→ 원의 중심과 반지름을 모두 다르게 하여 그린 모양은 [ ] 입니다.

20 그림을 보고 규칙을 찾아 ☐ 안에 알맞은 수를 써넣고, 규칙에 맞게 원을 1개 더 그려 보세요.
중요★

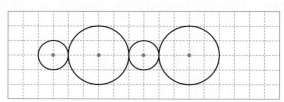

원의 중심은 오른쪽으로 [ ]칸씩 옮겨 가고 반지름이 모눈 1칸, 모눈 [ ]칸인 원이 반복되는 규칙입니다.

21 왼쪽은 여러 가지 원을 이용하여 그린 것입니다. 주어진 모양과 똑같이 그려 보세요.

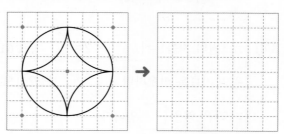

22 컴퍼스의 침을 서로 다른 세 곳에 꽂아 그린 원으로 나만의 모양을 만들어 보세요.

25 소희와 민재가 그린 모양입니다. 컴퍼스의 침을 꽂아야 할 곳의 수가 더 많은 모양을 그린 사람의 이름을 쓰세요.

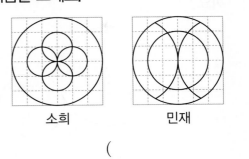

소희   민재

(   )

유형 **10** **컴퍼스의 침을 꽂아야 할 곳 찾기**

예제 주어진 모양과 똑같이 그리기 위해 컴퍼스의 침을 꽂아야 할 곳을 모두 찾아 모눈에 점(·)으로 표시해 보세요.

풀이 컴퍼스의 침을 꽂아야 할 곳은 원의 [   ]입니다.

+플러스
유형 **11** **맞닿은 원에서 길이 구하기**

예제 점 ㄱ, 점 ㄴ은 원의 중심입니다. 선분 ㄱㄷ의 길이는 몇 cm일까요?

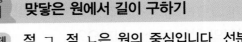

(   )

풀이 (작은 원의 지름)=2× [   ] = [   ] (cm)

➡ (선분 ㄱㄷ)=(큰 원의 반지름)

+(작은 원의 [   ])

= [   ] + [   ] = [   ] (cm)

---

23 주어진 모양과 똑같이 그리기 위하여 컴퍼스의 침을 꽂아야 할 곳을 모두 찾아 쓰세요.

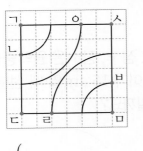

(   )

26 원 모양의 똑같은 접시 4개를 서로 맞닿게 한 줄로 놓았습니다. 전체 길이가 96 cm일 때 접시의 반지름은 몇 cm일까요?

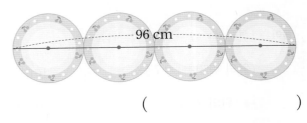

96 cm

(   )

---

24 오른쪽과 같은 그림을 그리기 위해 컴퍼스의 침을 꽂아야 할 곳은 몇 군데일까요?

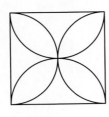

(   )

27 점 ㄱ과 점 ㄴ은 원의 중심입니다. 선분 ㄱㄴ의 길이가 18 cm일 때 큰 원의 지름은 몇 cm일까요?

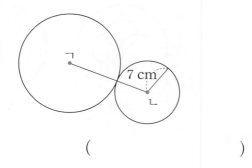

(   )

28 직사각형 ㄱㄴㄷㄹ 안에 크기가 같은 원 3개를 맞닿게 그렸습니다. 직사각형 ㄱㄴㄷㄹ의 네 변의 길이의 합은 몇 cm일까요?

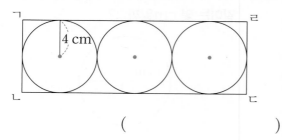

(   )

+플러스
유형 **12** **겹쳐진 원에서 길이 구하기**

예제 크기가 같은 원 2개를 서로 원의 중심을 지나도록 겹쳐서 그렸습니다. 원의 지름은 몇 cm일까요?

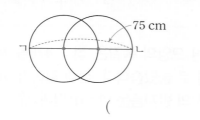

(   )

풀이

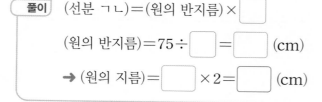

(선분 ㄱㄴ)=(원의 반지름)× ☐

(원의 반지름)=75÷ ☐ = ☐ (cm)

➔ (원의 지름)= ☐ ×2= ☐ (cm)

29 크기가 같은 원 6개를 서로 원의 중심을 지나도록 겹쳐서 그렸습니다. 선분 ㄱㄴ의 길이는 몇 cm일까요?

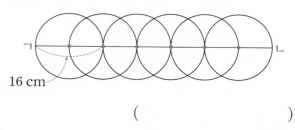

(   )

30 오른쪽 그림과 같이 크기가 같은 원 2개를 겹쳐서 그렸습니다. 선분 ㄱㄴ의 길이가 20 cm일 때 원의 반지름은 몇 cm일까요?

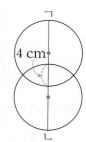

(   )

31 점 ㄴ, 점 ㄹ, 점 ㅂ은 원의 중심입니다. 선분 ㄱㅅ의 길이가 15 cm일 때 선분 ㄱㄷ의 길이는 몇 cm일까요?

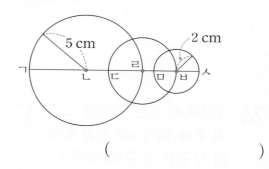

(   )

+플러스
유형 13 원 안에 작은 원이 있는 모양에서 길이 구하기

예제 점 ㄱ, 점 ㄴ, 점 ㄷ은 원의 중심입니다. 원 다의 반지름은 몇 cm일까요?

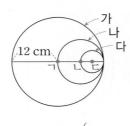

( )

풀이 (원 나의 반지름)=(원 가의 반지름)÷□

=12÷□=□ (cm)

➔ (원 다의 반지름)=(원 나의 반지름)÷□

=□÷2=□ (cm)

32 큰 원의 지름이 32 cm일 때 작은 원의 반지름은 몇 cm일까요?
중요★

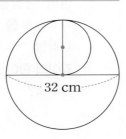

( )

33 큰 원 안에 크기가 같은 원 3개를 서로 원의 중심을 지나도록 겹쳐서 그렸습니다. 작은 원의 반지름은 몇 cm일까요?

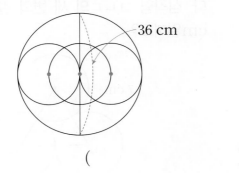

( )

34 점 ㄱ, 점 ㄴ, 점 ㄷ, 점 ㄹ은 원의 중심입니다. 선분 ㄷㄹ의 길이가 9 cm일 때 가장 큰 원의 지름은 몇 cm인지 풀이 과정을 쓰고, 답을 구하세요.
서술형

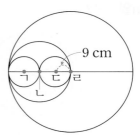

1단계 가장 큰 원의 반지름과 가장 작은 원의 반지름의 관계 알아보기

_____

_____

2단계 가장 큰 원의 지름 구하기

_____

_____

_____

답 _____

35 점 ㄴ, 점 ㄷ, 점 ㄹ, 점 ㅁ은 원의 중심입니다. 선분 ㄱㅂ의 길이는 몇 cm일까요?

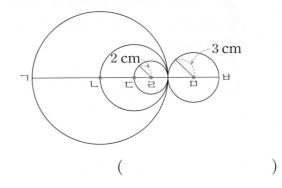

( )

+플러스
유형 14

한 원에 그린 도형의 변의 길이 구하기

예제 삼각형 ㅇㄱㄴ의 세 변의 길이의 합은 23 cm 입니다. 점 ㅇ이 원의 중심일 때 원의 반지름은 몇 cm일까요?

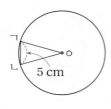

( )

풀이 (변 ㅇㄱ)=(변 ㅇㄴ)=(원의 [   ])=■ cm

(세 변의 길이의 합)=■+■+[ ]=23,

■+■=[ ], ■=[ ]입니다.

→ 원의 반지름은 [ ] cm입니다.

36 오른쪽 그림에서 삼각형 ㄱㄴㄷ의 세 변의 길이의 합은 72 cm입니다. 점 ㅇ이 원의 중심일 때 원의 반지름은 몇 cm일까요?

중요★

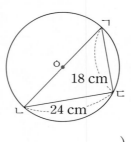

( )

37 다음 그림에서 정사각형 ㄱㄴㅇㄷ의 네 변의 길이의 합은 48 cm입니다. 점 ㅇ이 원의 중심일 때 삼각형 ㅇㄹㅁ의 세 변의 길이의 합은 몇 cm일까요?

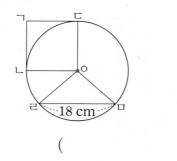

( )

38 원 안에 그린 직사각형 ㄱㄴㄷㄹ의 네 변의 길이의 합이 54 cm일 때 삼각형 ㄹㄴㄷ의 세 변의 길이의 합은 몇 cm일까요?

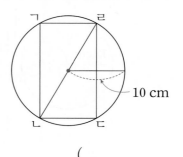

( )

+플러스
유형 15

원의 중심과 이어 만든 도형의 변의 길이 구하기

예제 오른쪽과 같이 크기가 같은 원 4개를 맞닿게 그린 후 네 원의 중심을 이어 사각형 ㄱㄴㄷㄹ을 만들었습니다. 사각형 ㄱㄴㄷㄹ의 네 변의 길이의 합이 56 cm일 때 원의 반지름은 몇 cm 일까요?

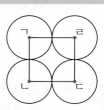

( )

풀이 (사각형 ㄱㄴㄷㄹ의 한 변의 길이)

=(원의 지름)=[ ]÷4=[ ] (cm)

→ (원의 반지름)=[ ]÷2=[ ] (cm)

39 반지름이 7 cm인 원 3개를 맞닿게 그린 후 세 원의 중심을 이어 삼각형 ㄱㄴㄷ을 만들었습니다. 삼각형 ㄱㄴㄷ의 세 변의 길이의 합은 몇 cm일까요?

중요★

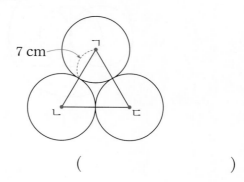

( )

40 점 ㄱ, 점 ㄷ이 원의 중심일 때 사각형 ㄱㄴㄷㄹ 의 네 변의 길이의 합은 몇 cm일까요?

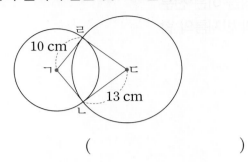

(   )

41 점 ㄱ, 점 ㄴ은 원의 중심입니다. 삼각형 ㄱㄴㄷ 의 세 변의 길이의 합은 몇 cm인지 풀이 과정 을 쓰고, 답을 구하세요.

서술형

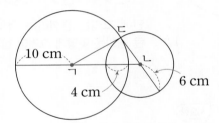

1단계 삼각형의 각 변의 길이 구하기

_____

_____

2단계 삼각형의 세 변의 길이의 합 구하기

_____

_____

답 _____

플러스
유형 **16** 규칙에 따라 그린 원에서 길이 구하기

예제 원의 중심을 같게 하고 원의 반지름만 일정하게 늘여 가며 원을 그린 것입니다. 규칙에 따라 원 을 그릴 때 다섯째 원의 지름은 몇 cm일까요?

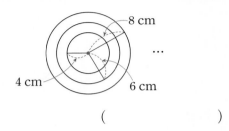

(   )

풀이 원의 반지름이 ☐ cm씩 늘어나는 규칙입니다.

(다섯째 원의 반지름)

$= 4 + \boxed{} + \boxed{} + \boxed{} + \boxed{}$

$= \boxed{}$ (cm)

→ (다섯째 원의 지름) $= \boxed{} \times \boxed{}$

$= \boxed{}$ (cm)

42 오른쪽과 같이 원의 지름 이 일정하게 늘어나도록 원을 그릴 때 다섯째 원의 반지름은 몇 cm일까요?

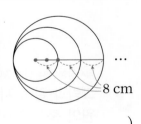

(   )

43 반지름이 5 cm인 원과 반지름이 7 cm인 원 을 2 cm씩 겹쳐 가며 규칙에 따라 그렸습니다. 선분 ㄱㄴ의 길이는 몇 cm일까요?

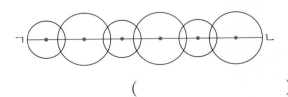

(   )

3
단원

문제
강의

세 원의 반지름의 합 구하기

1 선분 ㄱㄴ, 선분 ㄴㄷ, 선분 ㄱㄷ은 각각 세 원의 중심을 이은 선분입니다. 세 선분의 길이의 합이 36 cm일 때 세 원의 반지름의 합은 몇 cm일까요?

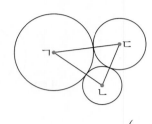

(   )

해결 tip

나누어진 부분의 수 구하기

2 오른쪽 원 안에 3개의 작은 원을 그려 원을 나누려고 합니다. 원이 가장 많은 부분으로 나누어지도록 컴퍼스를 이용하여 원을 그려 보고, 나누어진 부분은 몇 부분인지 구하세요.

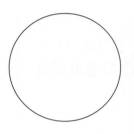

(   )

원을 가장 많은 부분으로 나누려면?

3부분	4부분		5부분
②①③	①②③④	①②③④	①②③④⑤

안에 그리는 원끼리는 겹치게 그리고, 큰 원과는 맞닿게 그려야 합니다.

직사각형의 네 변의 길이의 합 구하기 (서술형)

3 그림과 같이 지름이 각각 26 cm, 32 cm인 원을 맞닿게 그린 후 원의 중심을 이어 직사각형을 만들었습니다. 만든 직사각형의 네 변의 길이의 합은 몇 cm인지 풀이 과정을 쓰고, 답을 구하세요.

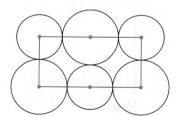

풀이

답

해결 tip

정사각형 안에 꼭 맞게 그려진 원의 지름의 길이를 구하려면?

꼭 맞게 그려진 원의 지름은 정사각형의 한 변의 길이와 같습니다.

원의 반지름 구하기

4 정사각형 안에 원을 꼭 맞게 그린 것입니다. 중간 크기 원의 반지름은 몇 cm인지 구하세요.

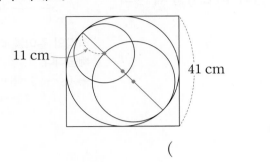

11 cm

41 cm

(   )

삼각형의 세 변의 길이의 합 구하기

5 직사각형 안에 크기가 같은 두 원의 일부를 그렸습니다. 점 ㄴ, 점 ㄷ이 원의 중심일 때 삼각형 ㄱㄴㄷ의 세 변의 길이의 합은 몇 cm인지 풀이 과정을 쓰고, 답을 구하세요.

서술형

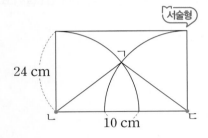

24 cm

10 cm

풀이

답

그릴 수 있는 원의 수 구하기

6 직사각형 안에 그림과 같이 크기가 같은 원을 서로 원의 중심이 지나도록 겹쳐 그렸습니다. 원은 모두 몇 개까지 그릴 수 있을까요?

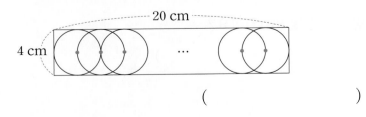

20 cm

4 cm

(   )

직사각형 안에 그릴 수 있는 원의 개수를 구하려면?

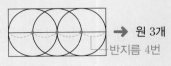

→ 원 3개

반지름 4번

(원의 개수)
=(원의 반지름이 들어가는 횟수)-1

겹쳐진 부분의 길이 구하기

7 그림에서 세 원의 크기는 모두 같고, 점 ㄱ, 점 ㄴ, 점 ㄷ은 원의 중심입니다. 삼각형 ㄱㄴㄷ의 세 변의 길이의 합이 46 cm일 때 ㉠의 길이는 몇 cm인지 구하세요.

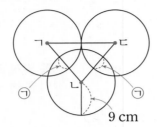

9 cm

(1) 삼각형 ㄱㄴㄷ에서 변 ㄱㄷ의 길이는 몇 cm일까요?

(   )

(2) 삼각형 ㄱㄴㄷ에서 변 ㄱㄴ, 변 ㄴㄷ의 길이는 각각 몇 cm일까요?

(   ), (   )

(3) ㉠의 길이는 몇 cm일까요?

(   )

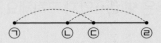

해결 tip

겹쳐진 부분의 길이를 구하려면?

각각의 길이를 더한 다음 전체 길이를 빼줍니다.
→ (ㄴ~ㄷ)=(ㄱ~ㄷ)+(ㄴ~ㄹ)
　　　　－(ㄱ~ㄹ)

가장 작은 원의 반지름 구하기

8 〈규칙〉에 따라 원을 그릴 때 그릴 수 있는 가장 작은 원의 반지름은 몇 cm인지 구하세요.

────〈 규칙 〉────

• 가장 큰 원의 지름은 46 cm입니다.
• 원 안에 원의 중심은 같고 반지름이 4 cm씩 작아지도록 원을 그립니다.

(1) 지름이 몇 cm씩 작아지도록 그려야 할까요?

(   )

(2) 가장 큰 원 안에 그릴 수 있는 원은 모두 몇 개일까요?

(   )

(3) 그릴 수 있는 가장 작은 원의 반지름은 몇 cm일까요?

(   )

01 원의 중심을 찾아 쓰세요.

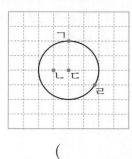

( )

02 원에 반지름을 1개 긋고, 몇 cm인지 재어 보세요.

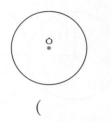

( )

03 원의 지름을 나타내는 선분을 찾아 쓰세요.

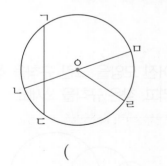

( )

04 ☐ 안에 알맞은 수를 써넣으세요.

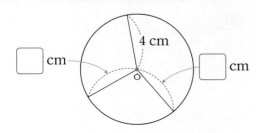

05 원의 지름은 몇 cm일까요?

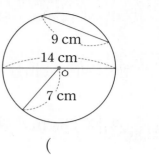

( )

06 컴퍼스를 이용하여 점 ㅇ을 원의 중심으로 하는 반지름이 1 cm 5 mm인 원을 그려 보세요.

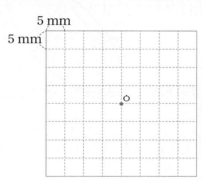

07 원의 반지름과 지름은 각각 몇 cm일까요?

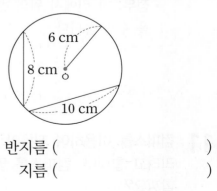

반지름 ( )
지름 ( )

08 반지름이 14 cm인 원과 크기가 같은 원에 ○표 하세요.

지름이 14 cm인 원 ( )

반지름이 28 cm인 원 ( )

지름이 28 cm인 원 ( )

09 주어진 모양과 똑같이 그리려고 합니다. 컴퍼스의 침을 꽂아야 할 곳을 모두 찾아 모눈에 점 (·)으로 표시하고, 모두 몇 군데인지 쓰세요.

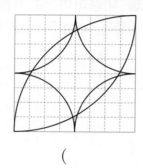

( )

10 수희와 정우 중에서 원의 중심과 반지름에 대해 <u>잘못</u> 설명한 사람의 이름을 쓰세요.

• 수희: 원의 중심은 원의 가장 안쪽에 있는 점입니다.
• 정우: 한 원에서 원의 반지름은 1개만 그을 수 있습니다.

( )

11 컴퍼스를 이용하여 지름이 10 cm인 원을 그리려고 합니다. 컴퍼스를 몇 cm만큼 벌려야 할까요?

( )

12 큰 원부터 차례로 기호를 쓰세요.

㉠ 반지름이 16 cm인 원
㉡ 지름이 22 cm인 원
㉢ 반지름이 14 cm인 원

( )

13 점 ㄱ, 점 ㄴ은 원의 중심입니다. 선분 ㄱㄷ의 길이는 몇 cm일까요?

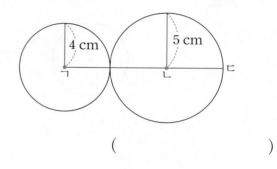

( )

14 주어진 모양을 그린 규칙을 찾아 원을 1개 더 그리고, 찾은 규칙을 쓰세요.
(서술형)

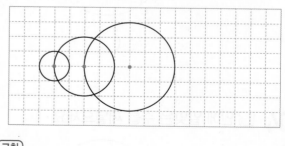

규칙

15 지름이 16 cm인 원 2개를 서로 원의 중심을 지나도록 겹쳐서 그렸습니다. 삼각형 ㄱㄴㄷ의 세 변의 길이의 합은 몇 cm일까요?

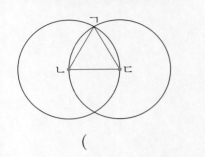

(   )

16 크기가 같은 원 4개를 맞닿게 그린 후 네 원의 중심을 이어 사각형 ㄱㄴㄷㄹ을 만들었습니다. 사각형 ㄱㄴㄷㄹ의 네 변의 길이의 합이 56 cm일 때 원의 반지름은 몇 cm일까요?

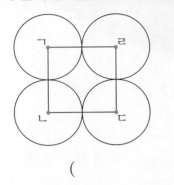

(   )

17 【서술형】 오른쪽 그림에서 점 ㄱ, 점 ㄴ, 점 ㄷ은 원의 중심입니다. 선분 ㄴㄷ의 길이는 몇 cm인지 풀이 과정을 쓰고, 답을 구하세요.

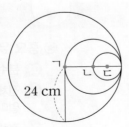

풀이

답

18 직사각형 ㄱㄴㄷㄹ 안에 크기가 같은 원 4개를 맞닿게 그렸습니다. 직사각형 ㄱㄴㄷㄹ의 네 변의 길이의 합은 몇 cm일까요?

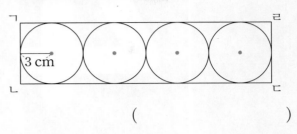

(   )

19 【서술형】 삼각형 ㄱㄴㅇ의 세 변의 길이의 합이 26 cm입니다. 점 ㅇ이 원의 중심일 때 원의 지름은 몇 cm인지 풀이 과정을 쓰고, 답을 구하세요.

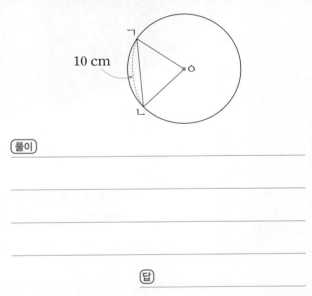

풀이

답

20 반지름이 10 cm인 원과 반지름이 6 cm인 원을 3 cm씩 겹쳐 가며 규칙에 따라 그렸습니다. 선분 ㄱㄴ의 길이는 몇 cm일까요?

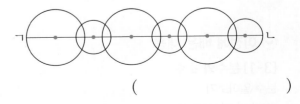

(   )

3
단원

4

분수

학습을 끝낸 후
색칠하세요.

개념
확인하기

유형
다잡기
유형 01~08

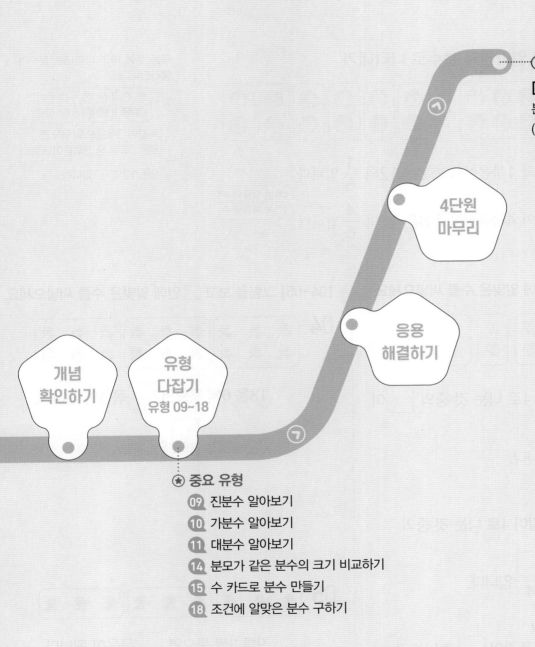

> **다음에 배울 내용**

[4-2] 분수의 덧셈과 뺄셈
분수의 덧셈과 뺄셈
(자연수)―(분수)

4단원
마무리

응용
해결하기

개념
확인하기

유형
다잡기
유형 09~18

⭐ **중요 유형**

09 진분수 알아보기
10 가분수 알아보기
11 대분수 알아보기
14 분모가 같은 분수의 크기 비교하기
15 수 카드로 분수 만들기
18 조건에 알맞은 분수 구하기

STEP 1 개념 확인하기

1 분수로 나타내기

부분은 전체의 얼마인지 알아보기

🌰🌰🌰은 전체 🌰🌰🌰🌰🌰🌰를 똑같이 2로 나눈 것 중의 1입니다.

부분은 전체의 얼마인지 분수로 나타내기

• 2는 6묶음 중의 1묶음이므로 2는 12의 $\frac{1}{6}$입니다.

• 8은 6묶음 중의 4묶음이므로 8은 12의 $\frac{4}{6}$입니다.

(부분 묶음의 수)
(전체 묶음의 수)

똑같이 ■로 나눈 것 중의 ▲

→ $\frac{▲}{■}$

묶음 수에 따라 나타내는 분수가 달라집니다.

똑같이 3묶음으로 묶으면
8은 3묶음 중 2묶음이므로
8은 12의 $\frac{2}{3}$입니다.

[01~03] 그림을 보고 ☐ 안에 알맞은 수를 써넣으세요.

01 은 전체를 똑같이 4로 나눈 것 중의 ☐이

므로 전체의 $\frac{☐}{4}$입니다.

02 은 전체를 똑같이 4로 나눈 것 중의

☐이므로 전체의 $\frac{☐}{4}$입니다.

03 은 전체를 똑같이 ☐로 나눈 것

중의 ☐이므로 전체의 $\frac{☐}{4}$입니다.

[04~05] 그림을 보고 ☐ 안에 알맞은 수를 써넣으세요.

04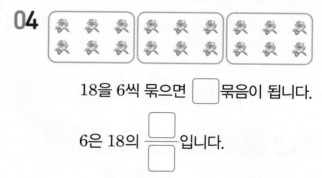

18을 6씩 묶으면 ☐묶음이 됩니다.

6은 18의 $\frac{☐}{☐}$입니다.

05

9를 3씩 묶으면 ☐묶음이 됩니다.

6은 9의 $\frac{☐}{☐}$입니다.

2 전체의 분수만큼은 얼마인지 알아보기

전체 개수의 분수만큼은 얼마인지 알아보기

벌 15마리를 똑같이 3묶음으로 나누면 1묶음은 5마리입니다.

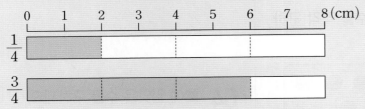

- 15의 $\frac{1}{3}$은 **5**입니다.
  └→ 3묶음으로 나눈 것 중의 1묶음
- 15의 $\frac{2}{3}$는 **10**입니다.
  ($5 \times 2 = 10$)

$\frac{2}{3}$는 $\frac{1}{3}$이 2개인 수이므로

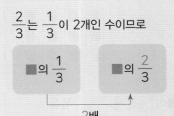

2배

전체 길이의 분수만큼은 얼마인지 알아보기

8 cm를 똑같이 4부분으로 나누면 1부분은 2 cm입니다.

- 8 cm의 $\frac{1}{4}$은 **2** cm입니다.
  └→ 4부분으로 나눈 것 중의 1부분
- 8 cm의 $\frac{3}{4}$은 **6** cm입니다.
  ($2 \times 3 = 6$ (cm))

12시간의 $\frac{1}{4}$ 알아보기

12시간을 똑같이 4로 나눈 것
중의 1 → 12시간의 $\frac{1}{4}$ = 3시간

[01~02] 사탕 10개의 $\frac{3}{5}$만큼은 몇 개인지 구하려고 합니다. 물음에 답하세요.

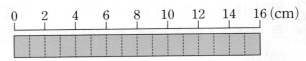

01 10의 $\frac{3}{5}$을 구하기 위해서 사탕 10개를 똑같이 몇 묶음으로 나누어야 하는지 쓰고, 그림을 묶어 보세요.

(   )

02 사탕 10개의 $\frac{3}{5}$만큼은 몇 개일까요?

(   )

[03~04] 16 cm의 $\frac{2}{4}$만큼은 몇 cm인지 구하려고 합니다. 물음에 답하세요.

03 16 cm의 $\frac{2}{4}$를 구하기 위해서 16 cm를 똑같이 몇 부분으로 나누어야 하는지 쓰고, 그림을 똑같이 나누어 보세요.

(   )

04 16 cm의 $\frac{2}{4}$만큼은 몇 cm일까요?

(   )

유형 01 분수로 나타내기

예제 색칠한 부분은 전체의 얼마인지 분수로 나타내 세요.

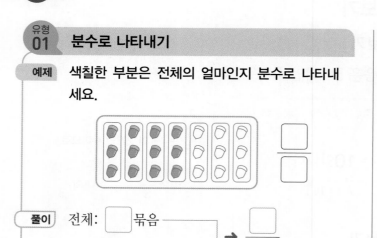

풀이 전체: ☐묶음
색칠한 부분: ☐묶음
→ $\dfrac{☐}{☐}$

01 그림을 보고 ㉠과 ㉡에 알맞은 수를 각각 구하세요.

15를 3씩 묶으면 ㉠묶음이 됩니다.

6은 15의 $\dfrac{㉡}{5}$입니다.

㉠ (   ), ㉡ (   )

02 딸기 18개를 똑같이 나누어 여러 가지 방법으로 묶으려고 합니다. 바르게 말한 사람의 이름을 쓰세요.

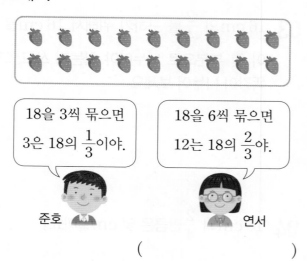

18을 3씩 묶으면
3은 18의 $\dfrac{1}{3}$이야.

18을 6씩 묶으면
12는 18의 $\dfrac{2}{3}$야.

준호   연서

(   )

03 30을 여러 가지 방법으로 묶어 분수로 나타낸 것입니다. ☐ 안에 알맞은 수가 가장 큰 것을 찾아 기호를 쓰세요.

㉠ 2씩 묶으면 12는 30의 $\dfrac{☐}{15}$입니다.

㉡ 3씩 묶으면 12는 30의 $\dfrac{☐}{10}$입니다.

㉢ 6씩 묶으면 12는 30의 $\dfrac{☐}{5}$입니다.

(   )

04 ■에 알맞은 수를 구하세요.

40을 ■씩 묶으면 32는 40의 $\dfrac{4}{5}$입니다.

(   )

유형 02 실생활 속 분수로 나타내기

예제 색종이 28장을 4장씩 묶었을 때 12장은 28장의 몇 분의 몇일까요?

(   )

풀이 28장을 4장씩 묶으면 ☐묶음이 되고 그중 12장은 ☐묶음입니다.

→ 12장은 28장의 $\dfrac{☐}{☐}$입니다.

05 선미는 구슬 45개 중에서 친구에게 9개를 주었습니다. 45를 9씩 묶으면 친구에게 준 구슬은 45의 몇 분의 몇일까요?

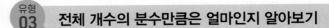

(   )

06 땅콩 48개를 봉지 6개에 똑같이 나누어 담았습니다. 땅콩 40개는 땅콩 전체의 몇 분의 몇인지 풀이 과정을 쓰고, 답을 구하세요.

서술형

(1단계) 땅콩이 한 봉지에 몇 개씩인지 구하기

_____

_____

(2단계) 땅콩 40개는 48개의 몇 분의 몇인지 구하기

_____

_____

답 _____

07 찬훈이는 장미 24송이를 사서 4송이씩 묶고, 그중 8송이를 꽃병에 꽂았습니다. 꽃병에 꽂고 남은 장미의 수는 처음 장미의 수의 몇 분의 몇인지 구하세요.

(   )

유형 **03** 전체 개수의 분수만큼은 얼마인지 알아보기

예제 케이크 12조각의 $\frac{1}{3}$은 몇 조각인지 구하세요.

(   )

풀이 12조각을 똑같이 □묶음으로 나눈 것 중의

한 묶음은 □조각입니다.

12조각의 $\frac{1}{3}$ ➡ □조각

08 관계있는 것끼리 이어 보세요.

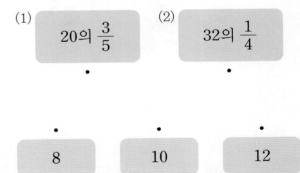

(1) 20의 $\frac{3}{5}$ (2) 32의 $\frac{1}{4}$

8   10   12

09 별 16개가 있습니다. □ 안에 알맞은 수를 써넣고, 각각 개수에 맞게 색칠해 보세요.

• 16의 $\frac{3}{8}$은 빨간색 별입니다. ➡ □개

• 16의 $\frac{5}{8}$는 초록색 별입니다. ➡ □개

10 나타내는 수가 12인 것을 찾아 기호를 쓰세요.

$$\text{㉠ } 15\text{의 } \frac{2}{3} \quad \text{㉡ } 18\text{의 } \frac{5}{9} \quad \text{㉢ } 20\text{의 } \frac{3}{5}$$

( )

11 현우와 주경이가 말한 수의 차를 구하세요.

16의 $\frac{3}{4}$ (현우)   20의 $\frac{2}{5}$ (주경)

( )

유형 04 전체 길이의 분수만큼은 얼마인지 알아보기

예제 1 m의 $\frac{3}{5}$ 만큼인 곳을 수직선에 화살표(↓)로 나타내고, 몇 cm인지 구하세요.

```
0                                    1 (m)
├──┼──┼──┼──┼──┼──┼──┼──┼──┼──┤
0  10 20 30 40 50 60 70 80 90 100 (cm)
```

( )

풀이 1 m = ☐ cm

☐ cm를 똑같이 ☐ 부분으로 나누면

1부분은 ☐ cm입니다.

1 m의 $\frac{3}{5}$ → ☐ × 3 = ☐ (cm)

12 종이띠를 12 cm의 $\frac{2}{3}$ 만큼 색칠하고, ☐ 안에 알맞은 수를 써넣으세요.

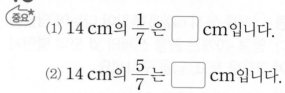

```
0  1  2  3  4  5  6  7  8  9 10 11 12 (cm)
```

12 cm의 $\frac{2}{3}$ 는 ☐ cm입니다.

13 ☐ 안에 알맞은 수를 써넣으세요.
(중요★)

(1) 14 cm의 $\frac{1}{7}$ 은 ☐ cm입니다.

(2) 14 cm의 $\frac{5}{7}$ 는 ☐ cm입니다.

14 ㉠과 ㉡에 알맞은 수의 합은 얼마일까요?

- 24 cm의 $\frac{1}{3}$ 은 ㉠ cm입니다.
- 24 cm의 $\frac{5}{8}$ 는 ㉡ cm입니다.

( )

15 ☐ 안에 2부터 7까지의 수 중 하나를 써넣고, 몇 m인지 구하세요.
(창의형)

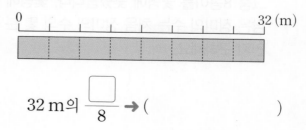

```
0                              32 (m)
```

32 m의 $\frac{☐}{8}$ → ( )

유형 05 전체 시간의 분수만큼은 얼마인지 알아보기

예제 1시간의 $\frac{1}{6}$은 몇 분일까요?

(   )

풀이 1시간 = ☐ 분

☐ 분을 똑같이 ☐ 부분으로 나눈 것 중의 1부분은 ☐ 분입니다.

1시간의 $\frac{1}{6}$ → ☐ 분

16 12시간의 $\frac{3}{4}$을 〈보기〉와 같이 시계에 나타내고, 12시간의 $\frac{3}{4}$은 몇 시간인지 쓰세요.

〈보기〉

12시간의 $\frac{1}{4}$

(   )

17 다음이 나타내는 것은 몇 시간일까요?

9시간의 $\frac{4}{9}$

(   )

18 나타내는 시간이 같은 것을 찾아 ○표 하세요.

| 1시간의 $\frac{1}{3}$ | 1시간의 $\frac{3}{5}$ | 1시간의 $\frac{2}{6}$ |

☐ ☐ ☐

19 ㉠과 ㉡ 중 나타내는 시간이 더 긴 것을 찾아 기호를 쓰려고 합니다. 풀이 과정을 쓰고, 답을 구하세요. **서술형**

㉠ 10시간의 $\frac{4}{5}$ ㉡ 16시간의 $\frac{5}{8}$

1단계 ㉠과 ㉡이 나타내는 시간 각각 구하기

_____

_____

_____

2단계 ㉠과 ㉡이 나타내는 시간 비교하기

_____

_____

답 _____

20 바르게 말한 사람을 찾아 이름을 쓰세요.

규민: 1시간의 $\frac{1}{5}$은 10분이야.

도율: 1시간의 $\frac{5}{6}$는 5분이야.

리아: 1분의 $\frac{2}{3}$는 40초야.

(   )

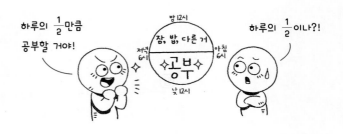

하루의 $\frac{1}{2}$만큼 공부할 거야!

잠, 밥, 다른 거 공부

하루의 $\frac{1}{2}$이나?!

4. 분수 **107**

유형 06 **실생활 속 전체의 분수만큼은 얼마인지 알아보기**

예제 영아는 똑같이 8조각으로 나누어진 호두 파이의 $\frac{1}{4}$을 먹었습니다. 영아가 먹은 호두 파이는 몇 조각일까요?

(   )

풀이 8의 $\frac{1}{4}$ → ☐

영아가 먹은 호두 파이는 ☐조각입니다.

21 정우는 수수깡 28개 중의 $\frac{5}{7}$만큼을 사용하여 집을 만들었습니다. 정우가 사용한 수수깡은 몇 개일까요?
중요★

(   )

22 미나가 수영한 시간은 몇 분인지 풀이 과정을 쓰고, 답을 구하세요.
서술형

미나 1시간의 $\frac{7}{10}$만큼 수영을 했어.

[1단계] 1시간의 $\frac{1}{10}$은 몇 분인지 알아보기

_____

_____

[2단계] 미나가 수영한 시간 구하기

_____

_____

답 _____

23 은서네 집에서 놀이공원까지의 거리는 36 km입니다. 호수는 집에서 놀이공원으로 가는 길의 $\frac{5}{9}$만큼의 거리에 있습니다. 호수에서 놀이공원까지의 거리는 몇 km일까요?

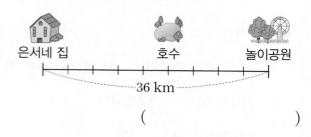

은서네 집   호수   놀이공원
|←————— 36 km —————→|

(   )

24 우표 30장을 선우와 남호가 다음과 같이 나누어 가졌다면 남은 우표는 몇 장일까요?

선우	남호
30장의 $\frac{1}{3}$	30장의 $\frac{1}{5}$

(   )

유형 07 **전체의 분수만큼의 수(양) 비교하기**

예제 나타내는 수가 더 큰 것에 ◯표 하세요.

| 24의 $\frac{5}{8}$ | 25의 $\frac{2}{5}$ |

(   )   (   )

풀이 24의 $\frac{1}{8}$은 ☐ → 24의 $\frac{5}{8}$는 ☐

25의 $\frac{1}{5}$은 ☐ → 25의 $\frac{2}{5}$는 ☐

→ ☐ ◯ ☐

25 가 자전거는 $20\,km$의 $\dfrac{4}{5}$만큼, 나 자전거는 $20\,km$의 $\dfrac{7}{10}$만큼 이동했습니다. 각 자전거가 이동한 거리를 수직선에 ─── 으로 나타내고, 이동한 거리가 더 긴 자전거의 기호를 쓰세요.

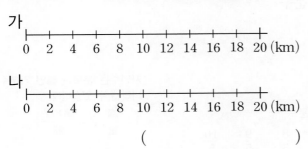

가

나

(   )

26 달걀이 30개 있습니다. 식빵과 케이크 중 달걀을 더 많이 사용하는 것은 무엇일까요?

전체 달걀의 $\dfrac{2}{5}$를 사용합니다.

전체 달걀의 $\dfrac{7}{15}$을 사용합니다.

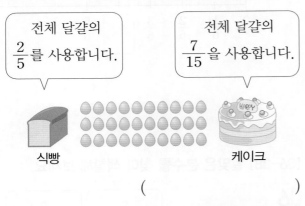

식빵   케이크

(   )

27 붙임딱지를 주혁이는 45장의 $\dfrac{4}{5}$만큼 모았고, 성주는 56장의 $\dfrac{5}{8}$만큼 모았습니다. 주혁이와 성주 중에서 누가 붙임딱지를 몇 장 더 많이 모았을까요?

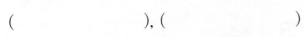

(   ), (   )

유형 08 전체의 수(양) 구하기

예제 ♣에 알맞은 수를 구하세요.

> ♣의 $\dfrac{3}{7}$은 15입니다.

(   )

풀이 $\dfrac{3}{7}$은 $\dfrac{1}{7}$의 ▢배이므로

♣의 $\dfrac{1}{7}$은 $15 \div ▢ = ▢$입니다.

→ ♣ = ▢ × 7 = ▢

28 어떤 수의 $\dfrac{2}{5}$는 16입니다. 어떤 수는 얼마인지 풀이 과정을 쓰고, 답을 구하세요.

(서술형)

1단계 어떤 수의 $\dfrac{1}{5}$ 구하기

_____

_____

2단계 어떤 수 구하기

_____

_____

답 _____

29 수정이는 가지고 있던 철사의 $\dfrac{5}{9}$를 사용했습니다. 수정이가 사용한 철사가 40 cm일 때 처음 가지고 있던 철사는 몇 cm일까요?

(   )

3 진분수, 가분수, 자연수 알아보기

- 진분수: 분자가 분모보다 작은 분수 ➡ $\frac{1}{5}$, $\frac{2}{5}$, $\frac{3}{5}$, $\frac{4}{5}$

- 가분수: 분자가 분모와 같거나 분모보다 큰 분수
  ➡ $\frac{5}{5}$, $\frac{6}{5}$, $\frac{7}{5}$, $\frac{8}{5}$, …

- 자연수: 1, 2, 3과 같은 수

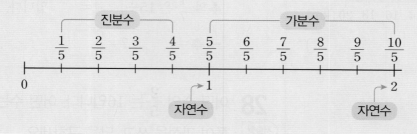

자연수는 분모가 ■인 가분수로 나타낼 수 있습니다.
$1 = \frac{■}{■}$, $2 = \frac{■×2}{■}$, …

---

01 알맞은 말에 ○표 하세요.

분자가 분모보다 작은 분수를
(진분수 , 가분수 , 자연수)라고 합니다.

[02~04] 그림을 보고 색칠한 부분을 분수로 나타내세요.

02
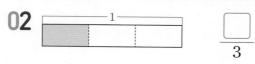
$\dfrac{}{3}$

03
$\dfrac{}{3}$

04
$\dfrac{}{3}$

05 ☐ 안에 알맞은 분수를 써넣으세요.

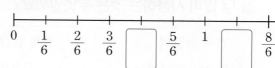

[06~08] 알맞은 분수를 찾아 색칠해 보세요.

06 진분수 ➡ $\dfrac{5}{6}$ $\dfrac{8}{6}$

07 가분수 ➡ $\dfrac{7}{10}$ $\dfrac{10}{10}$

08 자연수 ➡ $\dfrac{1}{2}$ 4

4 대분수 알아보기

대분수 알아보기

자연수와 진분수로 이루어진 분수를 대분수라고 합니다.

쓰기 $1\frac{5}{6}$ 읽기 1과 6분의 5

대분수를 가분수로, 가분수를 대분수로 나타내기

(1) 대분수 $1\frac{3}{4}$을 가분수로 나타내기

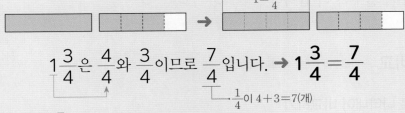

$1\frac{3}{4}$은 $\frac{4}{4}$와 $\frac{3}{4}$이므로 $\frac{7}{4}$입니다. → $1\frac{3}{4}=\frac{7}{4}$

$\frac{1}{4}$이 4+3=7(개)

대분수를 가분수로 나타낼 때 대분수의 자연수 부분은 진분수 부분과 같은 분모로 나타냅니다.

(2) 가분수 $\frac{5}{3}$를 대분수로 나타내기

$\frac{5}{3}$는 $\frac{3}{3}$과 $\frac{2}{3}$이므로 $1\frac{2}{3}$입니다. → $\frac{5}{3}=1\frac{2}{3}$

가분수를 대분수로 나타낼 때 나눗셈을 이용할 수도 있습니다.

$\frac{5}{3}$ → 5÷3=1…2 → $1\frac{2}{3}$

[01~03] 그림을 보고 대분수로 나타내세요.

01 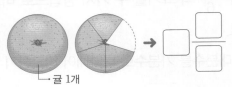 → $\frac{\square}{\square}$

└ 귤 1개

02 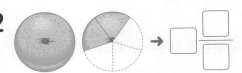 → $\frac{\square}{\square}$

03 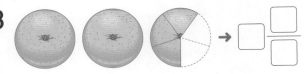 → $\frac{\square}{\square}$

[04~06] ☐ 안에 알맞은 수를 써넣어 대분수는 가분수로, 가분수는 대분수로 나타내세요.

04 $2\frac{2}{5}$ → $\frac{\square}{5}$과 $\frac{2}{5}$ → $\frac{\square}{5}$

05 $\frac{15}{7}$ → $\frac{14}{7}$와 $\frac{\square}{7}$ → $\square\frac{\square}{7}$

06 $4\frac{1}{2}$ → $\frac{\square}{\square}$과 $\frac{1}{2}$ → $\frac{\square}{2}$

5 분모가 같은 분수의 크기 비교하기

$\dfrac{7}{5}$과 $\dfrac{9}{5}$의 크기 비교 —가분수끼리의 크기 비교

분자가 클수록 더 큽니다. → $\dfrac{7}{5}$ $<$ $\dfrac{9}{5}$

$1\dfrac{3}{5}$과 $2\dfrac{1}{5}$의 크기 비교 —대분수끼리의 크기 비교

자연수가 다르면 자연수가 클수록,
자연수가 같으면 진분수가 클수록 더 큽니다. → $1\dfrac{3}{5}$ $<$ $2\dfrac{1}{5}$

자연수의 크기가 같은 두 대분수의 크기 비교

$2\dfrac{3}{4}$ $>$ $2\dfrac{1}{4}$

$\dfrac{10}{3}$과 $3\dfrac{2}{3}$의 크기 비교 —가분수와 대분수의 크기 비교

방법1 대분수를 가분수로 나타내어 비교하기

$3\dfrac{2}{3} = \dfrac{11}{3}$ → $\dfrac{10}{3}$ $<$ $\dfrac{11}{3}$ → $\dfrac{10}{3}$ $<$ $3\dfrac{2}{3}$

방법2 가분수를 대분수로 나타내어 비교하기

$\dfrac{10}{3} = 3\dfrac{1}{3}$ → $3\dfrac{1}{3}$ $<$ $3\dfrac{2}{3}$ → $\dfrac{10}{3}$ $<$ $3\dfrac{2}{3}$

가분수를 대분수로 나타낼 때 자연수와 가분수로 나타내지 않도록 주의합니다.

$\dfrac{11}{3}$ → $\dfrac{6}{3}$과 $\dfrac{5}{3}$ → $2\dfrac{5}{3}$(×)

[01~02] 그림을 보고 ○ 안에 >, =, <를 알맞게 써넣으세요.

01

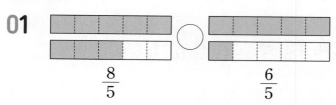

$\dfrac{8}{5}$ ○ $\dfrac{6}{5}$

02

$2\dfrac{1}{4}$ ○ $1\dfrac{3}{4}$

03 $2\dfrac{1}{6}$과 $\dfrac{15}{6}$의 크기를 두 가지 방법으로 비교해 보세요.

방법1 대분수를 가분수로 나타내어 비교하기

$2\dfrac{1}{6} = \dfrac{\boxed{}}{6}$ → $2\dfrac{1}{6}$ ○ $\dfrac{15}{6}$

방법2 가분수를 대분수로 나타내어 비교하기

$\dfrac{15}{6} = \boxed{}\dfrac{\boxed{}}{6}$ → $2\dfrac{1}{6}$ ○ $\dfrac{15}{6}$

유형 다잡기

• 정답 30쪽

유형 09 진분수 알아보기

예제 진분수를 모두 찾아 ○표 하세요.

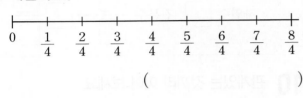

$$\frac{5}{8} \quad \frac{12}{11} \quad \frac{9}{9} \quad \frac{8}{10} \quad \frac{6}{7} \quad \frac{11}{8}$$

풀이 진분수: (분자) ◯ (분모)인 분수

---

01 수직선에 나타낸 분수 중에서 진분수는 모두 몇 개일까요?

```
0   1/4   2/4   3/4   4/4   5/4   6/4   7/4   8/4
```

( )

---

02 $\frac{\blacksquare}{8}$는 진분수입니다. 다음 중 ■가 될 수 없는 수는 어느 것일까요? ( )

① 1 　　② 3 　　③ 5

④ 7 　　⑤ 8

---

03 $\frac{10}{10}$이 진분수가 아닌 이유를 쓰세요.

서술형

[이유]

---

04 분모가 5인 진분수를 모두 쓰세요.

중요★

( )

---

05 오른쪽 분수는 진분수입니다. ★이 될 수 있는 가장 큰 수를 구하세요.

$$\frac{\bigstar}{7}$$

( )

유형 10 가분수 알아보기

예제 가분수를 찾아 기호를 쓰세요.

$$\bigcirc\ \frac{5}{9} \quad \bigcirc\ \frac{11}{10} \quad \bigcirc\ \frac{7}{8}$$

( )

풀이 가분수: 분자가 분모와 같거나

(분자) ◯ (분모)인 분수

---

06 1과 같은 분수를 말한 사람의 이름을 쓰세요.

$$\frac{4}{3} \qquad \frac{5}{6} \qquad \frac{7}{7}$$

미나　　　현우　　　리아

( )

---

07 가분수는 몇 개일까요?

$$\frac{2}{3} \quad \frac{5}{4} \quad 2 \quad \frac{10}{6} \quad \frac{5}{5} \quad \frac{1}{8}$$

( )

08 다음 중 잘못 설명한 것의 기호를 쓰세요.

> ㉠ $\frac{5}{4}$, $\frac{6}{4}$, $\frac{7}{4}$ 은 가분수입니다.
>
> ㉡ $\frac{9}{3}$ =3이고, 3은 자연수입니다.
>
> ㉢ $\frac{6}{6}$ 은 가분수가 아닙니다.

( )

09 분모가 9인 가분수 중에서 분자가 가장 작은 가
서술형 분수를 구하려고 합니다. 풀이 과정을 쓰고, 답
을 구하세요.

1단계 분모가 9인 가분수의 분자 알아보기

_____

_____

2단계 가장 작은 가분수 구하기

_____

답

유형
11 대분수 알아보기

예제 색칠한 부분을 대분수로 쓰고, 읽어 보세요.

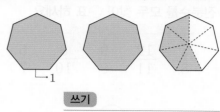

쓰기 _____

읽기 _____

풀이 대분수: 자연수와 진분수로 이루어진 분수

자연수 ☐, 진분수 $\frac{☐}{☐}$ → $☐\frac{☐}{☐}$

10 관계있는 것끼리 이어 보세요.

(1) $3\frac{2}{7}$ •

• 5와 7분의 3

• 7과 5분의 3

(2) $7\frac{3}{5}$ •

• 3과 7분의 2

11 원 한 개를 1이라 할 때 주어진 대분수만큼 색
중요 칠해 보세요.

$3\frac{4}{8}$

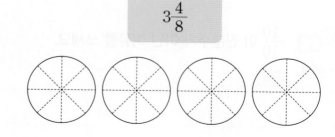

12 대분수를 모두 찾아 ○표 하세요.

$$2\frac{3}{5} \qquad \frac{8}{8} \qquad \frac{6}{11} \qquad 1\frac{2}{9}$$

(   ) (   ) (   ) (   )

13 오른쪽 대분수의 □ 안에 들어갈 수 있는 수를 〈 보기 〉에서 모두 찾아 쓰세요.

$$5\frac{\square}{6}$$

〈 보기 〉

1   3   5   7   9

(   )

유형 12 여러 가지 분수 알아보기

예제 진분수이면 '진', 가분수이면 '가', 대분수이면 '대'를 쓰세요.

$$\frac{7}{12} \rightarrow \square$$

풀이 $\frac{7}{12}$의 분자와 분모의 크기를 비교하면

(분자) ◯ (분모)이므로

(진분수 , 가분수 , 대분수)입니다.

14 가분수에 ○표, 대분수에 △표 하세요.

$$\frac{19}{6} \qquad \frac{5}{6} \qquad 3\frac{5}{6} \qquad \frac{6}{5} \qquad 4$$

15 창의형 □ 안에 1부터 9까지의 자연수 중 서로 다른 수를 이용하여 진분수, 가분수, 대분수를 각각 만들어 보세요.

16 중요★ 바르게 짝 지은 것을 찾아 ○표 하세요.

진분수	대분수	가분수
$\frac{1}{8}, \frac{3}{3}$	$1\frac{2}{9}, 8\frac{4}{7}$	$\frac{4}{9}, \frac{9}{4}$

(   )   (   )   (   )

4 단원

17 딸기 케이크를 만드는 데 필요한 재료입니다. 바르게 말한 사람의 이름을 쓰세요.

딸기	밀가루	우유
$\frac{15}{4}$컵	$1\frac{2}{5}$컵	$\frac{8}{9}$컵

재료의 양이 진분수인 것은 딸기야.   준호

재료의 양이 가분수인 것은 우유야.   규민

밀가루의 양은 대분수야.   주경

(   )

난 분모가 큰 진분수!

난 분자가 큰 가분수~!

나는 자연수랑 함께 하는 대분수

유형 13 **대분수를 가분수로, 가분수를 대분수로 나타내기**

예제 가분수를 대분수로 나타내세요.

$$\frac{16}{5}$$

(   )

풀이 $\frac{16}{5}$ → $\frac{\square}{5}$ 와 $\frac{1}{5}$

→ $\square$ 과 $\frac{1}{5}$ → $\dfrac{\square}{\square}$

18 대분수는 가분수로, 가분수는 대분수로 나타내
중요★ 세요.

(1) $2\dfrac{2}{9}$ (2) $\dfrac{37}{7}$

19 가분수만큼 그림을 색칠하고, 가분수를 대분수
로 나타내세요.

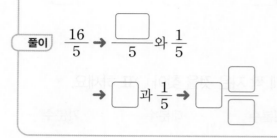

$$\frac{19}{8} = \dfrac{\square}{\square}$$

20 길이가 $3\dfrac{7}{11}$ m인 색 테이프가 있습니다. 이
색 테이프의 길이를 가분수로 나타내세요.

(   )

21 연서가 말하는 수를 대분수로 나타내세요.

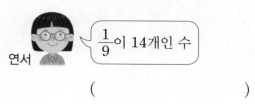

연서 $\dfrac{1}{9}$ 이 14개인 수

(   )

22 대분수로 나타내었을 때 자연수가 가장 작은 가
서술형 분수를 찾으려고 합니다. 풀이 과정을 쓰고, 답
을 구하세요.

$$\frac{17}{4} \quad \frac{27}{7} \quad \frac{33}{6}$$

1단계 대분수로 나타내기

_____

_____

2단계 자연수가 가장 작은 가분수 찾기

_____

답 _____

유형 14 **분모가 같은 분수의 크기 비교하기**

예제 두 분수 중에서 더 작은 것에 ◯표 하세요.

$$\frac{31}{10} \qquad \frac{28}{10}$$

(   )   (   )

풀이 31 ◯ 28 → $\dfrac{31}{10}$ ◯ $\dfrac{28}{10}$

23 $2\dfrac{3}{5}$과 $\dfrac{11}{5}$을 각각 수직선에 화살표(↑)로 나타내고, 분수의 크기를 비교해 보세요.

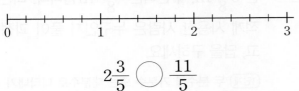

$$2\dfrac{3}{5} \bigcirc \dfrac{11}{5}$$

24 두 분수의 크기를 비교하여 더 큰 분수를 위의 빈칸에 써넣으세요.

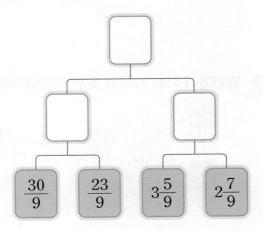

$\dfrac{30}{9}$　$\dfrac{23}{9}$　$3\dfrac{5}{9}$　$2\dfrac{7}{9}$

25 큰 분수부터 차례로 쓰세요.

$$\dfrac{25}{3} \quad \dfrac{10}{3} \quad 4\dfrac{1}{3} \quad \dfrac{22}{3}$$

(　　　　　　　)

+플러스
유형 15 수 카드로 분수 만들기

예제 3장의 수 카드를 한 번씩 모두 사용하여 가장 큰 대분수를 만들어 보세요.

7　3　2 → □ □/□

풀이 가장 큰 대분수를 만들려면
가장 (큰 , 작은) 수를 자연수에 놓고,
남은 두 수로 (진분수 , 가분수)를 만듭니다.

26 3장의 수 카드 중 2장을 골라 한 번씩만 사용하여 만들 수 있는 가분수를 모두 구하세요.

2　5　7

(　　　　　　　)

27 (서술형) 4장의 수 카드 중 3장을 골라 한 번씩만 사용하여 대분수를 만들려고 합니다. 만들 수 있는 분수 중에서 분모가 5인 대분수는 모두 몇 개인지 풀이 과정을 쓰고, 답을 구하세요.

3　5　4　9

(1단계) 분모가 5인 대분수의 분자 모두 구하기

(2단계) 분모가 5인 대분수의 개수 구하기

답

28 7장의 수 카드 중 2장을 골라 한 번씩만 사용하여 분모가 6인 가장 큰 대분수를 만들고, 만든 대분수를 가분수로 나타내세요.

| 1 | 2 | 3 | 4 | 5 | 6 | 7 |

$$\boxed{}\dfrac{\boxed{}}{6}=\dfrac{\boxed{}}{\boxed{}}$$

유형 **16** 실생활 속 분모가 같은 분수의 크기 비교

예제 크기와 모양이 같은 병으로 주스의 양을 재었더니 사과주스는 $7\frac{2}{3}$병이고, 포도주스는 $6\frac{1}{3}$병입니다. 사과주스와 포도주스 중 더 많은 것은 어느 것일까요?

( )

풀이 $7\bigcirc6 \rightarrow 7\frac{2}{3}\bigcirc6\frac{1}{3}$

따라서 더 많은 것은 $\boxed{}$입니다.

29 쿠키를 만드는 데 크기와 모양이 같은 컵으로 설탕을 $\frac{7}{3}$컵, 밀가루를 $\frac{8}{3}$컵 사용했습니다. 설탕과 밀가루 중에서 더 많이 사용한 것은 무엇일까요?

( )

30 윤정이가 수학 숙제와 국어 숙제를 한 시간을 각각 적은 것입니다. 어느 숙제를 더 오래 했을까요?

수학 숙제	국어 숙제
$\dfrac{11}{8}$시간	$\dfrac{9}{8}$시간

( )

---

31 선물을 포장하는 데 사용한 리본의 길이가 민아는 $3\frac{7}{8}$ m, 우진이는 $\frac{33}{8}$ m입니다. 리본을 더 적게 사용한 사람은 누구인지 풀이 과정을 쓰고, 답을 구하세요.

서술형

1단계 두 분수를 가분수 또는 대분수로 나타내기

_____

_____

2단계 리본을 더 적게 사용한 사람 구하기

_____

_____

답

32 병원에서 가장 가까운 곳은 어디일까요?

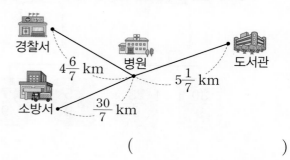

( )

+플러스
유형 **17** 크기 비교에서 ☐ 안에 알맞은 수 구하기

예제 ◆가 될 수 있는 수에 모두 ○표 하세요.

$$\frac{\blacklozenge}{7}>1\frac{2}{7} \rightarrow (\ 4\ ,\ 6\ ,\ 8\ ,\ 10\ ,\ 12\ )$$

풀이 $1\frac{2}{7}=\dfrac{\boxed{}}{7}$이므로 $\dfrac{\blacklozenge}{7}>\dfrac{\boxed{}}{7}$입니다.

◆$>\boxed{}$이어야 하므로

◆가 될 수 있는 수는 $\boxed{}$, $\boxed{}$입니다.

33 □ 안에 들어갈 수 있는 자연수는 모두 몇 개인
(서술형) 지 풀이 과정을 쓰고, 답을 구하세요.

$$1\frac{10}{13} < \frac{\square}{13} < 2\frac{1}{13}$$

[1단계] 대분수를 가분수로 각각 나타내기

_____

_____

[2단계] □ 안에 들어갈 수 있는 자연수의 개수 구하기

_____

_____

답 _____

34 종이에 물감이 묻어 수가 보이지 않습니다. 물
감이 묻은 부분에 들어갈 수 있는 자연수를 모
두 구하세요.

$$\frac{20}{7} < \text{}\frac{3}{7} < \frac{40}{7}$$

( )

+플러스
유형
18 조건에 알맞은 분수 구하기

예제 자연수가 4이고 분모가 6인 대분수는 모두 몇
개일까요?

( )

풀이 자연수가 4이고 분모가 6인 대분수: $4\frac{\blacksquare}{\boxed{}}$

$\blacksquare < \boxed{}$ 이므로 자연수가 4이고 분모가 6인

대분수는 모두 $\boxed{}$ 개입니다.

35 두 사람이 말한 조건을 만족하는 분수를 모두
쓰세요.

도율   연서

( )

36 〈조건〉에 맞는 분수 중에서 가장 큰 분수를 구
하세요.

〈조건〉
• 7보다 작은 대분수입니다.
• 분모는 12입니다.
• 분자는 10보다 작습니다.

( )

37 조건을 만족하는 분수는 모두 몇 개일까요?

• 분모가 16인 가분수입니다.
• $\frac{29}{16}$ 보다 크고 $2\frac{3}{16}$ 보다 작습니다.

( )

4
단원

STEP 3 응용 해결하기

바르게 계산한 값 구하기

1 어떤 수의 $\frac{3}{8}$을 구해야 할 것을 잘못하여 어떤 수의 $\frac{5}{6}$를 구했더니 20이 되었습니다. 바르게 구한 값은 얼마일까요?

(   )

전체의 양이 다른 두 분수만큼의 합 구하기 · 서술형

2 귤이 60개 있습니다. 한 달 동안 수진이는 전체 귤의 $\frac{3}{5}$만큼을 먹었고, 지영이는 수진이가 먹은 귤의 $\frac{4}{9}$만큼을 먹었습니다. 수진이와 지영이가 한 달 동안 먹은 귤은 모두 몇 개인지 풀이 과정을 쓰고, 답을 구하세요.

풀이 _____

_____

_____

_____

답 _____

진분수가 되는 가짓수 구하기

3 자연수 ■와 ●의 범위가 각각 다음과 같습니다. $\frac{■}{●}$가 진분수가 되는 경우는 모두 몇 가지일까요?

3<■<9		2<●<7

(   )

진분수가 되는 가짓수를 구하려면?
분자 또는 분모의 수를 정한 뒤 그때의
가짓수를 셉니다.

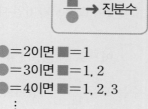
$\frac{■}{●}$ → 진분수

●=2이면 ■=1
●=3이면 ■=1, 2
●=4이면 ■=1, 2, 3
⋮

두 분수 사이의 수 찾기

4 주어진 수 중에서 $2\frac{5}{7}$보다 크고 $\frac{30}{7}$보다 작은 수를 모두 찾으려 ⟨서술형⟩

고 합니다. 풀이 과정을 쓰고, 답을 구하세요.

$$5\frac{4}{7} \qquad \frac{15}{7} \qquad \frac{27}{7} \qquad 4\frac{1}{7} \qquad 3$$

풀이

답

해결 tip

자연수를 가분수로 나타내려면?

■를 분모가 ㉠인 가분수로 나타내면

$■ = \dfrac{■ × ㉠}{㉠}$ 입니다.

하루 중 남은 시간 구하기

5 민규는 오늘 하루의 $\frac{1}{3}$은 잠을 자고 하루의 $\frac{2}{8}$는 학교 생활을 했

습니다. 하루의 $\frac{1}{12}$은 밥을 먹었다면 오늘 하루 중 남은 시간은 몇

시간일까요?

( )

분모와 분자의 합과 차를 이용하여 분수 구하기

6 ⟨조건⟩을 모두 만족하는 분수를 대분수로 나타내세요.

⟨ 조건 ⟩
• 가분수입니다.
• 분모와 분자의 합은 13입니다.
• 분모와 분자의 차는 5입니다.

( )

STEP 3 응용 **해결하기**

해결 tip

공통으로 들어갈 수 있는 자연수 구하기

7 ㉠과 ㉡에 공통으로 들어갈 수 있는 자연수는 모두 몇 개인지 구하세요.

$$2\frac{5}{13} < 2\frac{㉠}{13} < \frac{38}{13}$$

$$\frac{㉡}{7} < 1\frac{3}{7}$$

(1) ㉠에 들어갈 수 있는 수를 모두 구하세요.

(   )

(2) ㉡에 들어갈 수 있는 수를 모두 구하세요.

(   )

(3) ㉠과 ㉡에 공통으로 들어갈 수 있는 자연수는 모두 몇 개일까요?

(   )

튀어 오르는 공의 높이 구하기

8 떨어진 높이의 $\frac{4}{5}$ 만큼 튀어 오르는 공이 있습니다. 150 m의 높이에서 공을 떨어뜨린다면 두 번째로 튀어 오르는 공의 높이는 몇 m인지 구하세요.

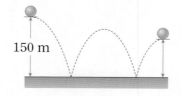

150 m

떨어진 높이의 $\frac{4}{5}$ 만큼 튀어 오르는 공의 높이를 구하면?

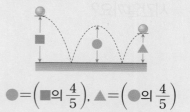

$$● = \left(■의 \frac{4}{5}\right), ▲ = \left(●의 \frac{4}{5}\right)$$

(1) 첫 번째로 튀어 오르는 공의 높이는 몇 m일까요?

(   )

(2) 두 번째로 튀어 오르는 공의 높이는 몇 m일까요?

(   )

평가 4단원 마무리

01 그림을 3개씩 묶고, ☐ 안에 알맞은 수를 써넣으세요.

12를 3씩 묶으면 9는 12의 $\dfrac{\square}{\square}$ 입니다.

02 그림을 보고 ☐ 안에 알맞은 수를 써넣으세요.

36의 $\dfrac{5}{6}$ 는 $\boxed{}$ 입니다.

03 그림을 보고 대분수를 가분수로 나타내세요.

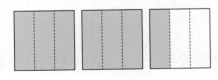

$2\dfrac{1}{3} = \dfrac{\square}{\square}$

04 분수를 진분수, 가분수, 대분수로 분류하여 빈 칸에 알맞게 써넣으세요.

$$\dfrac{3}{4} \quad 3\dfrac{4}{7} \quad \dfrac{9}{9} \quad 1\dfrac{3}{10} \quad \dfrac{12}{11} \quad \dfrac{1}{5}$$

진분수	가분수	대분수

05 각각 분수만큼 색칠하고, 분수의 크기를 비교하여 ○ 안에 >, <를 알맞게 써넣으세요.

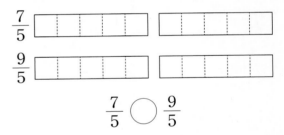

$$\dfrac{7}{5} \bigcirc \dfrac{9}{5}$$

06 분모가 8인 진분수는 모두 몇 개일까요?

(   )

07 나타내는 수가 다른 하나를 찾아 기호를 쓰세요.

㉠ 14의 $\dfrac{4}{7}$	㉡ 12의 $\dfrac{5}{6}$	㉢ 15의 $\dfrac{2}{3}$

(   )

08 ㉠, ㉡, ㉢에 알맞은 수의 합을 구하세요.

> - 18을 3씩 묶으면 15는 18의 $\dfrac{㉠}{6}$입니다.
> - 28을 4씩 묶으면 20은 28의 $\dfrac{5}{㉡}$입니다.
> - 42를 6씩 묶으면 12는 42의 $\dfrac{㉢}{7}$입니다.

(   )

09 분모가 15인 가분수 중에서 두 번째로 작은 작은 수를 구하세요.

(   )

10 도윤이는 사과 36개를 한 봉지에 4개씩 담았습니다. 사과 16개는 36개의 몇 분의 몇일까요?

(   )

11 은미는 $1\dfrac{11}{12}$ m, 유나는 $\dfrac{17}{12}$ m의 끈을 가지고 있습니다. 은미와 유나 중에서 더 짧은 끈을 가지고 있는 사람은 누구일까요?

(   )

12 (서술형) 화분 21개 중에서 $\dfrac{2}{7}$에 꽃이 피었습니다. 꽃이 피지 <u>않은</u> 화분은 몇 개인지 풀이 과정을 쓰고, 답을 구하세요.

풀이 _____

_____

_____

답 _____

13 다음 대분수를 가분수로 나타내었더니 $\dfrac{27}{10}$이 되었습니다. ☐ 안에 알맞은 수를 구하세요.

$$2\dfrac{☐}{10}$$

(   )

14 어떤 수의 $\dfrac{1}{14}$은 4입니다. 어떤 수를 구하세요.

(   )

15 선정이와 단우가 100 m 달리기를 한 기록입니다. 선정이와 단우 중에서 누가 몇 초 더 빠르게 달렸는지 구하세요.

선정	단우
1분의 $\frac{1}{4}$	1분의 $\frac{2}{6}$

(   ), (   )

16 4장의 수 카드 중에서 3장을 골라 한 번씩만 사용하여 만들 수 있는 분모가 7인 대분수는 모두 몇 개일까요?

$$\boxed{2} \quad \boxed{6} \quad \boxed{7} \quad \boxed{9}$$

(   )

17 (서술형) $3\frac{5}{8}$, $\frac{27}{8}$, $3\frac{7}{8}$ 을 작은 분수부터 차례로 쓰려고 합니다. 풀이 과정을 쓰고, 답을 구하세요.

풀이

답

18 다음 조건을 만족하는 분수를 모두 구하세요.

- 분모가 13인 가분수입니다.
- $1\frac{2}{13}$ 보다 작습니다.

(   )

19 길이가 24 cm인 나무 막대의 $\frac{2}{6}$ 는 빨간색, 나무 막대의 $\frac{1}{6}$ 은 노란색으로 색칠했습니다. 빨간색과 노란색으로 색칠한 부분의 길이는 모두 몇 cm일까요?

(   )

20 (서술형) ☐ 안에 들어갈 수 있는 자연수는 모두 몇 개인지 풀이 과정을 쓰고, 답을 구하세요.

$$2\frac{7}{9} < \frac{\boxed{}}{9} < 3\frac{1}{9}$$

풀이

답

5

들이와 무게

학습을 끝낸 후
색칠하세요.

개념
확인하기

유형
다잡기
유형 01~12

이전에 배운 내용

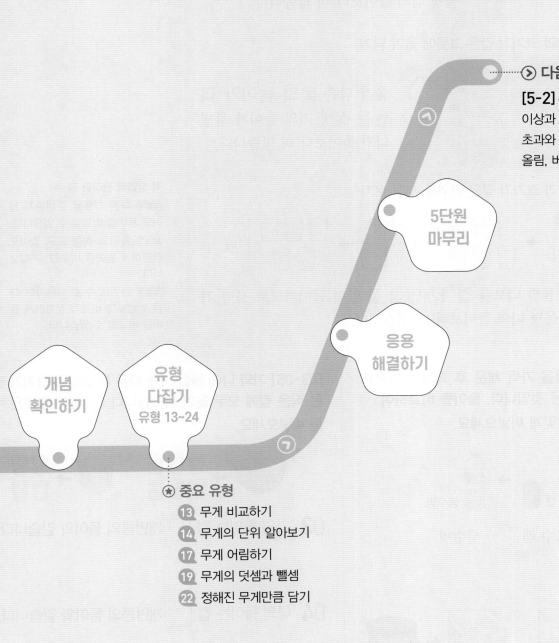

⊙ 다음에 배울 내용

[5-2] 수의 범위와 어림하기
이상과 이하 알아보기
초과와 미만 알아보기
올림, 버림, 반올림 알아보기

5단원
마무리

응용
해결하기

개념
확인하기

유형
다잡기
유형 13~24

★ 중요 유형
13 무게 비교하기
14 무게의 단위 알아보기
17 무게 어림하기
19 무게의 덧셈과 뺄셈
22 정해진 무게만큼 담기

STEP 1 개념 확인하기

1 들이 비교하기

여러 가지 방법으로 물병의 들이 비교하기

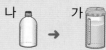

들이가 적은 쪽에서 들이가 많은 쪽으로 옮겨 담으면 물이 가득 차지 않습니다.

방법1 한 물병에 물을 가득 채운 후 다른 물병에 옮겨 담기

물이 넘쳤으므로 물병 가의 들이가 물병 나의 들이보다 더 많습니다.

방법2 모양과 크기가 같은 그릇에 옮겨 담기

옮겨 담은 물의 높이가 더 높은 물병 가의 들이가 물병 나의 들이보다 더 많습니다.

방법3 모양과 크기가 같은 단위로 재어 보기

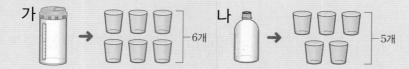

물병 가는 물병 나보다 **컵 1개만큼** 물이 더 들어가므로 물병 가의 들이가 물병 나의 들이보다 더 많습니다.

각 방법의 편리한 점

방법1 다른 그릇을 준비하지 않아도 들이를 비교할 수 있습니다.

방법2 들이의 측정 도구 없이도 간편하게 들이를 비교할 수 있습니다.

방법3 단위의 수를 이용하여 다른 방법보다 비교적 정확하게 들이를 비교할 수 있습니다.

[01~02] 각 용기에 물을 가득 채운 후 화살표 방향으로 물을 모두 옮겨 담은 것입니다. 들이를 비교하여 ○ 안에 > 또는 <를 알맞게 써넣으세요.

01

음료수 캔 → 생수병

음료수 캔 ◯ 생수병

02

꽃병 → 모양과 크기가 같은 그릇 ← 양동이

꽃병 ◯ 양동이

[03~05] 가와 나에 물을 가득 채운 후 모양과 크기가 같은 작은 컵에 모두 옮겨 담았습니다. ☐ 안에 알맞은 수를 써넣으세요.

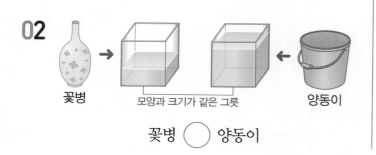

03 가의 들이는 컵 ☐ 개만큼의 들이와 같습니다.

04 나의 들이는 컵 ☐ 개만큼의 들이와 같습니다.

05 가는 나보다 컵 ☐ 개만큼 물이 더 많이 들어 갑니다.

2 들이의 단위 알아보기

1 L와 1 mL 알아보기

들이의 단위에는 **리터(L)**와 **밀리리터(mL)** 등이 있습니다.
1 리터는 1000 밀리리터와 같습니다.

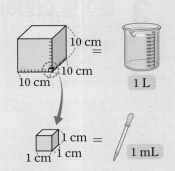

쓰기	1 L	1 mL
읽기	1 리터	1 밀리리터

$$1 L = 1000 mL$$

2 L보다 300 mL 더 많은 들이 나타내기

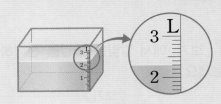

쓰기 **2 L 300 mL**
읽기 **2 리터 300 밀리리터**

$$2 L 300 mL = 2300 mL$$

■ L ▲ mL를 ● mL로 나타내기
2 L 300 mL
= 2 L + 300 mL
= 2000 mL + 300 mL
= 2300 mL

[01~03] 주어진 들이를 쓰고, 읽어 보세요.

01
```
3 L
```
쓰기 _____
읽기 (   )

02
```
500 mL
```
쓰기 _____
읽기 (   )

03
```
2 L 490 mL
```
쓰기 _____
읽기 (   )

---

04 눈금을 보고 물의 양이 얼마인지 ☐ 안에 알맞은 수를 써넣으세요.

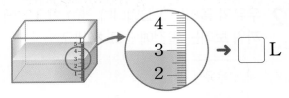

→ ☐ L

[05~07] ☐ 안에 알맞은 수를 써넣으세요.

05 7 L = ☐ mL

06 2 L 500 mL = ☐ mL

07 4900 mL = ☐ L ☐ mL

3 들이를 어림하고 재어 보기

들이를 어림하여 말할 때는 **약 ▢ L** 또는 **약 ▢ mL**라고 합니다.

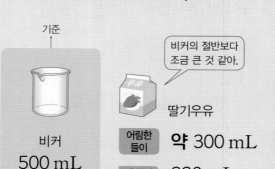

기준	비커의 절반보다 조금 큰 것 같아.	비커로 4번 정도 들어갈 것 같아.
비커 500 mL	딸기우유	식용유

| 어림한 들이 | 약 300 mL | 어림한 들이 | 약 2 L |
| 잰 들이 | 330 mL | 잰 들이 | 1 L 800 mL |

L와 mL를 사용하기 알맞은 물건
• L ➡ 주전자, 냄비, 욕조 등
• mL ➡ 향수병, 주사기 등

어림한 들이와 잰 들이의 차이가 작을수록 더 가깝게 어림한 것입니다.

01 약병의 들이는 100 mL입니다. 들이가 100 mL에 더 가까워 보이는 물건에 ○표 하세요.

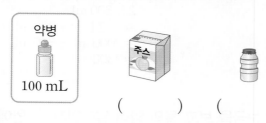

약병 100 mL   주스   ( )   ( )

02 우유의 들이는 1 L입니다. 들이가 1 L에 더 가까워 보이는 물건에 ○표 하세요.

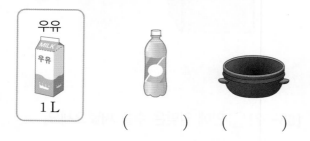

우유 1 L   ( )   ( )

[03~04] 물건의 들이를 알맞게 나타낸 단위에 ○표 하세요.

03 국자의 들이는 약 35 (mL , L)입니다.

04 냄비의 들이는 약 2 (mL , L)입니다.

[05~07] 〈 보기 〉에서 알맞은 물건을 선택하여 문장을 완성해 보세요.

〈 보기 〉
종이컵   수족관   주전자

05 ▢ 의 들이는 약 240 L입니다.

06 ▢ 의 들이는 약 180 mL입니다.

07 ▢ 의 들이는 약 3 L입니다.

[08~09] L와 mL 중 알맞은 단위를 골라 ▢ 안에 써넣으세요.

08 숟가락의 들이는 약 10 ▢ 입니다.

09 욕조의 들이는 약 200 ▢ 입니다.

4 들이의 덧셈과 뺄셈

들이의 덧셈

L 단위의 수끼리, mL 단위의 수끼리 더합니다.

```
    1 L   400 mL
  + 2 L   500 mL
    3 L   900 mL
```
1+2=3   400+500=900

1 — mL 단위에서 받아올림한 수
```
    3 L   700 mL
  + 1 L   600 mL
    5 L   300 mL
```
1+3+1=5   700+600=1300

mL 단위의 수끼리 더한 값이 1000이거나 1000보다 크면 1000 mL를 1 L로 받아올림합니다.

들이의 뺄셈

L 단위의 수끼리, mL 단위의 수끼리 뺍니다.

```
    7 L   800 mL
  − 5 L   200 mL
    2 L   600 mL
```
7−5=2   800−200=600

L 단위에서 받아내림한 수
3   1000
```
    4 L   300 mL
  − 1 L   900 mL
    2 L   400 mL
```
4−1−1=2   1000+300−900=400

mL 단위의 수끼리 뺄 수 없을 때에는 1 L를 1000 mL로 받아내림합니다.

---

01 그림을 보고 ☐ 안에 알맞은 수를 써넣으세요.

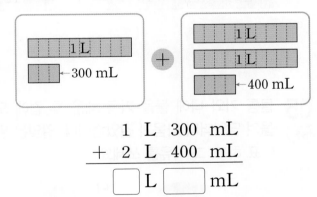

```
    1  L  300  mL
  + 2  L  400  mL
  ☐ L ☐ mL
```

02 ☐ 안에 알맞은 수를 써넣으세요.

```
        ☐
    4  L  600  mL
  + 3  L  600  mL
  ☐ L ☐ mL
```

03 그림을 보고 ☐ 안에 알맞은 수를 써넣으세요.

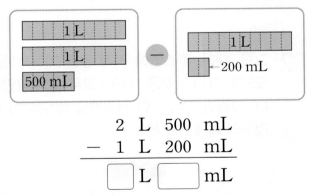

```
    2  L  500  mL
  − 1  L  200  mL
  ☐ L ☐ mL
```

04 ☐ 안에 알맞은 수를 써넣으세요.

```
      ☐   ☐
    5  L  800  mL
  − 2  L  900  mL
  ☐ L ☐ mL
```

유형
01 **들이 비교하기**

예제 들이가 많은 것부터 차례로 1, 2, 3을 쓰세요.

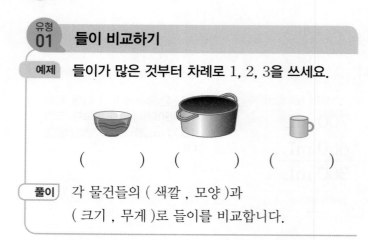

(   )   (   )   (   )

풀이 각 물건들의 (색깔 , 모양)과
(크기 , 무게)로 들이를 비교합니다.

01 국그릇에 물을 가득 채운 후 밥그릇에 모두 옮겨 담았더니 그림과 같이 물이 넘쳤습니다. 국그릇과 밥그릇 중에서 들이가 더 많은 것은 무엇일까요?

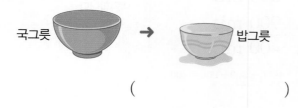

(   )

02 그릇, 대야, 주스병에 각각 물을 가득 채운 후 모양과 크기가 같은 그릇에 모두 옮겨 담았습니다. 그림과 같이 물이 채워졌을 때 들이가 많은 것부터 차례로 쓰세요.

(   )

03 세 용기에 물을 가득 채운 후 모양과 크기가 같은 컵에 모두 옮겨 담았더니 다음과 같았습니다. 들이가 가장 많은 용기의 들이는 들이가 가장 적은 용기의 들이의 몇 배일까요?

비커	삼각플라스크	눈금실린더
컵 2개	컵 8개	컵 4개

(   )

04
중요★
어느 수조에 물을 가득 채우려면 가, 나, 다 컵에 물을 가득 채워 각각 다음과 같이 부어야 합니다. 가, 나, 다 컵 중에서 들이가 가장 적은 것은 무엇일까요?

컵	가	나	다
부은 횟수(번)	10	7	12

(   )

05
서술형
물통 가와 나에 물을 가득 채운 후 컵에 모두 옮겨 담았더니 다음과 같았습니다. 알맞은 말에 ○표 하고, 그 이유를 쓰세요.

가   나

→ 로 5개   → 로 4개

물통 가와 나의 들이를 비교할 수
(있습니다 , 없습니다).

이유

유형 02 들이의 단위 알아보기

예제 오른쪽 그림에서 눈금을 보고 비커에 담긴 물의 양이 몇 mL인지 쓰세요.

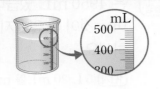

(   )

풀이 물이 채워진 눈금의 수: ☐

비커에 적힌 단위: (L , mL)

➡ 비커에 담긴 물의 양: ☐ (L , mL)

06 ☐ 안에 알맞은 수를 써넣으세요.

7 L보다 600 mL 더 많은 들이

➡ ☐ L ☐ mL

07 들이가 같은 것끼리 이어 보세요.

(1) 5 L •   • 9 L

(2) 9000 mL •   • 2000 mL

(3) 2 L •   • 5000 mL

08 L와 mL에 대한 설명으로 옳은 것의 기호를 쓰세요.

㉠ 1 mL는 1 리터라고 읽습니다.
㉡ 1000 mL는 1 L와 같습니다.
㉢ 5 mL는 1 L보다 많은 양입니다.

(   )

유형 03 L와 mL의 관계

예제 수조의 들이는 6080 mL입니다. 수조의 들이는 몇 L 몇 mL일까요?

(   )

풀이
$$6080 \text{ mL} = \boxed{} \text{ mL} + 80 \text{ mL}$$
$$= \boxed{} \text{ L} + \boxed{} \text{ mL}$$
$$= \boxed{} \text{ L} \boxed{} \text{ mL}$$

09 중요★ 물이 수조에는 3 L, 물병에는 950 mL 들어 있었습니다. 물병의 물을 수조에 모두 부었을 때 수조의 물의 양을 두 가지 방법으로 나타내세요.

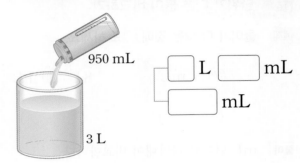

☐ L ☐ mL

☐ mL

10 들이가 다른 하나를 찾아 쓰세요.

2 L 150 mL   2150 mL   2 L 15 mL

(   )

11 현주는 들이가 1 L 300 mL인 망고주스 한 병을 샀습니다. 현주가 산 망고주스는 몇 mL일까요?

(   )

12 틀린 문장을 찾아 기호를 쓰고, 바르게 고쳐 보세요.
서술형

> ㉠ 1800 mL는 1 L 800 mL입니다.
> ㉡ 5030 mL는 50 L 30 mL입니다.

답

바르게 고친 문장

유형 04 단위가 다른 들이 비교하기

예제 들이가 더 많은 것에 ○표 하세요.

7100 mL	8 L 400 mL
( )	( )

풀이 mL 단위로 나타내어 비교합니다.

8 L 400 mL = [   ] mL

→ 7100 mL ◯ [   ] mL

---

13 들이를 비교하여 ◯ 안에 >, =, <를 알맞게
중요★ 써넣으세요.

(1) 3 L ◯ 3100 mL

(2) 6080 mL ◯ 6 L 80 mL

---

14 들이가 적은 것부터 차례로 기호를 쓰세요.

> ㉠ 1100 mL ㉡ 1 L 40 mL ㉢ 1320 mL

(   )

---

15 맛나 식당에 간장은 5 L 20 mL 있고, 참기름
서술형 은 4950 mL 있습니다. 간장과 참기름 중에서
어느 것이 더 많은지 풀이 과정을 쓰고, 답을 구
하세요.

1단계 5 L 20 mL를 mL로 나타내기

2단계 더 많은 것 구하기

답

---

16 ■가 될 수 있는 한 자리 수는 모두 몇 개일까
요?

> 7 L 580 mL > 7■20 mL

(   )

유형 05 들이 어림하기

예제 들이가 200 mL인 컵에 물을 가득 채운 후 바
가지에 3번 부었더니 거의 가득 찼습니다. 바가
지의 들이는 약 몇 mL일까요?

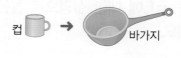

컵 → 바가지

(   )

풀이 200 mL씩 3번: [   ] × 3 = [   ] (mL)

→ 바가지의 들이는 약 [   ] mL입니다.

---

17 들이가 500 mL인 우유갑과 주스병을 나란히 놓았습니다. 주스병의 들이는 약 몇 L인지 어림해 보세요.

우유갑   주스병

(   )

18 대야에 물을 가득 채운 후 들이가 1 L인 유리
중요★ 그릇에 옮겨 담았더니 그림과 같이 유리그릇 4 개에 물이 반씩 채워졌습니다. 대야의 들이는 약 몇 L일까요?

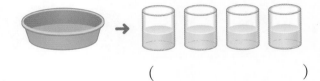

(   )

19 서하와 은우가 다음과 같이 컵을 이용하여 실제 들이가 1300 mL인 어항의 들이를 어림했습 니다. 더 가깝게 어림한 사람의 이름을 쓰세요.

• 서하: 들이가 300 mL인 컵으로 4번 들 어갈 것 같으니까 약 1200 mL야.
• 은우: 들이가 400 mL인 컵으로 4번 들 어갈 것 같으니까 약 1600 mL야.

(   )

유형 06 **알맞은 들이 단위 사용하기**

예제 알맞은 들이의 단위에 ○표 하세요.

 음료수 캔의 들이:
약 350 (mL , L)

풀이 음료수 캔의 들이는 1 L보다
(많습니다 , 적습니다).
→ 알맞은 들이의 단위는 (mL , L)입니다.

20 들이의 단위를 잘못 사용한 사람의 이름을 쓰 세요.

세제 통의 들이는
약 3 mL야.

욕조의 들이는
약 50 L야.

도율   미나

(   )

21 ☐ 안에 들어갈 단위가 다른 하나를 찾아 기호 를 쓰세요.

㉠ 양동이의 들이는 약 8 ☐입니다.
㉡ 주사기의 들이는 약 10 ☐입니다.
㉢ 보온병의 들이는 약 500 ☐입니다.

(   )

어느 것이 좋겠어?

난 아무래도 'L'가 좋아.

5
단원

유형 07 **들이의 덧셈과 뺄셈**

예제 ☐ 안에 알맞은 수를 써넣으세요.

```
┌──────────── 10 L ────────────┐
   ☐ L  ☐ mL    3 L 700 mL
```

풀이 mL 단위의 수끼리 뺄 수 없을 때에는

1 L를 ☐ mL로 받아내림합니다.

→ 10 L − 3 L 700 mL
   = 9 L 1000 mL − 3 L 700 mL
   = ☐ L ☐ mL

22 계산해 보세요.

(1) 5 L 100 mL + 3 L 600 mL

(2) 6 L 700 mL − 2 L 400 mL

(3)
```
    2 L 700 mL
 +  4 L 900 mL
```

(4)
```
    9 L 100 mL
 −  5 L 300 mL
```

23 ☐ 안에 알맞은 수를 써넣으세요.

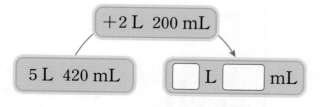

```
          +2 L 200 mL
5 L 420 mL  ──→  ☐ L ☐ mL
```

24 두 들이의 합과 차는 각각 몇 L 몇 mL인지 구하세요.

중요★

```
6 L 600 mL    3200 mL
```

합 (   )
차 (   )

25 리아가 3 L 800 mL + 3 L 600 mL를 **잘못** 계산한 것입니다. 바르게 계산해 보세요.

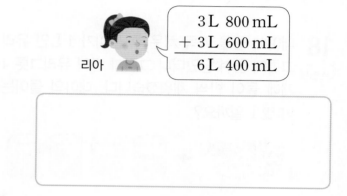

```
리아
    3 L 800 mL
 +  3 L 600 mL
    6 L 400 mL
```

26 들이가 가장 많은 것과 가장 적은 것의 차는 몇 L 몇 mL인지 풀이 과정을 쓰고, 답을 구하세요.

서술형

```
8 L 300 mL    2900 mL
7700 mL       9 L 400 mL
```

1단계 들이가 가장 많은 것과 가장 적은 것 각각 구하기

_____

_____

2단계 들이가 가장 많은 것과 가장 적은 것의 차 구하기

_____

_____

답 _____

유형 08 실생활 속 들이의 덧셈과 뺄셈

예제 빨간색 페인트 2 L 150 mL와 파란색 페인트 2 L 400 mL를 섞어서 보라색 페인트를 만들었습니다. 만든 보라색 페인트는 몇 L 몇 mL일까요?

(   )

풀이 (보라색 페인트의 양)
= (빨간색 페인트의 양) + (파란색 페인트의 양)
= ☐ L ☐ mL + ☐ L ☐ mL
= ☐ L ☐ mL

27 식용유 3 L 300 mL 중에서 500 mL를 전을 부치는 데 사용했습니다. 남은 식용유는 몇 L 몇 mL일까요?

(   )

28 (서술형) 상은이는 그림과 같이 물이 들어 있는 수조에 1 L 300 mL의 물을 더 부었습니다. 수조에 들어 있는 물은 모두 몇 L 몇 mL인지 풀이 과정을 쓰고, 답을 구하세요.

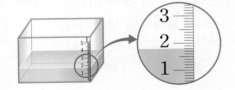

(1단계) 처음 수조에 들어 있던 물의 양 구하기

_____

_____

(2단계) 물을 더 부은 후 수조에 들어 있는 물의 양 구하기

_____

_____

답 _____

29 우유가 1 L 있었습니다. 이 중에서 승준이가 320 mL, 정미가 280 mL를 마셨습니다. 남은 우유는 몇 mL일까요?

(   )

유형 09 들이의 계산 결과 비교하기

예제 들이가 더 적은 식에 색칠해 보세요.

| 4 L 540 mL
+2 L 700 mL | 3 L 290 mL
+3 L 960 mL |

풀이 • 4 L 540 mL + 2 L 700 mL
= ☐ L ☐ mL

• 3 L 290 mL + 3 L 960 mL
= ☐ L ☐ mL

☐ L ☐ mL ◯ ☐ L ☐ mL

30 들이가 더 많은 식의 기호를 쓰세요.

⊙ 5 L 200 mL + 1 L 900 mL
ⓒ 9600 mL − 2800 mL

(   )

31 연주네 가족과 세훈이네 가족이 어제와 오늘 마신 물의 양입니다. 이틀 동안 물을 더 많이 마신 가족은 누구네 가족일까요?

	어제	오늘
연주네	4 L 300 mL	3500 mL
세훈이네	3 L 600 mL	4090 mL

(   )

32 □ 안에 들어갈 수 있는 한 자리 수를 모두 쓰세요.

$$
\begin{array}{r}
6\,\text{L}\ 450\,\text{mL} \\
-\ 1\,\text{L}\ 800\,\text{mL}
\end{array}
\ <\ 4\,\text{L}\ \boxed{}00\,\text{mL}
$$

( )

33 현우는 사과주스, 주경이는 포도주스를 사려고 합니다. 대화를 읽고 3000원으로 더 많은 양의 주스를 살 수 있는 사람의 이름을 쓰세요.

> 사과주스 1병은 값이 1000원이고, 양이 600 mL야.
> 현우

> 포도주스 1병은 값이 3000원이고, 양이 2 L 100 mL야.
> 주경

( )

+플러스
유형 **10** **여러 가지 그릇으로 물 담는 방법 구하기**

예제 들이가 400 mL인 컵과 들이가 700 mL인 그릇이 있습니다. 컵과 그릇을 한 번씩만 사용하여 구할 수 있는 들이가 <u>아닌</u> 것에 ×표 하세요.

| 1100 mL | 600 mL | 300 mL |

풀이 • 컵 1번과 그릇 1번을 더한 들이:

$400\,\text{mL} + \boxed{}\,\text{mL} = \boxed{}\,\text{mL}$

• 그릇 1번에서 컵 1번을 뺀 들이:

$700\,\text{mL} - \boxed{}\,\text{mL} = \boxed{}\,\text{mL}$

34 들이가 300 mL인 그릇과 500 mL인 그릇을 사용하여 들이가 1 L 500 mL인 빈 병에 물 700 mL를 담는 방법을 설명한 것입니다. □ 안에 알맞은 수를 써넣으세요.

> 들이가 500 mL인 그릇에 물을 가득 담아 빈 병에 □번 붓습니다. 그 다음 병에 담긴 물을 들이가 300 mL인 그릇에 가득 담아 □번 덜어 냅니다.

[35~36] 주어진 그릇을 사용하여 물을 담으려고 합니다. 물음에 답하세요.

700 mL   300 mL   100 mL

35 들이가 1 L 100 mL인 주전자를 가득 채우는 방법을 <u>잘못</u> 설명한 사람의 이름을 쓰세요.

> 성철: 들이가 700 mL, 300 mL, 100 mL인 그릇에 각각 물을 가득 채워 1번씩 넣습니다.
> 은성: 들이가 300 mL인 그릇에 물을 가득 채워 3번 넣습니다.

( )

36 주어진 그릇을 모두 사용하여 구할 수 있는 들이를 쓰고, 내가 쓴 들이를 가득 채우는 방법을 설명하세요.

창의형

들이 $\boxed{}$ L $\boxed{}$ mL

방법 _____

_____

_____

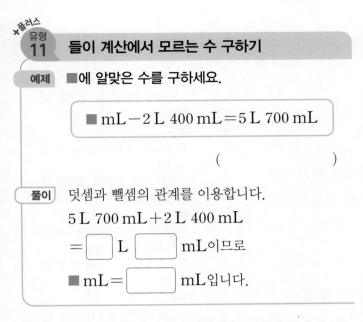

유형 11 들이 계산에서 모르는 수 구하기

예제 ■에 알맞은 수를 구하세요.

$$■\,mL - 2\,L\,400\,mL = 5\,L\,700\,mL$$

( )

풀이 덧셈과 뺄셈의 관계를 이용합니다.

5 L 700 mL + 2 L 400 mL

= ☐ L ☐ mL이므로

■ mL = ☐ mL입니다.

37
중요★ ㉠과 ㉡에 알맞은 수를 각각 구하세요.

$$\begin{array}{r} 2\ L\ ㉠\ mL \\ +\ ㉡\ L\ 900\ mL \\ \hline 7\ L\ 300\ mL \end{array}$$

㉠ ( )
㉡ ( )

38 ☐ 안에 알맞은 수를 써넣으세요.

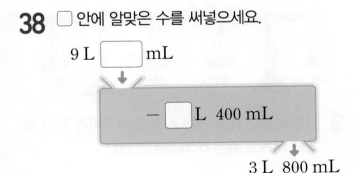

9 L ☐ mL

− ☐ L 400 mL

3 L 800 mL

유형 12 일정하게 나오는 물의 전체 양 구하기

예제 1초에 150 mL씩 물이 일정하게 나오는 수도로 8초 동안 받은 물의 양은 몇 L 몇 mL일까요?

( )

풀이 ☐ × 8 = ☐

→ (8초 동안 받은 물의 양)

= ☐ mL = ☐ L ☐ mL

39
서술형 가 수도는 1분에 5 L씩, 나 수도는 1분에 3 L씩 물이 일정하게 나옵니다. 두 수도를 동시에 틀어서 1시간 동안 받은 물은 모두 몇 L인지 풀이 과정을 쓰고, 답을 구하세요.

1단계 1분 동안 가와 나 수도에서 나오는 물의 양의 합 구하기

_____

_____

2단계 두 수도를 동시에 틀어서 1시간 동안 받은 물의 양 구하기

_____

_____

답 _____

40 1분 동안 1 L 900 mL씩 물이 일정하게 나오는 수도를 틀어 빈 수조에 물을 받고 있습니다. 4분 동안 물을 받았더니 빈 수조를 가득 채우고 물 500 mL가 흘러 넘쳤습니다. 수조의 들이는 몇 L 몇 mL일까요?

( )

5 무게 비교하기

여러 가지 방법으로 과일의 무게 비교하기

방법1 양손으로 나누어 들기

바나나가 조금 더 무거워.

손에 느껴지는 무게를 비교하면 바나나가 귤보다 더 무겁습니다.

방법2 두 물건을 저울에 올리기

귤   바나나

저울의 접시가 내려간 쪽에 있는 바나나의 무게가 더 무겁습니다.

방법3 같은 단위의 물건을 사용하여 무게 비교하기

귤   바둑돌 25개   바나나   바둑돌 33개

바나나가 귤보다 **바둑돌 8개만큼** 더 무겁습니다.
└→ 33 − 25 = 8(개)

각 방법의 편리한 점, 불편한 점 알아보기

방법1
• 도구 없이 무게를 비교할 수 있습니다.
• 무게의 차이가 크지 않으면 비교하기 어렵습니다.

방법2
• 저울이 기울어진 정도로 무게를 쉽게 비교할 수 있습니다.
• 무게의 차이를 정확히 알 수 없습니다.

방법3
• 무게의 차이를 정확히 알 수 있습니다.
• 가볍고 무게가 같은 단위가 여러 개 있어야 합니다.

[01~02] 무게를 비교하여 더 무거운 것의 이름을 ⬜ 안에 써넣으세요.

01

필통   수첩   → ⬜

02

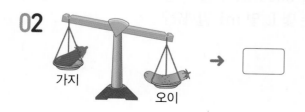

가지   오이   → ⬜

[03~04] 저울과 100원짜리 동전을 사용하여 감자와 당근의 무게를 비교하려고 합니다. 물음에 답하세요.

감자   동전 16개   당근   동전 12개

03 감자와 당근의 무게는 각각 100원짜리 동전 몇 개의 무게와 같은지 차례로 쓰세요.

( ), ( )

04 감자는 당근보다 100원짜리 동전 몇 개만큼 더 무거울까요?

( )

6 무게의 단위 알아보기

1 kg, 1 g, 1 t 알아보기

무게의 단위에는 **킬로그램(kg), 그램(g), 톤(t)** 등이 있습니다.
1 킬로그램은 1000 그램과 같고, 1 톤은 1000 킬로그램과 같습니다.

쓰기	1 kg	1 g	1 t
읽기	1 킬로그램	1 그램	1 톤

$$1 \text{ kg} = 1000 \text{ g} \quad 1 \text{ t} = 1000 \text{ kg}$$

무게를 재는 여러 가지 도구

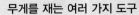

양팔저울

전자저울   체중계

1 kg보다 200 g 더 무거운 무게 나타내기

쓰기 **1 kg 200 g**
읽기 **1 킬로그램 200 그램**

$$1 \text{ kg } 200 \text{ g} = 1200 \text{ g}$$

■kg ▲g을 ●g으로 나타내기
1 kg 200 g
= 1 kg + 200 g
= 1000 g + 200 g
= 1200 g

[01~03] 주어진 무게를 쓰고, 읽어 보세요.

01 | 4 kg |
쓰기 _____
_____
읽기 (_____)

02 | 700 g |
쓰기 _____
_____
읽기 (_____)

03 | 9 t |
쓰기 _____
_____
읽기 (_____)

04 저울의 눈금을 보고 책의 무게는 얼마인지 ☐ 안에 알맞은 수를 써넣으세요.

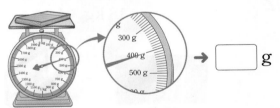

→ ☐ g

[05~06] ☐ 안에 알맞은 수를 써넣으세요.

05 8 kg = ☐ g

06 3000 kg = ☐ t

7 무게를 어림하고 재어 보기

무게를 어림하여 말할 때는 **약** ☐ **kg, 약** ☐ **g, 약** ☐ **t**이라고 합니다.

kg과 g을 사용하기 알맞은 물건
• kg ➜ 몸무게, TV, 냉장고 등
• g ➜ 구슬, 사탕 등

기준

양파 5개 정도가 양상추 정도의 무게일 것 같아.

양상추보다 무거울 것 같아.

양파

멜론

양상추 1 kg

어림한 무게 **약** 200 g

잰 무게 150 g

어림한 무게 **약** 2 kg

잰 무게 1 kg 800 g

어림한 무게와 잰 무게의 차이가 작을수록 더 가깝게 어림한 것입니다.

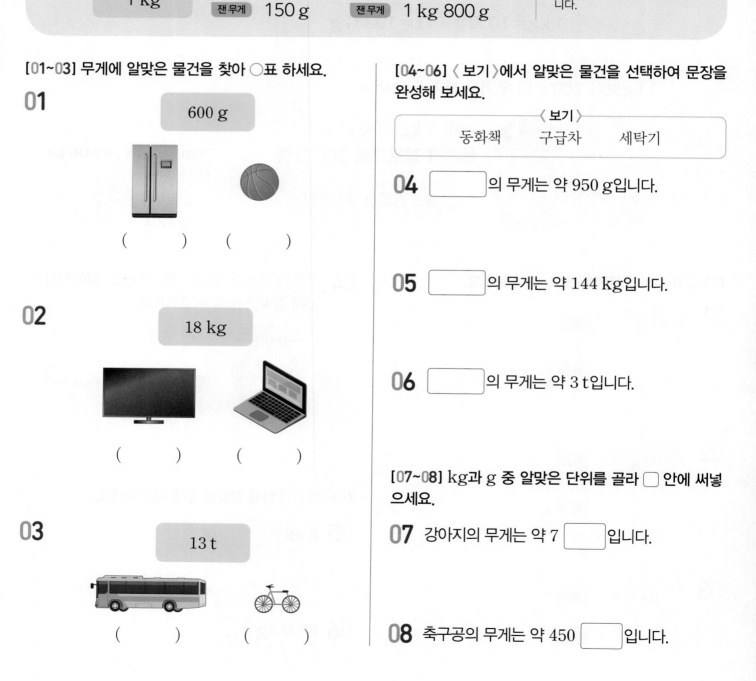

[01~03] 무게에 알맞은 물건을 찾아 ◯표 하세요.

01

600 g

(　　　)　(　　　)

02

18 kg

(　　　)　(　　　)

03

13 t

(　　　)　(　　　)

[04~06] 〈 보기 〉에서 알맞은 물건을 선택하여 문장을 완성해 보세요.

〈 보기 〉
동화책　　구급차　　세탁기

04 ☐의 무게는 약 950 g입니다.

05 ☐의 무게는 약 144 kg입니다.

06 ☐의 무게는 약 3 t입니다.

[07~08] kg과 g 중 알맞은 단위를 골라 ☐ 안에 써넣으세요.

07 강아지의 무게는 약 7 ☐입니다.

08 축구공의 무게는 약 450 ☐입니다.

8 무게의 덧셈과 뺄셈

무게의 덧셈

kg 단위의 수끼리, g 단위의 수끼리 더합니다.

```
   3 kg  200 g
 + 1 kg  400 g
   4 kg  600 g
```

3+1=4   200+400=600

1→g 단위에서 받아올림한 수

```
   1 kg  800 g
 + 6 kg  500 g
   8 kg  300 g
```

1+1+6=8   800+500=1300

g 단위의 수끼리 더한 값이 1000이거나 1000보다 크면 1000 g을 1 kg으로 받아올림 합니다.

무게의 뺄셈

kg 단위의 수끼리, g 단위의 수끼리 뺍니다.

```
   6 kg  900 g
 - 5 kg  500 g
   1 kg  400 g
```

6-5=1   900-500=400

kg 단위에서 받아내림한 수

```
    4   1000
   5 kg  200 g
 - 3 kg  700 g
   1 kg  500 g
```

5-1-3=1   1000+200-700=500

g 단위의 수끼리 뺄 수 없을 때에는 1 kg을 1000 g으로 받아내림합니다.

01 그림을 보고 ☐ 안에 알맞은 수를 써넣으세요.

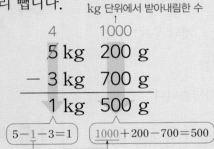

```
    1 kg  300 g
 +  2 kg  200 g
   ☐ kg  ☐ g
```

03 그림을 보고 ☐ 안에 알맞은 수를 써넣으세요.

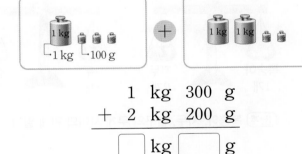

```
    4 kg  400 g
 -  2 kg  100 g
   ☐ kg  ☐ g
```

02 ☐ 안에 알맞은 수를 써넣으세요.

```
         ☐
    5 kg  600 g
 +  2 kg  800 g
   ☐ kg  ☐ g
```

04 ☐ 안에 알맞은 수를 써넣으세요.

```
   ☐    ☐
   7 kg  100 g
 - 4 kg  900 g
   ☐ kg  ☐ g
```

유형
13 무게 비교하기

예제 저울과 클립을 사용하여 물감과 색연필의 무게를 비교하려고 합니다. 물감과 색연필 중에서 어느 것이 더 가벼울까요?

물감 | 클립 15개 | 색연필 | 클립 9개

(   )

풀이 (물감의 무게)=(클립 ☐개의 무게)

(색연필의 무게)=(클립 ☐개의 무게)

→ ☐ ◯ ☐ 이므로

(물감 , 색연필)이 더 가볍습니다.

01 무게가 무거운 것부터 차례로 1, 2, 3을 쓰세요.
중요★

(   ) (   ) (   )

02 동전과 같은 물체를 단위로 정해 물건의 무게를 비교하려고 합니다. 단위 물체로 알맞지 않은 것을 찾아 기호를 쓰세요.

┌─────────────────────────┐
│ ㉠ 클립   ㉡ 바둑돌 │
│ ㉢ 옥수수   ㉣ 누름 못 │
└─────────────────────────┘

(   )

[03~04] 저울과 동전을 사용하여 채소의 무게를 재었습니다. 물음에 답하세요.

채소	애호박	오이	당근	감자
동전(개)	19	18	21	7

03 애호박과 오이 중에서 어느 것이 동전 몇 개만큼 더 무거운지 차례로 쓰세요.

(   ), (   )

04 가장 무거운 채소의 무게는 가장 가벼운 채소의 무게의 몇 배일까요?

(   )

05 복숭아, 자두, 살구 1개의 무게를 비교하여 무게가 무거운 것부터 차례로 쓰려고 합니다. 풀이 과정을 쓰고, 답을 구하세요. (단, 각 종류별로 1개의 무게는 같습니다.)
서술형

복숭아 1개 | 자두 2개 | 자두 2개 | 살구 3개

1단계 복숭아, 자두, 살구의 무게 사이의 관계 알기

_____

_____

_____

2단계 무게가 무거운 것부터 차례로 쓰기

_____

_____

답 _____

유형 14 무게의 단위 알아보기

예제 빈칸에 알맞게 써넣으세요.

쓰기	7 kg		6 t
읽기		900 그램	

풀이 무게의 단위를 바르게 쓰거나 읽습니다.

kg → [   ], 그램 → [   ], t → [   ]

06 무게의 단위에 대한 설명이 맞으면 ○표, 틀리면 ×표 하세요.

(1) 100 kg의 무게를 1 t이라 쓰고 1 톤이라고 읽습니다. (   )

(2) kg, g, t 중 가장 작은 단위는 g입니다. (   )

(3) 무게의 단위에는 킬로그램과 그램 두 가지만 있습니다. (   )

07 저울의 눈금을 보고 아령의 무게는 몇 kg인지 쓰세요.

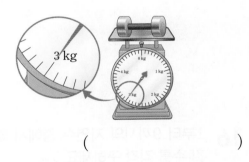

(   )

08 준호가 설명하는 무게에 맞게 ☐ 안에 알맞은 수를 써넣으세요.

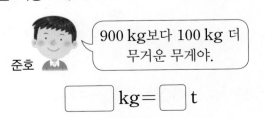

900 kg보다 100 kg 더 무거운 무게야.

준호

[   ] kg = [   ] t

유형 15 무게 단위 사이의 관계

예제 4 kg보다 60 g 더 무거운 무게를 두 가지 방법으로 나타내세요.

[   ] kg [   ] g = [   ] g

풀이 4 kg보다 60 g 더 무거운 무게:

[   ] kg [   ] g = [   ] g + [   ] g

= [   ] g

09 관계있는 것끼리 이어 보세요.

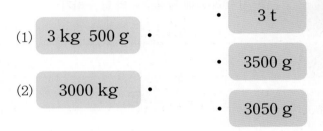

(1) 3 kg 500 g •

(2) 3000 kg •

• 3 t

• 3500 g

• 3050 g

10 무게 단위 사이의 관계를 <u>잘못</u> 나타낸 것을 모두 고르세요. (   )

중요★

① 6 kg 700 g = 6700 g

② 5010 g = 5 kg 100 g

③ 9000 kg = 9 t

④ 7420 g = 7 kg 420 g

⑤ 23 t = 2300 kg

11 정한이는 설탕이 2 kg 들어 있는 통에 설탕을 700 g 더 넣었습니다. 통에 담긴 설탕의 무게는 모두 몇 g일까요?

(   )

12 ㉠과 ㉡에 알맞은 수의 합을 구하려고 합니다.
(서술형) 풀이 과정을 쓰고, 답을 구하세요.

> 7 kg 5 g＝㉠ g
> 4090 g＝4 kg ㉡ g

(1단계) ㉠과 ㉡에 알맞은 수 각각 구하기

_____

_____

_____

(2단계) ㉠과 ㉡에 알맞은 수의 합 구하기

_____

_____

답 _____

유형 16 단위가 다른 무게 비교하기

(예제) 무게를 비교하여 ○ 안에 >, ＝, <를 알맞게 써넣으세요.

5 kg 100 g ◯ 5010 g

(풀이) 5 kg 100 g＝☐ g이므로

☐ g ◯ 5010 g입니다.

13 무게가 더 가벼운 것에 색칠해 보세요.

| 2 t | 3000 kg |

14 무게가 가장 무거운 것을 찾아 기호를 쓰세요.
(중요*)

> ㉠ 6880 g
> ㉡ 6 kg 800 g
> ㉢ 6090 g

(   )

15 고구마를 소현이는 4 kg 550 g 캤고, 윤석이는 4500 g 캤습니다. 소현이와 윤석이 중에서 고구마를 더 많이 캔 사람의 이름을 쓰세요.

(   )

16 1부터 9까지의 자연수 중에서 ■와 ●에 들어갈 수를 각각 구하세요.

> 7800 g<■ kg ●00 g<8 kg

■ (   )
● (   )

유형 17 무게 어림하기

예제 소금의 무게를 이용하여 밀가루의 무게를 어림해 보세요.

1 kg

약 (   )

풀이 밀가루의 무게는 소금의 무게의

약 ☐ 배입니다. ➡ 약 ☐ kg

17 무게가 1 t보다 무거운 물건을 찾아 기호를 쓰세요.
(중요★)

┌─────────────────────────────┐
│ ㉠ 치약 1개   ㉡ 자전거 1대 │
│ ㉢ 비행기 1대   ㉣ 필통 1개   │
└─────────────────────────────┘

(   )

18 볼펜과 책상의 무게를 각각 어림해 보세요.

볼펜	책상

19 실제 무게가 2 kg 100 g인 모래의 무게를 지태와 인효가 각각 다음과 같이 어림하였습니다. 더 가깝게 어림한 사람의 이름을 쓰세요.

지태	인효
약 2 kg 200 g	약 2 kg 400 g

(   )

유형 18 알맞은 무게 단위 사용하기

예제 야구공의 무게를 어느 단위를 사용하여 재면 편리할지 알맞은 단위에 ○표 하세요.

┌─────────────────────┐
│ kg   g   t   │
└─────────────────────┘

풀이 야구공의 무게는 1 kg보다

(무거우므로 , 가벼우므로)

☐ 단위를 사용하면 편리합니다.

20 〈보기〉의 물건 중에서 무게의 단위 g, kg, t을 사용하기에 적당한 것을 각각 찾아 쓰세요.

┌──────── 〈보기〉 ────────┐
│ 소방차   의자   연필   │
│ 탁구공   트럭   냉장고 │
└─────────────────────────┘

g	kg	t

21 단위를 잘못 나타낸 사람의 이름을 쓰고, 바르게 고쳐 보세요.
(서술형)

┌─────────────────────────────────┐
│ • 태상: 우리 엄마의 몸무게는 52 kg이야. │
│ • 병철: 동화책의 무게는 약 400 g이야.   │
│ • 윤아: 벽돌 한 장의 무게는 약 1 g이야. │
└─────────────────────────────────┘

답 _____

바르게 고친 문장

_____

유형 19 **무게의 덧셈과 뺄셈**

예제 다음은 몇 g인지 구하세요.

$$8 \text{ kg } 600 \text{ g} - 5 \text{ kg } 200 \text{ g}$$

( )

풀이 $8 \text{ kg } 600 \text{ g} = \boxed{} \text{ g}$

$5 \text{ kg } 200 \text{ g} = \boxed{} \text{ g}$

→ $\boxed{} \text{ g} - \boxed{} \text{ g} = \boxed{} \text{ g}$

22 〈보기〉와 같이 계산해 보세요.

〈보기〉

$$
\begin{array}{r}
1 \\
2 \text{ kg } 700 \text{ g} \\
+\ 3 \text{ kg } 600 \text{ g} \\
\hline
6 \text{ kg } 300 \text{ g}
\end{array}
$$

$$
\begin{array}{r}
5 \text{ kg } 500 \text{ g} \\
+\ 1 \text{ kg } 900 \text{ g} \\
\hline
\end{array}
$$

23 두 무게의 합과 차를 각각 구하세요.
중요★

| 1 kg 200 g | 4 kg 500 g |

합 ( )
차 ( )

24 빈칸에 알맞은 무게는 몇 kg 몇 g인지 써넣으세요.

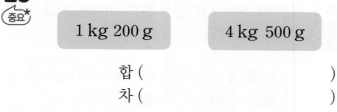

| 9 kg 200 g |
| 4 kg 800 g |
| |

25 무게가 가장 무거운 것과 가장 가벼운 것의 합은 몇 kg 몇 g일까요?

| 2900 g | 6 kg 600 g |
| 5 kg 800 g | 4300 g |

( )

유형 20 **실생활 속 무게의 덧셈과 뺄셈**

예제 동우네 반에서 신체검사를 하였습니다. 동우의 몸무게는 34 kg 500 g이었고, 은영이의 몸무게는 30 kg 250 g이었습니다. 동우는 은영이보다 몇 kg 몇 g 더 무거울까요?

( )

풀이 (동우와 은영이의 몸무게의 차)

=(동우의 몸무게)−(은영이의 몸무게)

$= \boxed{} \text{ kg } \boxed{} \text{ g} - \boxed{} \text{ kg } \boxed{} \text{ g}$

$= \boxed{} \text{ kg } \boxed{} \text{ g}$

26 준호와 주경이가 모은 폐종이의 무게입니다. 두 사람이 모은 폐종이의 무게는 모두 몇 kg 몇 g일까요?

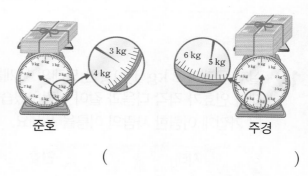

준호   주경

( )

27 쌀 2 kg 700 g과 보리 1500 g을 섞어 밥을 지었습니다. 밥을 짓는 데 사용한 쌀과 보리는 모두 몇 kg 몇 g인지 풀이 과정을 쓰고, 답을 구하세요.

(서술형)

[1단계] 보리의 무게는 몇 kg 몇 g인지 구하기

_____

_____

[2단계] 밥을 짓는 데 사용한 쌀과 보리의 무게의 합 구하기

_____

_____

답 _____

28 과수원에서 오늘 딴 오렌지의 무게는 42 kg 500 g이고, 감의 무게는 오렌지보다 4 kg 600 g 더 가볍습니다. 오늘 딴 오렌지와 감의 무게의 합은 모두 몇 kg 몇 g인지 구하세요.

(중요★)

(_____)

유형 21 무게의 계산 결과 비교하기

(예제) 계산한 무게가 더 가벼운 것의 기호를 쓰세요.

㉠ 3 kg 500 g	㉡ 2 kg 800 g
+ 1 kg 200 g	+ 2 kg 400 g

(_____)

(풀이) ㉠ 3 kg 500 g + 1 kg 200 g

= ☐ kg ☐ g

㉡ 2 kg 800 g + 2 kg 400 g

= ☐ kg ☐ g

➡ ㉠ ◯ ㉡

29 무게가 무거운 것부터 차례로 ◯ 안에 1, 2, 3을 써넣으세요.

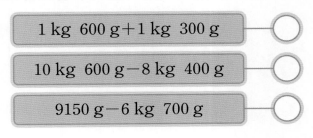

1 kg 600 g + 1 kg 300 g ◯

10 kg 600 g − 8 kg 400 g ◯

9150 g − 6 kg 700 g ◯

30 과일 가게에서 유선이는 바나나 3 kg 500 g과 포도 4 kg 300 g을 샀고, 동건이는 자두 5 kg 700 g과 딸기 1 kg 800 g을 샀습니다. 유선이와 동건이 중에서 과일을 더 적게 산 사람의 이름을 쓰세요.

(_____)

31 네 개의 장바구니 무게가 다음과 같고 은지와 재호가 장바구니를 각각 2개씩 나누어 들려고 합니다. 나누어 들 장바구니의 기호를 ☐ 안에 각각 써넣고, 누가 몇 g 더 무겁게 드는지 차례로 구하세요.

(창의형)

㉠ 2 kg 100 g	㉡ 1 kg 800 g
㉢ 1 kg 700 g	㉣ 2 kg 300 g

• 은지: ☐ 과 ☐   • 재호: ☐ 과 ☐

(_____), (_____)

32 가<나일 때 1부터 9까지의 자연수 중에서 ☐ 안에 들어갈 수 있는 수는 모두 몇 개일까요?

> 가: 1 kg 450 g＋5 kg 300 g
> 나: 6☐80 g

( )

+플러스
유형 22 정해진 무게만큼 담기

예제 10 kg까지 담을 수 있는 여행 가방에 무게가 2 kg 600 g인 물건과 5200 g인 물건이 각각 1개씩 들어 있습니다. 여행 가방에 더 담을 수 있는 무게는 몇 kg 몇 g일까요?

( )

풀이 (여행 가방 안에 들어 있는 물건의 무게)

= ☐ kg ☐ g＋ ☐ g

= ☐ kg ☐ g

→ (더 담을 수 있는 무게)

=10 kg－ ☐ kg ☐ g

= ☐ kg ☐ g

33 어느 공장에서 나온 상품 한 상자의 무게가 20 kg입니다. 2 t까지 실을 수 있는 트럭에 상자를 싣는다면 몇 개까지 실을 수 있을까요?

20 kg

2 t

( )

34 학용품을 담은 책가방의 무게가 2 kg 200 g 을 넘지 않도록 하려고 합니다. 학용품은 세 가지만 담아야 할 때 담은 학용품 세 가지를 쓰고, 학용품과 책가방의 무게의 합은 몇 kg 몇 g인지 구하세요.
(창의형)

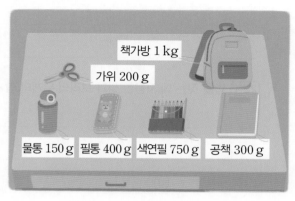
책가방 1 kg
가위 200 g
물통 150 g 필통 400 g 색연필 750 g 공책 300 g

학용품 ( )
무게의 합 ( )

+플러스
유형 23 무게 계산에서 모르는 수 구하기

예제 ㉠과 ㉡에 알맞은 수를 각각 구하세요.

> 5 kg ㉠ g
> － ㉡ kg 300 g
> ────────────
> 3 kg 500 g

㉠ ( ), ㉡ ( )

풀이 • g 단위의 계산: ㉠－300＝500

→ ㉠＝500＋ ☐ ＝ ☐

• kg 단위의 계산: 5－㉡＝3 → ㉡＝ ☐

35 ㉠과 ㉡에 알맞은 수의 차는 얼마일까요?

> ㉠ kg 700 g
> ＋ 3 kg ㉡ g
> ────────────
> 8 kg 100 g

( )

36 빈칸에 알맞은 무게는 몇 kg 몇 g인지 각각 알맞게 써넣으세요.

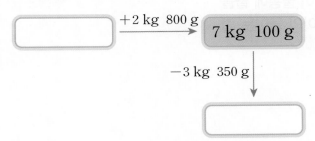

37 같은 양의 찰흙을 사용해서 명호와 원우가 각각 접시와 컵을 만들었습니다. 원우가 만든 컵의 무게는 몇 g일까요?

	명호	원우
접시	2 kg 100 g	1 kg 840 g
컵	450 g	■ g

(   )

⁺플러스
유형
24 **무게의 합에서 부분의 무게 구하기**

예제   그릇에 물을 담아 잰 무게는 3 kg 400 g입니다. 빈 그릇의 무게가 1 kg 800 g일 때 담겨 있던 물의 무게는 몇 kg 몇 g일까요?

(   )

풀이   (담겨 있던 물의 무게)
= (물을 담은 그릇의 무게) − (빈 그릇의 무게)
= ☐ kg ☐ g − ☐ kg ☐ g
= ☐ kg ☐ g

38 무게가 같은 인형 3개를 담은 상자와 빈 상자의 무게를 각각 잰 것입니다. 인형 1개의 무게는 몇 g일까요?

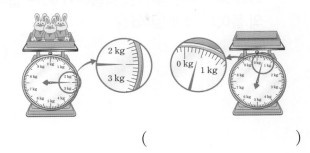

(   )

39
서술형   같은 색 상자의 무게는 각각 같습니다. 다음을 보고 보라색 상자 1개의 무게는 몇 kg 몇 g인지 구하려고 합니다. 풀이 과정을 쓰고, 답을 구하세요.

- 노란색 상자 1개와 보라색 상자 1개의 무게의 합: 24 kg 800 g
- 노란색 상자 2개와 보라색 상자 1개의 무게의 합: 32 kg 500 g

(1단계) 노란색 상자 1개의 무게 구하기

_____

_____

_____

(2단계) 보라색 상자 1개의 무게 구하기

_____

_____

답 _____

40
중요★   빈 상자에 무게가 같은 책 7권을 담아 무게를 재었더니 4 kg 900 g이었습니다. 여기에서 책 2권을 꺼냈더니 무게가 3 kg 700 g이 되었습니다. 빈 상자의 무게는 몇 g일까요?

(   )

들이가 몇 배인지 구하기

1 컵에 물을 가득 채워 3번 부으면 물통이 가득 차고, 이 물통에 물을 가득 채워 6번 부으면 양동이가 가득 찹니다. 양동이의 들이는 컵의 들이의 몇 배일까요?

(   )

해결 tip

기울어지지 않은 저울을 이용하여 무게 구하기

2 수첩 1권의 무게가 50 g일 때 지우개 1개의 무게는 몇 g일까요? (단, 각 종류별로 1개의 무게는 같습니다.)

가위 1개   수첩 2권   가위 2개   지우개 5개

(   )

두 곳의 물의 양을 같게 만들기

서술형

3 물이 가 수조에 7 L 900 mL 들어 있고, 나 수조에 5700 mL 들어 있습니다. 두 수조에 들어 있는 물의 양을 같게 하려면 가 수조에서 나 수조로 물을 몇 mL 옮겨야 하는지 풀이 과정을 쓰고, 답을 구하세요.

풀이

_____

_____

_____

_____

답 _____

두 수조의 물의 양이 같아지려면?

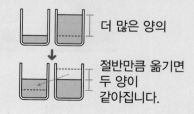

더 많은 양의

↓

절반만큼 옮기면 두 양이 같아집니다.

• 정답 42쪽

가장 가깝게 어림한 사람 찾기

4 샐러드에 들어간 모든 재료의 무게를 적은 것입니다. 샐러드의 무게를 가장 가깝게 어림한 사람의 이름을 쓰세요.

• 양상추: 800 g   • 닭가슴살: 300 g   • 소스: 30 g

약 1300 g 미나   약 1 kg 100 g 연서   약 1 kg 도율

(   )

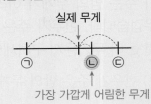

실제 무게

ㄱ   ㄴ   ㄷ

가장 가깝게 어림한 무게

필요한 트럭의 수 구하기   서술형

5 한 상자의 무게가 20 kg인 곰 인형 95상자와 한 상자의 무게가 30 kg인 토끼 인형 87상자를 트럭에 실으려고 합니다. 트럭 한 대에 2 t까지 실을 수 있다면 트럭은 적어도 몇 대 필요한지 풀이 과정을 쓰고, 답을 구하세요.

풀이

답

2 t   +   1 t

➜ 필요한 트럭: 2대

물을 부어야 하는 횟수 구하기

6 들이가 오른쪽과 같은 컵 가, 나, 다가 있습니다. 각 컵에 물을 가득 채워 가 컵으로 3번, 나 컵으로 2번, 다 컵으로 5번 부었더니 항아리에 물이 가득 찼습니다. 이 항아리에 가 컵으로 2번, 나 컵으로 4번 물을 가득 채워 부었다면 다 컵으로 몇 번 더 부어야 항아리에 물이 가득 찰까요?

컵	들이
가	600 mL
나	400 mL
다	200 mL

(   )

무게의 차 구하기

7 규민, 아라, 현우가 주운 밤의 무게는 모두 20 kg입니다. 이 중 규민이와 아라가 주운 밤의 무게의 합은 12 kg 400 g이고, 규민이가 주운 밤의 무게가 아라가 주운 밤의 무게보다 4 kg 400 g 더 무겁습니다. 현우가 주운 밤의 무게는 아라가 주운 밤의 무게보다 몇 g 더 무거운지 구하세요.

(1) 현우가 주운 밤의 무게는 몇 kg 몇 g일까요?

(   )

(2) 아라가 주운 밤의 무게는 몇 kg 몇 g일까요?

(   )

(3) 현우가 주운 밤의 무게는 아라가 주운 밤의 무게보다 몇 g 더 무거울까요?

(   )

해결 tip

합과 차가 주어졌을 때 둘 중 작은 수를 구하려면?

두 수의 합에서 두 수의 차를 빼면 작은 수를 2번 더한 것과 같습니다.

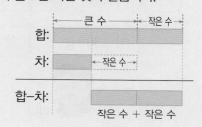

물이 새는 그릇을 가득 채우는 데 걸리는 시간 구하기

8 물이 1초에 210 mL씩 일정하게 나오는 수도가 있습니다. 이 수도로 들이가 6 L인 빈 물통에 물을 받으려고 합니다. 물통에서 1초에 60 mL씩 일정하게 물이 샌다면 물통에 물을 가득 채우는 데 걸리는 시간은 몇 초인지 구하세요.

(1) 1초 동안 받을 수 있는 물의 양은 몇 mL일까요?

(   )

(2) 물통의 들이는 몇 mL일까요?

(   )

(3) 물통에 물을 가득 채우는 데 걸리는 시간은 몇 초일까요?

(   )

물이 새는 그릇에 물을 담으려면?

들어가는 물은 더하고, 새는 물은 빼서 구합니다.

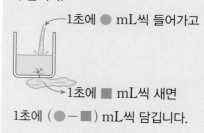

01 물병과 주스병에 물을 가득 채운 후 모양과 크기가 같은 컵에 옮겨 담았습니다. 물병과 주스병 중에서 들이가 더 많은 것은 어느 것일까요?

물병   주스병

(   )

02 저울의 눈금을 읽어 보세요.

g

03 ☐ 안에 알맞은 수를 써넣으세요.

3 L 700 mL = ☐ mL

04 무게의 합을 구하세요.

6 kg 200 g
+ 1 kg 700 g

05 무게의 단위가 틀린 것을 찾아 기호를 쓰세요.

㉠ 달걀 1개: 약 60 g
㉡ 책상 1개: 약 10 kg
㉢ 탁구공 1개: 약 3 kg

(   )

06 관계있는 것끼리 이어 보세요.

(1) 2 kg 500 g •   • 2055 g

(2) 2 kg 5 g •   • 2500 g

(3) 2 kg 55 g •   • 2005 g

07 대야에 물을 가득 채우려면 가, 나, 다 컵에 물을 가득 담아 각각 다음과 같이 부어야 합니다. 가, 나, 다 컵 중에서 들이가 가장 많은 것은 무엇인지 풀이 과정을 쓰고, 답을 구하세요.

서술형

컵	가	나	다
부은 횟수(번)	11	16	14

풀이

답

08 들이를 비교하여 ◯ 안에 >, =, <를 알맞게 써넣으세요.

$$4090 \, \text{mL} \bigcirc 4 \, \text{L} \, 900 \, \text{mL}$$

09 ☐ 안에 알맞은 수를 써넣으세요.

3 L 200 mL

+4 L 600 mL

☐ L ☐ mL

10 두 무게의 차는 몇 kg 몇 g인지 빈칸에 써넣으세요.

7200 g	
1 kg 500 g	

11 들이가 가장 많은 것을 찾아 기호를 쓰세요.

㉠ 8 L 30 mL	㉡ 8090 mL
㉢ 8009 mL	㉣ 8 L 300 mL

( )

12 물이 4 L 200 mL 들어 있는 주전자에 물을 1300 mL 더 넣었습니다. 주전자에 들어 있는 물은 모두 몇 L 몇 mL인지 풀이 과정을 쓰고, 답을 구하세요.

[서술형]

풀이

답

13 딸기를 서진이는 2810 g 땄고, 동수는 4 kg 460 g 땄습니다. 서진이와 동수 중에서 누가 딸기를 몇 kg 몇 g 더 많이 땄는지 구하세요.

( )
( )

14 귤, 참외, 배의 무게를 비교하였습니다. 귤, 참외, 배 중에서 1개의 무게가 무거운 것부터 차례로 쓰세요. (단, 각 종류별로 1개의 무게는 같습니다.)

귤 5개   참외 3개   참외 3개   배 1개

( )

15 들이가 가장 적은 것을 찾아 기호를 쓰세요.

> ㉠ 1 L 500 mL＋4 L 600 mL
> ㉡ 7200 mL－1500 mL
> ㉢ 8 L 100 mL－2300 mL

( )

16 ㉠과 ㉡에 알맞은 수의 차를 구하세요.

$$\begin{array}{r} 3 \ \text{kg} \ \boxed{㉠} \ \text{g} \\ + \ \boxed{㉡} \ \text{kg} \ 200 \ \text{g} \\ \hline 8 \ \text{kg} \ 600 \ \text{g} \end{array}$$

( )

17 실제 무게가 8 kg인 물건의 무게를 은성이는
약 7 kg 850 g, 수영이는 약 8 kg 200 g이라
고 어림하였습니다. 물건의 무게를 더 가깝게
어림한 사람은 누구인지 풀이 과정을 쓰고, 답
을 구하세요.

서술형

풀이

답

18 어느 식당에 식용유가 2 L 있었는데 어제는
750 mL, 오늘은 400 mL를 사용하였습니다.
사용하고 남은 식용유는 몇 mL일까요?

( )

19 들이가 900 mL인 물통에 물을 가득 담아 약
수통에 3번 부었더니 가득 채워졌습니다. 약수
통과 양동이 중에서 어느 것의 들이가 몇 mL
더 많을까요?

물통
900 mL

약수통

양동이
3 L 320 mL

( ), ( )

20 빈 가방에 무게가 똑같은 동화책 3권을 넣었더
니 무게가 3 kg 200 g이었습니다. 빈 가방의
무게가 1 kg 400 g이라면 동화책 1권의 무게
는 몇 g일까요?

( )

5
단원

6

그림그래프

⊙ 이전에 배운 내용

[2-2] 표와 그래프

표를 보고 그래프로 나타내기

표와 그래프의 내용 알아보기

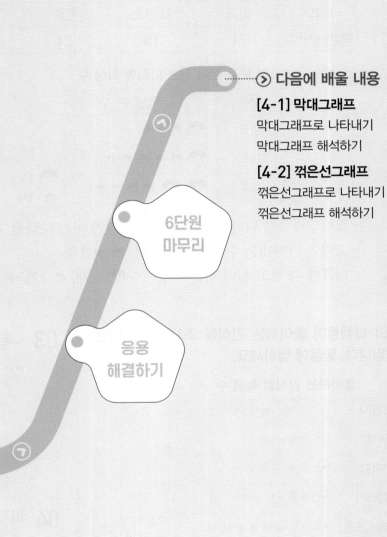

6단원
마무리

응용
해결하기

7

1 그림그래프 알아보기

> 조사한 수를 그림으로 나타낸 그래프를 <u>그림그래프</u>라고 합니다.

가 보고 싶어 하는 나라별 학생 수

나라	미국	프랑스	호주	합계
학생 수(명)	21	15	24	60

가 보고 싶어 하는 나라별 학생 수

나라	학생 수
미국	😀😀😊
프랑스	😀😊😊😊😊😊
호주	😀😀😊😊😊😊

크기가 다른 그림을 이용해.
😀 10명
😊 1명

- 그림그래프가 나타내는 것: 가 보고 싶어 하는 나라별 학생 수
- 그림이 나타내는 수: 😀 → 10명, 😊 → 1명
- 미국에 가 보고 싶어 하는 학생 수: 😀 2개, 😊 1개 → 21명

표와 그림그래프 비교하기
- 표: 항목별 조사한 수, 합계를 알기 쉽습니다.
- 그림그래프: 항목별 조사한 수의 크기를 한눈에 비교하기 쉽습니다.

[01~05] 학생들이 좋아하는 간식을 조사하여 나타낸 그래프입니다. 물음에 답하세요.

좋아하는 간식별 학생 수

간식	학생 수
떡볶이	😊😊😊😊😊
피자	😊😊😊😊😊😊
햄버거	😊😊😊😊😊
아이스크림	😊😊😊😊😊😊😊

😊 10명
😊 1명

01 위와 같이 조사한 수를 그림으로 나타낸 그래프를 무엇이라고 할까요?

( )

02 무엇을 조사하여 나타낸 그래프일까요?

( )

03 그림 😊과 😊은 각각 몇 명을 나타낼까요?

😊 ( ), 😊 ( )

04 피자를 좋아하는 학생은 몇 명일까요?

😊 ☐개, 😊 ☐개 → ☐명

05 햄버거를 좋아하는 학생은 몇 명일까요?

( )

2 그림그래프로 나타내기

농장별 소의 수

농장	하늘	구름	달	합계
소의 수(마리)	35	12	27	74

① 자료를 어떤 그림으로 나타낼지 정하기

② 단위를 몇 가지로 나타낼지 정하기

③ 자료의 수에 맞게 그림 그리기

④ 그림그래프에 알맞은 제목 쓰기 < 제목을 먼저 써도 돼.

농장별 소의 수→④ 제목 쓰기

농장	소의 수
하늘	🐄 🐄 🐄 🐃 🐃 🐃 🐃 🐃
구름	🐄 🐃 🐃
달	🐄 🐄 🐃 🐃 🐃 🐃 🐃 🐃 🐃

→①, ② 그림과 단위 정하기

🐄 10마리
🐃 1마리

→③ 자료의 수에 맞게 나타내기

단위를 세 가지로 나타낼 수 있습니다.

농장별 소의 수

🐄 10마리
🐃 5마리
🐂 1마리

[01~02] 동수가 가지고 있는 책을 조사하여 나타낸 표입니다. 물음에 답하세요.

종류별 책의 수

종류	동화책	위인전	과학책	합계
책의 수(권)	44	21	35	100

01 표를 보고 그림그래프로 나타내려고 합니다. 단위를 몇 가지로 나타내는 것이 좋을까요?

( )

02 표를 보고 그림그래프를 완성해 보세요.

종류	책의 수
동화책	▱▱▱▱ ▭▭▭▭
위인전	▱▱ ▭
과학책	

▱ 10권
▭ 1권

[03~04] 정우네 3학년 학생들이 좋아하는 과일을 조사하여 나타낸 표입니다. 물음에 답하세요.

좋아하는 과일별 학생 수

과일	사과	포도	수박	합계
학생 수(명)	16	24	30	70

03 그림그래프로 나타낼 때 그림을 2가지로 정하려고 합니다. 그림의 단위로 알맞은 것에 모두 색칠해 보세요.

| 1명 | 10명 | 50명 |

04 표를 보고 그림그래프를 완성해 보세요.

좋아하는 과일별 학생 수

과일	학생 수
사과	😊 ☺☺☺☺☺☺
포도	
수박	

😊 10명
☺ 1명

3 그림그래프 해석하기

마을별 나무 수

마을	나무 수
기쁨	🌳🌳🌲🌲🌲🌲🌲
보람	🌳🌳🌳🌲🌲🌲
아름	🌳🌲🌲🌲🌲🌲🌲🌲
사랑	🌳🌳🌳🌳🌲🌲

🌳 10그루
🌲 1그루

• 나무가 **가장 많은** 마을은 사랑 마을입니다.
• 나무가 **가장 적은** 마을은 아름 마을입니다.

> 그림의 개수가 많다고 나무의 수가 많은 건 아니야.

• 보람 마을의 나무는 기쁨 마을의 나무보다 $33-25=8$(그루) 더 많습니다.

자료의 수가 가장 많은 항목을 찾는 방법
① 큰 그림의 수가 가장 많은 항목을 찾습니다.
② 큰 그림의 수가 같으면 작은 그림의 수가 가장 많은 항목을 찾습니다.

[01~03] 좋아하는 악기별 학생 수를 조사하여 나타낸 그림그래프입니다. 내용이 맞으면 ○표, 틀리면 ✕표 하세요.

좋아하는 악기별 학생 수

악기	학생 수
피아노	♪♪♪♪♪♪♪
바이올린	♪♪♪♪♪♪♪♪
플루트	♪♪♪♪♪♪♪
드럼	♪♪♪♪♪

♪ 10명
♪ 1명

01 그림의 개수가 가장 많으므로 바이올린을 좋아하는 학생이 가장 많습니다. ( )

02 피아노와 드럼 중 드럼을 좋아하는 학생 수가 더 적습니다. ( )

03 가장 적은 학생들이 좋아하는 악기는 드럼입니다. ( )

[04~06] 어느 아이스크림 가게에서 일주일 동안 팔린 아이스크림 수를 조사하여 나타낸 그림그래프입니다. 물음에 답하세요.

일주일 동안 팔린 아이스크림 수

종류	아이스크림 수
딸기 맛	🍨🍨🍨🍨🍦🍦🍦
초콜릿 맛	🍨🍨🍦🍦🍦🍦
바나나 맛	🍨🍨🍨🍦🍦🍦🍦🍦🍦
멜론 맛	🍨🍦🍦🍦🍦🍦🍦🍦

🍨 10개
🍦 1개

04 가장 적게 팔린 아이스크림은 무슨 맛일까요?

( )

05 초콜릿 맛 아이스크림보다 더 많이 팔린 아이스크림은 무슨 맛인지 모두 쓰세요.

( )

06 바나나 맛 아이스크림은 초콜릿 맛 아이스크림보다 몇 개 더 많이 팔렸을까요?

$$\boxed{}-\boxed{}=\boxed{}(개)$$
바나나 맛 → ↑ 초콜릿 맛

4 자료를 수집하여 그림그래프로 나타내기

1단계 조사할 내용과 방법을 정하여 자료 수집하기

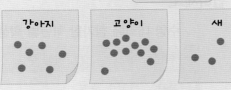

붙임딱지 붙이기 방법으로 자료를 수집했어.

자료를 수집하는 방법
붙임딱지 붙이기, 디지털 기기로 설문 조사하기, 손 들기, 돌아다니며 묻기 등

2단계 수집한 자료를 표로 정리하기

좋아하는 동물별 학생 수

동물	강아지	고양이	새	병아리	합계
학생 수(명)	6	11	4	9	30

3단계 표를 보고 그림그래프로 나타내기

좋아하는 동물별 학생 수

동물	학생 수
강아지	👤 👤
고양이	👤 👤 👤
새	👤 👤 👤 👤
병아리	👤 👤 👤 👤 👤

👤 5명
👤 1명

그림그래프로 나타낸 후 확인하기
• 표에 있는 항목이 모두 있는지
• 자료의 수에 맞는 크기와 개수로 그림을 그렸는지

6 단원

[01~03] 학생들이 좋아하는 중국 음식을 조사하였습니다. 물음에 답하세요.

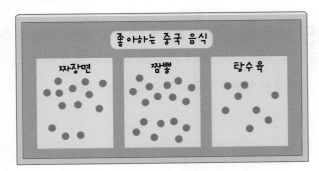

01 조사한 자료를 보고 표로 나타내세요.

좋아하는 중국 음식별 학생 수

중국 음식	짜장면	짬뽕	탕수육	합계
학생 수(명)				

02 **01**의 표를 보고 그림그래프로 나타내려고 합니다. 그림을 다음과 같이 정할 때 각각 몇 명으로 나타내면 좋을까요?

☺ [　] 명, ☺ [　] 명

03 **01**의 표와 **02**를 보고 그림그래프로 나타내세요.

좋아하는 중국 음식별 학생 수

중국 음식	학생 수
짜장면	
짬뽕	
탕수육	

☺ [　] 명
☺ [　] 명

유형 다잡기

그림그래프 알아보기

예제 가게별 팔린 우유 수를 조사하여 나타낸 그림그 래프입니다. 우유가 230개 팔린 가게의 이름을 쓰세요.

가게별 팔린 우유 수

가게	우유 수
반달	
샛별	
은하	

📦 100개
🥛 10개

(   )

풀이 230개는 📦 [   ]개, 🥛 [   ]개로 나타냅니다.

→ 우유가 230개 팔린 가게: [   ] 가게

[01~02] 치킨 가게에서 하루 동안 팔린 치킨을 조사하 여 나타낸 그림그래프입니다. 물음에 답하세요.

하루 동안 팔린 치킨 수

종류	치킨 수
프라이드치킨	
양념치킨	
간장치킨	
고추치킨	

🍗 10마리
🍗 1마리

01 그림 🍗과 🍗은 각각 몇 마리를 나타낼까요?

🍗 (   ), 🍗 (   )

02 하루 동안 팔린 양념치킨은 몇 마리일까요?

(   )

[03~05] 영준이네 학교의 수영 대회에 참가한 학년별 학생 수를 조사하여 나타낸 그림그래프입니다. 물음에 답하세요.

수영 대회에 참가한 학년별 학생 수

학년	학생 수
3학년	
4학년	
5학년	
6학년	

😊 10명
😊 1명

03 무엇을 조사하여 나타낸 그림그래프일까요?

(   )

04 그림그래프를 보고 바르게 설명한 사람의 이름 을 쓰세요.

😊은 1명을, 😊은 10명을 나타내.

주경

수영 대회에 참가한 4학년 학생은 21명이야.

준호

(   )

05 수영 대회에 참가한 학생이 25명인 학년은 어 느 학년인지 풀이 과정을 쓰고, 답을 구하세요.
서술형

(1단계) 학생이 25명일 때 그림의 수 구하기

_____

_____

(2단계) 수영 대회에 참가한 학생이 25명인 학년 구하기

_____

답

유형 02 표와 그림그래프 비교하기

예제 표와 그림그래프 중 포도 생산량의 많고 적음을 한눈에 비교하기 쉬운 것에 ○표 하세요.

과수원별 포도 생산량

과수원	생산량(kg)
가	220
나	410
다	240
합계	870

과수원	생산량
가	
나	
다	

🍇 100 kg 🍇 10 kg

(표 , 그림그래프)

풀이 (표 , 그림그래프)로 나타내면 자료를 그림으로 나타내므로 한눈에 비교하기 쉽습니다.

[06~07] 연우네 반 학급문고에 있는 책의 수를 조사하여 나타낸 표와 그림그래프입니다. 물음에 답하세요.

학급문고에 있는 책의 수

종류	동화책	위인전	과학책	합계
책의 수(권)	24	19	32	75

학급문고에 있는 책의 수

종류	책의 수
동화책	
위인전	
과학책	

📕 10권
📖 1권

06 학급문고에 있는 전체 책의 수를 쉽게 알 수 있는 것은 표와 그림그래프 중 어느 것일까요?

( )

07 무엇을 나타낸 것인지 한눈에 알기 쉬운 것은 표와 그림그래프 중 어느 것일까요?

( )

유형 03 그림그래프로 나타내기

예제 학생들의 장래 희망을 조사하여 나타낸 표를 보고 그림그래프로 나타내려고 합니다. 👤은 10명, 👤은 1명으로 할 때 장래 희망이 요리사인 학생 수를 어떻게 나타낼지 ☐ 안에 알맞은 수를 써넣으세요.

장래 희망별 학생 수

장래 희망	요리사	운동선수	선생님	합계
학생 수(명)	13	21	8	42

요리사 → 👤 ☐ 개, 👤 ☐ 개

풀이 장래 희망이 요리사인 학생 수: ☐ 명

☐ 명 → 10명＋☐ 명

→ 👤 ☐ 개＋👤 ☐ 개

[08~09] 화단에 심은 종류별 꽃의 수를 조사하여 나타낸 표입니다. 물음에 답하세요.

화단에 심은 종류별 꽃의 수

종류	장미	국화	백합	튤립	합계
꽃의 수(송이)	33	26	14	45	118

08 표를 보고 그림그래프로 나타내려고 합니다. 그림을 🌸과 ❀으로 정할 때 각각 몇 송이로 나타내면 좋을까요?

🌸 ( ), ❀ ( )

09 표를 보고 그림그래프로 나타내세요.
중요★

화단에 심은 종류별 꽃의 수

종류	꽃의 수
장미	
국화	
백합	
튤립	

🌸 10송이
❀ 1송이

[10~11] 유하네 아파트의 동별 사람 수를 조사하여 나타낸 표입니다. 물음에 답하세요.

동별 사람 수

동	1동	2동	3동	4동	합계
사람 수(명)	232	321	213	126	892

10 그림그래프로 나타낼 때 단위를 몇 가지로 나타내는 것이 좋을지 구하고, 그 이유를 쓰세요.
(서술형)

답

이유

11 표를 보고 그림그래프로 나타내세요.

동	사람 수
1동	
2동	
3동	
4동	

👥 100명
👤 10명
• 1명

12 표를 보고 그림그래프로 나타냈을 때 잘못 나타낸 과수원을 찾아 바르게 나타내세요.

과수원별 사과나무 수

과수원	싱싱	햇살	푸른	합계
나무 수(그루)	37	43	52	132

과수원별 사과나무 수

과수원	사과나무 수
싱싱	🌳🌳🌳 🌰🌰🌰🌰
햇살	🌳🌳🌳🌳 🌰🌰🌰
푸른	🌳🌳 🌰🌰🌰🌰🌰

🌳 10그루
🌰 1그루

↓

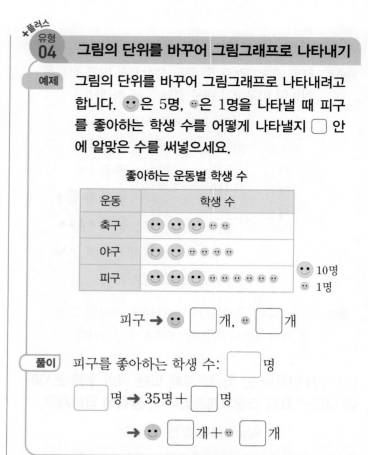

+플러스
유형 **04** 그림의 단위를 바꾸어 그림그래프로 나타내기

예제 그림의 단위를 바꾸어 그림그래프로 나타내려고 합니다. ☺은 5명, ☺은 1명을 나타낼 때 피구를 좋아하는 학생 수를 어떻게 나타낼지 ▢ 안에 알맞은 수를 써넣으세요.

좋아하는 운동별 학생 수

운동	학생 수
축구	☺ ☺ ☺ ☺ ☺
야구	☺ ☺ ☺ ☺ ☺
피구	☺ ☺ ☺ ☺ ☺ ☺ ☺

☺ 10명
☺ 1명

피구 ➡ ☺ ▢개, ☺ ▢개

풀이 피구를 좋아하는 학생 수: ▢명

▢명 ➡ 35명 + ▢명

➡ ☺ ▢개 + ☺ ▢개

[13~15] 어느 빵 가게의 요일별 빵 판매량을 조사하여 나타낸 표입니다. 물음에 답하세요.

요일별 빵 판매량

요일	금요일	토요일	일요일	합계
판매량(개)	150	260	180	590

13 표를 보고 그림그래프로 나타내세요.

요일별 빵 판매량

요일	판매량
금요일	
토요일	
일요일	

◎ 100개
△ 10개

14 금요일, 토요일, 일요일 중 빵이 가장 많이 팔린 요일은 무슨 요일일까요?

( )

15 13의 그림그래프를 보고 ◎는 100개, ◇는 50개, △는 10개로 하여 그림그래프로 나타내세요.

(중요★)

요일별 빵 판매량

요일	판매량
금요일	
토요일	
일요일	

◎ [ ]개
◇ [ ]개
△ [ ]개

[16~17] 지역별 병원 수를 조사하여 나타낸 그림그래프입니다. 물음에 답하세요.

지역별 병원 수

지역	병원 수
가	✚✚++++
나	✚✚✚++++++
다	✚+++++++++

✚ 100개
+ 10개

16 위의 그림그래프를 보고 ✚은 100개, ✚은 50개, +은 10개로 하여 그림그래프로 나타내세요.

지역별 병원 수

지역	병원 수
가	
나	
다	

✚ 100개
✚ 50개
+ 10개

17 위의 두 그림그래프를 보고 바르게 설명한 사람의 이름을 쓰세요.

> 재호: 그림을 3가지로 나타내면 2가지로 나타낼 때보다 그림의 수가 적습니다.
> 윤서: 두 그래프에서 나타내는 나 지역의 병원 수는 서로 다릅니다.

( )

유형 05 **그림그래프 해석하기**

예제 현수네 학교 3학년 학생들이 좋아하는 과목을 조사하여 나타낸 그림그래프입니다. 가장 많은 학생들이 좋아하는 과목부터 차례로 쓰세요.

좋아하는 과목별 학생 수

과목	학생 수
국어	👤👤👤👤👤👤
수학	👤👤👤👤
영어	👤👤👤👤👤👤👤

👤 10명
👤 1명

( )

풀이 [ ]명을 나타내는 그림이 가장 많은 과목부터 차례로 쓴니다. ➡ 국어, [ ], [ ]

18 어느 지역의 월별 강수량을 조사하여 나타낸 그림그래프입니다. 조사한 기간 중 강수량이 가장 많은 달과 가장 적은 달의 강수량의 차는 몇 mm인지 풀이 과정을 쓰고, 답을 구하세요.

(서술형)

월별 강수량

월	강수량
10월	💧💧💧💧💧💧
11월	💧💧💧💧💧💧💧💧💧
12월	💧💧💧💧💧💧💧💧💧💧

💧 10 mm
💧 1 mm

(1단계) 강수량이 가장 많은 달과 가장 적은 달의 강수량 각각 구하기

_____

(2단계) 강수량이 가장 많은 달과 가장 적은 달의 강수량의 차 구하기

_____

답 [ ]

[19~20] 영주와 친구들이 가지고 있는 딱지 수를 조사하여 나타낸 그림그래프입니다. 물음에 답하세요.

딱지 수

이름	딱지 수
영주	
도하	
은진	
세훈	

◇10장
◇1장

19 가지고 있는 딱지 수가 은진이의 2배인 사람의 이름을 쓰세요.

( )

20 그림그래프를 보고 알 수 있는 내용을 **잘못** 설명한 것의 기호를 쓰세요.

> ㉠ 영주와 은진이가 가지고 있는 딱지는 모두 39장입니다.
> ㉡ 도하는 세훈이보다 딱지를 20장 더 많이 가지고 있습니다.

( )

21 어느 지역의 가게별 자전거 판매량을 나타낸 그림그래프를 보고 알 수 있는 내용을 2가지 쓰세요.
서술형

가게별 자전거 판매량

가게	자전거 판매량
가	
나	
다	
라	

🚲10대
🚲1대

_____

_____

유형
06 **그림그래프를 보고 예상하기**

예제 유나네 학교 3학년 학생들이 좋아하는 색깔을 조사하여 나타낸 그림그래프입니다. 3학년 단체 티셔츠를 준비한다면 어느 색으로 준비하는 것이 좋을까요?

좋아하는 색깔별 학생 수

색깔	학생 수
노란색	
초록색	
파란색	

😊10명
😊1명

풀이 가장 많은 학생들이 좋아하는 색으로 준비하는 것이 좋을 것 같습니다. → [ ]색

[22~23] 예준이네 학교 3학년 학생들이 알뜰 시장에서 판매하고 싶어 하는 물건을 조사하여 나타낸 그림그래프입니다. 물음에 답하세요.

판매하고 싶어 하는 물건별 학생 수

물건	학생 수
문구	
장난감	
옷	
간식	

😊10명
😊1명

22 가장 많은 학생들이 판매하고 싶어 하는 물건의 종류는 무엇일까요?
중요

( )

23 알뜰 시장에서 어느 물건의 판매 공간을 가장 넓게 만드는 것이 좋을지 ○표 하세요.

문구	장난감	옷	간식
( )	( )	( )	( )

[24~26] 어느 가게에서 한 달 동안 팔린 버거 판매량을 종류별로 조사하여 나타낸 그림그래프입니다. 물음에 답하세요.

종류별 버거 판매량

종류	버거 판매량
불고기버거	
치즈버거	
새우버거	
치킨버거	

🚩100개
🍔10개
•1개

24 종류별 버거 판매량은 각각 몇 개인지 ☐ 안에 알맞게 써넣으세요.

불고기버거 ☐ 개, 치즈버거 ☐ 개,

새우버거 ☐ 개, 치킨버거 ☐ 개

25 이 가게에서 어느 버거를 가장 많이 준비해 두면 좋을지 쓰고, 그 이유를 쓰세요.

(서술형)

답

이유

26 가게 주인의 말을 읽고 현우의 대답을 알맞게 완성하세요.

새로운 종류의 버거를 판매하고 싶은데 어느 버거를 메뉴에서 빼면 좋을까?

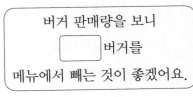

버거 판매량을 보니 ☐ 버거를 메뉴에서 빼는 것이 좋겠어요.

현우

+플러스

유형 07 지역으로 나타낸 그림그래프 해석하기

예제 마을별 초등학생이 있는 가구 수를 조사하여 나타낸 그림그래프입니다. 초등학생이 있는 가구 수는 동쪽이 서쪽보다 몇 가구 더 많을까요?

마을별 초등학생이 있는 가구 수

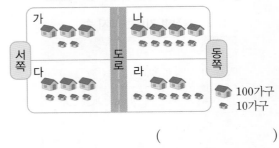

🏠100가구
🏠10가구

( )

풀이 서쪽과 동쪽 마을의 가구 수를 각각 구합니다.

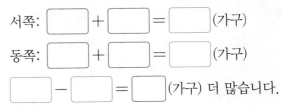

서쪽: ☐ + ☐ = ☐ (가구)

동쪽: ☐ + ☐ = ☐ (가구)

☐ - ☐ = ☐ (가구) 더 많습니다.

27 마을별 자동차 수를 조사하여 나타낸 그림그래프입니다. 도로의 남쪽에 있는 마을의 자동차 수는 북쪽에 있는 마을의 자동차 수보다 40대 더 적을 때 백합 마을의 자동차는 몇 대일까요?

마을별 자동차 수

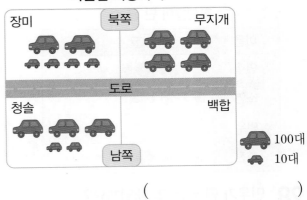

🚗100대
🚗10대

( )

어느 방법으로 나타내도 좋아~

+플러스
유형 **08** **전체 수를 이용하여 모르는 항목의 수 구하기**

예제 지아네 마을의 농장별 기르는 돼지 수를 조사하여 나타낸 그림그래프입니다. 네 농장에서 기르는 돼지가 모두 123마리일 때 그림그래프를 완성해 보세요.

농장별 기르는 돼지 수

농장	돼지 수
가	◎◎◎○○
나	◎◎○○○○
다	
라	◎◎◎◎○○○

◎ 10마리
○ 1마리

풀이 각 농장에서 기르는 돼지 수를 구합니다.

가: [ ]마리, 나: [ ]마리, 라: [ ]마리

(다 농장에서 기르는 돼지 수)

= 123 − [ ] − [ ] − [ ]

= [ ] (마리) → ◎ [ ]개, ○ [ ]개

[28~29] 연주네 모둠 학생들이 딴 귤 수를 조사하여 나타낸 그림그래프입니다. 네 사람이 딴 귤의 합이 125개일 때 물음에 답하세요.

학생들이 딴 귤 수

이름	귤 수
연주	●●●● ●
소연	●● ●
민우	
승진	●●● ●●●●●

● 10개
● 1개

28 민우가 딴 귤은 몇 개일까요?

( )

29 그림그래프를 완성해 보세요.

30 어느 편의점의 6월부터 9월까지 월별 우산 판매량을 조사하여 나타낸 그림그래프입니다. 조사한 기간의 판매량의 합계가 140개일 때 판매량이 가장 많은 달과 가장 적은 달의 차는 몇 개일까요?

월별 우산 판매량

월	판매량
6월	☂☂☂☂ ☂☂☂
7월	☂☂☂ ☂☂☂☂☂
8월	☂☂☂ ☂☂
9월	

☂ 10개
☂ 1개

( )

+플러스
유형 **09** **그림의 단위를 구하여 문제 해결하기**

예제 농장별 기르고 있는 닭의 수를 조사하여 나타낸 그림그래프입니다. 은빛 농장의 닭이 24마리일 때 [ ] 안에 알맞은 수를 써넣으세요.

농장별 기르고 있는 닭의 수

농장	닭의 수
은빛	🐔🐔 🐥🐥🐥🐥
금빛	🐔 🐥🐥
달빛	🐔🐔🐔🐥
별빛	🐔🐥🐥🐥🐥🐥🐥 🐥

🐔 [ ]마리
🐥 [ ]마리

풀이 은빛 농장의 닭 24마리를

🐔 [ ]개, 🐥 [ ]개로 나타냈습니다.

따라서 🐔은 [ ]마리를 나타내고,

🐥은 [ ]마리를 나타냅니다.

31 반별 봉사 활동에 참여한 학생 수를 조사하여 나타낸 그림그래프입니다. 1반에서 봉사 활동에 참여한 학생이 17명일 때 4반에서 봉사 활동에 참여한 학생은 몇 명일까요?

반별 봉사 활동에 참여한 학생 수

반	학생 수
1반	☺ ☺ ☺ ☺ ☺ ☺ ☺
2반	☺ ☺ ☺
3반	☺ ☺ ☺ ☺ ☺ ☺
4반	☺ ☺ ☺ ☺ ☺ ☺ ☺

☺
☺

(   )

32 서술형 지난 식목일에 마을별 심은 나무 수를 조사하여 나타낸 그림그래프입니다. 가 마을에서 심은 나무가 240그루일 때 네 마을에서 심은 나무는 모두 몇 그루인지 풀이 과정을 쓰고, 답을 구하세요.

마을별 심은 나무 수

마을	나무의 수
가	🌳🌳🌲🌲🌲🌲
나	🌳🌳🌲🌲
다	🌳🌲🌲🌲🌲🌲🌲🌲
라	🌳🌳🌳🌲

🌳
🌲

(1단계) 각 그림이 나타내는 수 구하기

_____

_____

(2단계) 네 마을에서 심은 나무는 모두 몇 그루인지 구하기

_____

_____

답 _____

예제 세희네 반 학생들이 좋아하는 꽃을 조사한 자료입니다. 조사한 자료를 보고 그림그래프로 나타내세요.

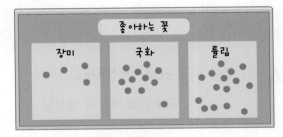

좋아하는 꽃별 학생 수

꽃	학생 수
장미	
국화	
튤립	

☺ 5명
☺ 1명

풀이 장미: ☐ 명, 국화: ☐ 명, 튤립: ☐ 명

33 중요★ 빵집에 방문한 사람들이 좋아하는 음료수를 조사한 자료입니다. 조사한 자료를 보고 표와 그림그래프로 나타내세요.

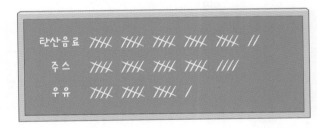

좋아하는 음료수별 사람 수

음료수	탄산음료	주스	우유	합계
사람 수(명)				

좋아하는 음료수별 사람 수

음료수	사람 수
탄산음료	
주스	
우유	

☺ 10명
☺ 1명

6단원

[34~36] 글을 읽고 물음에 답하세요.

우리 지역 과수원들의 복숭아 생산량이 작년보다 늘어났다. 이번 해 복숭아 생산량은 사랑 과수원은 320상자, 희망 과수원은 450상자, 행복 과수원은 290상자, 기쁨 과수원은 410상자로 조사되었다.

34 위 글을 읽고 표로 나타내세요.

과수원별 복숭아 생산량

과수원	사랑	희망	행복	기쁨	합계
생산량(상자)					

35 (창의형) 34의 표를 보고 그림그래프로 나타내려고 합니다. ◯ 안에 그림과 단위를 정하여 써넣고, 그림그래프로 나타내세요.

과수원별 복숭아 생산량

과수원	복숭아 생산량
사랑	
희망	
행복	
기쁨	

36 35의 그림그래프를 보고 ◯ 안에 알맞은 말을 써넣으세요.

복숭아 생산량이 가장 많은 곳은 ◯ 과수원이고, 가장 적은 곳은 ◯ 과수원입니다.

유형 **11** 표와 그림그래프 완성하기

예제 진우와 친구들이 1년 동안 영화를 본 횟수를 조사하여 나타낸 표와 그림그래프입니다. 표와 그림그래프를 각각 완성해 보세요.

1년 동안 영화를 본 횟수

이름	진우	윤하	소라	합계
횟수(번)	23	15		68

1년 동안 영화를 본 횟수

이름	횟수
진우	
윤하	▦▪▪▪▪▪
소라	▦▦▦

▦ 10번 ▪ 1번

풀이 진우: 23번 → ▦ ◯ 개, ▪ ◯ 개

소라: ▦ ◯ 개 → ◯ 번

[37~38] 어느 지역의 농장별 고구마 생산량을 조사하여 나타낸 표입니다. 물음에 답하세요.

농장별 고구마 생산량

농장	가	나	다	합계
생산량(kg)	320		250	

37 (중요) 표를 보고 그림그래프를 완성해 보세요.

농장별 고구마 생산량

농장	고구마 생산량
가	
나	🥔●●●●●●●
다	

🥔 100 kg ● 10 kg

38 세 농장의 고구마 생산량은 모두 몇 kg일까요?

( )

39 은유네 학교 3학년 학생들의 혈액형을 조사하여 나타낸 것입니다. 표와 그림그래프를 완성해 보세요.

혈액형별 학생 수

혈액형	A형	B형	O형	AB형	합계
학생 수(명)	33	21			126

혈액형별 학생 수

혈액형	학생 수
A형	
B형	
O형	👤👤👤👤👤👤👤👤👤
AB형	

👤 10명
👤 1명

+플러스
유형 12 그림그래프의 일부분을 보고 문제 해결하기

예제 어느 빵집에서 한 달 동안 팔린 빵의 수를 조사하여 나타낸 그림그래프입니다. 도넛은 단팥빵과 크림빵이 팔린 수의 합보다 180개 더 적게 팔렸다면 한 달 동안 팔린 도넛은 몇 개인지 구하세요.

종류별 팔린 빵의 수

종류	빵의 수
단팥빵	◎◎◎◦◦◦◦
크림빵	◎◎◦◦◦◦◦
도넛	

◎ 100개
◦ 10개

( )

풀이 단팥빵: [ ]개, 크림빵: [ ]개

→ 도넛: [ ] + [ ] − 180

= [ ](개)

---

40 극장별 관객 수를 조사하여 나타낸 그림그래프입니다. 진달래 극장의 관객 수는 보람 극장의 2배일 때 그림그래프를 완성해 보세요.

극장별 관객 수

극장	관객 수
아름	□□□□△△△△△
진달래	
보람	□□□□□□□△△△△△

□ 100명
□ 10명
△ 1명

---

41 서술형 공장별 침대 생산량을 조사하여 나타낸 그림그래프입니다. 나 공장의 생산량은 가 공장의 생산량보다 70개 더 적습니다. 세 공장의 침대 생산량의 합은 모두 몇 개인지 풀이 과정을 쓰고, 답을 구하세요.

공장별 침대 생산량

공장	침대 생산량
가	🛏🛏🛏🛏🛏🛏
나	
다	🛏🛏🛏🛏🛏🛏🛏🛏

🛏 100개
🛏 10개

1단계 나 공장의 침대 생산량 구하기

_____

_____

2단계 세 공장의 침대 생산량의 합 구하기

_____

_____

_____

답 _____

1
전체 합계를 이용하여 나누어 담기

농장 체험 학습에서 3학년 학생들이 하루 동안 수확한 땅콩의 양을 조사하여 나타낸 그림그래프입니다. 수확한 땅콩을 모두 모아 6 kg씩 자루에 담으려면 자루는 몇 개 필요할까요?

반별 땅콩 수확량

반	땅콩 수확량
1반	
2반	
3반	
4반	

🥜 10 kg
🥜 1 kg

(   )

해결 tip

필요한 자루 수는?

한 봉지에 ●씩 담을 때
(필요한 자루 수)
＝(전체 항목의 수의 합)÷●

[2~3] 어느 마을에서 가게별 하루 동안 판매한 아이스크림의 수를 조사하여 나타낸 그림그래프입니다. 아이스크림 한 개의 가격이 700원일 때 물음에 답하세요.

가게별 아이스크림 판매량

가게	아이스크림 판매량
나들	
싱싱	
보람	

🍦 10개
🍦 1개

2
판매액 구하기

나들 가게의 판매액은 얼마일까요?

(   )

3
판매액의 차 구하기 서술형

보람 가게의 판매액은 싱싱 가게의 판매액보다 얼마나 더 많은지 풀이 과정을 쓰고, 답을 구하세요.

풀이

답

두 그림그래프 비교하기

4 카페별 우유 판매량과 주스 판매량을 각각 조사하여 나타낸 그림그래프입니다. 우유 판매량이 주스 판매량보다 많은 카페는 어느 카페일까요?

카페별 우유 판매량

카페	우유 판매량
가	
나	
다	

🍼 5병
🍼 1병

카페별 주스 판매량

카페	주스 판매량
가	
나	
다	

🍾 10병
🍾 1병

(   )

[5~6] 현장 체험 학습으로 가고 싶은 장소를 조사하여 나타낸 그림그래프입니다. 학생 수가 가장 많은 곳은 놀이공원이고, 가장 적은 곳은 박물관입니다. 과학관에 가고 싶은 학생 수는 미술관에 가고 싶은 학생 수보다 많습니다. 조사한 전체 학생 수가 118명일 때 물음에 답하세요.

가고 싶은 장소별 학생 수

장소	학생 수

😊 10명
😊 1명

모르는 항목의 수를 구하여 그림그래프로 나타내기

5 알맞은 학생 수를 구하여 빨간색 선으로 둘러싼 부분에 그림을 그려 보세요.

조건에 알맞은 항목 찾기

서술형

6 과학관에 가고 싶은 학생은 몇 명인지 풀이 과정을 쓰고, 답을 구하세요.

풀이 _____

_____

_____

답 _____

해결 tip

서로 다른 두 그림그래프를 비교하려면?

두 그래프에서 그림의 단위를 먼저 확인합니다.

그림의 단위 비교 → [그림의 단위가 같을 때] 그림의 개수를 비교

[그림의 단위가 다를 때] 항목별 수량을 비교

전체 수량을 알 때 모르는 항목의 수를 구하려면?

(모르는 항목의 수)
=(전체 수량)−(알 수 있는 항목의 수의 합)

해결 tip

두 수의 합이 ●, 두 수의 차가 ▲일 때, 두 수는?

작은 수: ㉠, 큰 수: ㉠+▲
➡ (작은 수)+(큰 수)=●
    ㉠+㉠+▲=●

7 모르는 두 항목의 관계를 이용하여 항목의 수 구하기

지역별 도서관 수를 조사하여 나타낸 그림그래프입니다. 네 지역의 도서관은 모두 115개이고, 나 지역의 도서관은 다 지역의 도서관보다 6개 더 많다고 합니다. 나 지역과 다 지역의 도서관은 각각 몇 개인지 구하세요.

지역별 도서관 수

지역	도서관 수
가	🏢🏢🏢🏢 🏠🏠🏠🏠🏠
나	
다	

🏢 10개
🏠 1개

(1) 나 지역과 다 지역의 도서관 수의 합은 몇 개일까요?

(   )

(2) 나 지역과 다 지역의 도서관 수는 각각 몇 개일까요?

나 지역 (   ), 다 지역 (   )

8 필요한 개수 구하기

친구들이 1년 동안 읽은 책의 수를 조사하여 나타낸 그림그래프입니다. 책을 1권씩 읽을 때마다 연필을 2자루씩 주려고 연필을 200자루 준비했습니다. 더 필요한 연필은 몇 자루인지 구하세요.

읽은 책의 수

이름	책의 수
소정	📘📘📘📖
채원	📘📘📖📖📖📖📖📖
민율	📘📖📖📖📖📖📖📖📖
희원	📘📘📘📘📘📖📖📖📖📖

📘 10권
📖 1권

(1) 친구들이 읽은 책은 모두 몇 권일까요?

(   )

(2) 필요한 연필은 모두 몇 자루일까요?

(   )

(3) 연필을 200자루 준비했다면 더 준비해야 할 연필은 몇 자루일까요?

(   )

[01~03] 정원이네 학교 학생들이 좋아하는 과목을 조사하여 나타낸 그림그래프입니다. 물음에 답하세요.

좋아하는 과목별 학생 수

과목	학생 수
국어	
수학	
사회	
과학	

50명
10명
1명

01 , , 은 각각 몇 명을 나타낼까요?

( )
( )
( )

02 ☐ 안에 알맞은 수를 써넣으세요.

국어를 좋아하는 학생은 ☐ 명,
과학을 좋아하는 학생은 ☐ 명
입니다.

03 수학과 사회 중에서 좋아하는 학생이 더 많은 과목은 무엇일까요?

( )

[04~07] 동호네 학교 3학년 학생들이 태어난 계절을 조사하여 나타낸 표입니다. 물음에 답하세요.

태어난 계절별 학생 수

계절	봄	여름	가을	겨울	합계
학생 수(명)	34	28	15	40	117

04 표를 보고 그림그래프로 나타내려고 합니다. 단위를 몇 가지로 나타내는 것이 좋을까요?

( )

05 표를 보고 그림그래프로 나타내세요.

계절	학생 수
봄	
여름	
가을	
겨울	

10명
1명

06 가장 많은 학생이 태어난 계절은 언제일까요?

( )

07 표와 그림그래프의 좋은 점을 한 가지씩 쓰세요.
(서술형)

표	
그림그래프	

[08~09] 재희네 학교 3학년 학생들이 키우고 싶은 동물을 조사하여 나타낸 그림그래프입니다. 물음에 답하세요.

키우고 싶은 동물별 학생 수

동물	학생 수
강아지	◎◎◎◎◎○○
고양이	◎◎◎○○○○○○○○○
물고기	◎◎○○○○○○○
도마뱀	◎◎◎○○

◎ 10명
○ 1명

08 재희네 학교 3학년 학생은 모두 몇 명일까요?

(　　　　　　　　)

09 위의 그림그래프를 보고 ◎는 10명, △는 5명, ○는 1명으로 하여 그림그래프로 나타내세요.

키우고 싶은 동물별 학생 수

동물	학생 수
강아지	
고양이	
물고기	
도마뱀	

◎ 10명
△ 5명
○ 1명

10 한 달 동안의 가구별 쌀 소비량을 조사하여 나타낸 그림그래프입니다. 쌀 소비량이 가장 많은 가구와 가장 적은 가구의 쌀 소비량의 차는 몇 kg일까요?

가구별 쌀 소비량

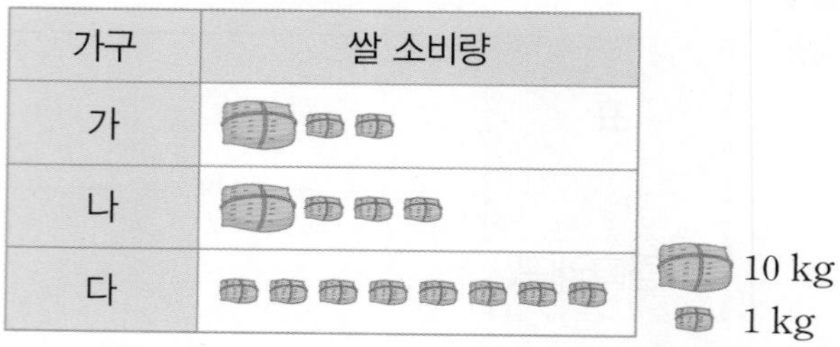
가구
쌀 소비량
가
나
다
10 kg
1 kg

(　　　　　　　　)

[11~12] 준영이네 반 학생들이 좋아하는 운동을 조사하였습니다. 물음에 답하세요.

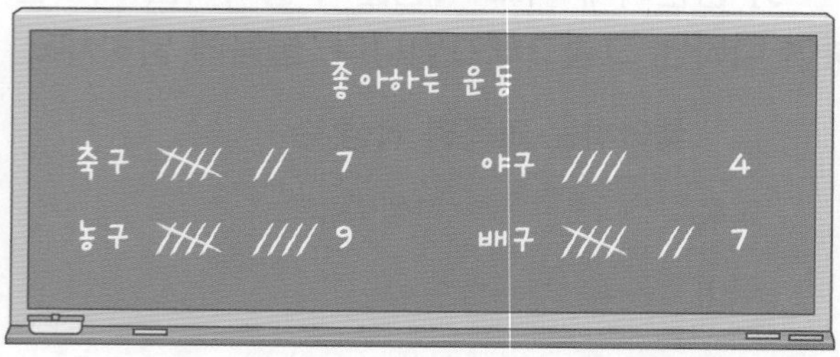
좋아하는 운동
축구 7
야구 4
농구 9
배구 7

11 조사한 자료를 보고 그림그래프로 나타내세요.

좋아하는 운동별 학생 수

운동	학생 수
축구	
야구	
농구	
배구	

5명
1명

12 자율 활동 시간에 어떤 운동을 하면 좋을까요?

(　　　　　　　　)

[13~14] 어느 지역의 마을별 당근 생산량을 조사하여 나타낸 표입니다. 물음에 답하세요.

마을별 당근 생산량

마을	장수	청정	으뜸	합계
생산량(kg)	340		160	

13 표를 보고 그림그래프를 완성해 보세요.

마을별 당근 생산량

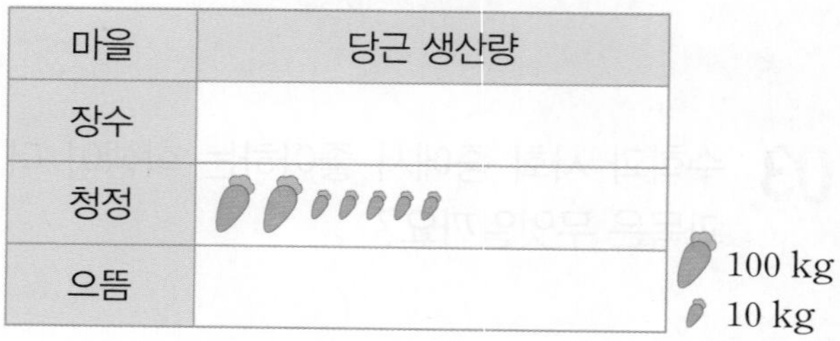
마을
당근 생산량
장수
청정
으뜸
100 kg
10 kg

14 세 마을의 당근 생산량은 모두 몇 kg일까요?

(　　　　　　　　)

[15~17] 어느 지역의 마을별 유치원생 수를 조사하여 나타낸 그림그래프입니다. 전체 유치원생 수는 93명이고, 하늘 마을의 유치원생 수는 햇살 마을의 유치원생 수보다 5명 더 적습니다. 물음에 답하세요.

마을별 유치원생 수

마을	유치원생 수
푸른	◎◎
하늘	
햇살	◎◎◎○○
달님	

◎ 10명
○ 1명

15 하늘 마을과 달님 마을의 유치원생은 각각 몇 명일까요?

하늘 마을 (   )
달님 마을 (   )

16 그림그래프를 완성해 보세요.

17 유치원생 수가 가장 많은 마을의 유치원생들에게 한 명당 공책을 2권씩 나누어 주려고 합니다. 공책은 모두 몇 권 필요한지 풀이 과정을 쓰고, 답을 구하세요.
_{서술형}

풀이

답

18 승수네 아파트의 동별 하루 동안 모은 빈 병의 수를 조사하여 나타낸 그림그래프입니다. 아파트에서 모은 빈 병이 모두 71개일 때 모은 빈 병의 수가 많은 동부터 차례로 쓰세요.

동별 모은 빈 병의 수

동	빈 병의 수
101동	🍾🍾 ᵇᵇᵇᵇᵇ
102동	🍾 ᵇᵇᵇᵇᵇᵇ
103동	

🍾 10개
ᵇ 1개

(   )

[19~20] 어느 해 네 도시의 강수량을 조사하여 나타낸 그림그래프입니다. 물음에 답하세요.

도시별 강수량

도시	서울	인천	대전	부산
강수량	💧💧💧💧💧💧	💧💧💧💧	💧💧💧	💧💧●●●●●●●●

19 부산의 강수량이 2190 mm일 때 각 그림이 나타내는 강수량은 각각 몇 mm일까요?

💧 (   )
💧 (   )
● (   )

20 네 도시의 강수량의 합은 몇 mm인지 풀이 과정을 쓰고, 답을 구하세요.
_{서술형}

풀이

답

1단원 | 유형 03

01 덧셈식을 곱셈식으로 나타내고, 답을 구하세요.

$$321+321+321+321+321+321$$

식

답

2단원 | 유형 02

02 빈칸에 알맞은 수를 써넣으세요.

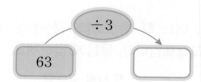

3단원 | 유형 06

03 ☐ 안에 알맞은 수를 써넣으세요.

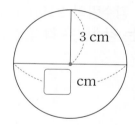

3 cm

☐ cm

4단원 | 유형 13

04 다음은 $\frac{1}{9}$이 몇 개인 수일까요?

$$2\frac{2}{9}$$

(   )

3단원 | 유형 05

05 원의 성질에 대해 바르게 설명한 것을 찾아 기호를 쓰세요.

㉠ 한 원에서 원의 중심은 2개입니다.
㉡ 한 원에서 반지름은 10개입니다.
㉢ 원의 중심을 지나도록 원 위의 두 점을 이은 선분은 원의 지름입니다.

(   )

5단원 | 유형 03

06 5 L의 물이 들어 있는 수조에 700 mL의 물을 더 부었습니다. 수조에 들어 있는 물은 모두 몇 mL일까요?

(   )

2단원 | 유형 10

07 나머지가 5가 될 수 없는 식을 찾아 기호를 쓰세요.

㉠ ☐÷5   ㉡ ☐÷6
㉢ ☐÷7   ㉣ ☐÷9

(   )

[08~09] 예지네 학교 3학년 학생들의 혈액형을 조사하여 나타낸 그림그래프입니다. 물음에 답하세요.

혈액형별 학생 수

혈액형	학생 수
A형	☺ ☺ ☺ ☺ ☺ ☺
B형	☺ ☺ ☺ ☺ ☺ ☺ ☺
O형	☺ ☺ ☺ ☺ ☺
AB형	☺ ☺ ☺ ☺ ☺ ☺ ☺

☺ 10명
☺ 1명

6단원 | 유형 01

08 혈액형이 B형인 학생은 몇 명일까요?

(   )

6단원 | 유형 05

09 학생 수가 가장 많은 혈액형은 무엇일까요?

(   )

2단원 | 유형 13

10 볼펜 92자루를 학생 한 명에게 5자루씩 나누어 주려고 합니다. 최대한 많은 학생들에게 나누어 주려면 모두 몇 명에게 나누어 줄 수 있고 몇 자루가 남을까요?

(   ), (   )

3단원 | 유형 10

11 다음과 같은 모양을 그리기 위하여 컴퍼스의 침을 꽂아야 할 곳은 모두 몇 군데일까요?

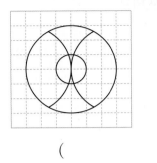

(   )

4단원 | 유형 03

12 다음이 나타내는 두 수의 차를 구하세요.

$25의 \dfrac{2}{5}$ $32의 \dfrac{5}{8}$

(   )

1단원 | 유형 17

13 ㉠과 ㉡이 나타내는 수의 곱은 얼마인지 풀이 과정을 쓰고, 답을 구하세요.

(서술형)

㉠ 10이 3개, 1이 8개인 수
㉡ 10이 6개, 1인 7개인 수

풀이

답

4단원 | 유형 14

14 $1\frac{5}{11}$ 보다 크고 $\frac{24}{11}$ 보다 작은 분수를 모두 찾아 쓰세요.

$$\frac{5}{11} \quad 1\frac{7}{11} \quad 2\frac{5}{11} \quad \frac{19}{11}$$

(   )

5단원 | 유형 20

15 호진이의 몸무게는 33 kg 700 g이고 책가방의 무게는 2 kg 400 g입니다. 호진이가 책가방을 메고 저울에 올라가면 몇 kg 몇 g일까요?

(   )

6단원 | 유형 06

16 가게에서 한 달 동안 팔린 케이크 판매량을 조사하여 나타낸 그림그래프입니다. 이 가게에서 어느 케이크를 가장 많이 준비하면 좋을지 쓰고, 그 이유를 쓰세요.

종류별 케이크 판매량

종류	케이크 판매량
치즈	🍰🍰🔺🔺🔺🔺🔺🔺
딸기	🍰🍰🍰🍰🍰🔺🔺
초코	🍰🍰🔺🔺🔺
생크림	🍰🍰🔺🔺🔺🔺

🍰 10개
🔺 1개

(답) _____

(이유) _____

_____

1단원 | 유형 10

17 한 상자에 딸기를 50개씩 80상자에 담았더니 딸기가 33개 남았습니다. 딸기는 모두 몇 개일까요?

(   )

3단원 | 유형 11

18 점 ㄴ, 점 ㄷ은 원의 중심입니다. 선분 ㄱㄹ의 길이는 몇 cm일까요?

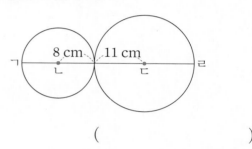

(   )

5단원 | 유형 24

19 ☐ 안에 알맞은 수를 써넣으세요.

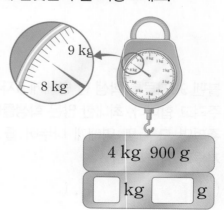

4 kg 900 g

☐ kg ☐ g

20 들이가 5 L인 물통에 물이 3 L 500 mL 들어 있습니다. 이 물통에 물을 가득 채우려면 들이 가 500 mL인 그릇에 물을 가득 채워서 적어 도 몇 번 부어야 할까요?

( )

21 ☐ 안에 들어갈 수 있는 가장 큰 수를 구하세요.

$$\boxed{\ \square \div 8 = 13 \cdots ♥\ }$$

( )

22
서술형
세형이는 땅콩 28개의 $\frac{3}{7}$ 을 먹었고, 동생은 땅콩 28개의 $\frac{1}{4}$ 을 먹었습니다. 두 사람이 먹은 땅콩은 모두 몇 개인지 풀이 과정을 쓰고, 답을 구하세요.

풀이

답

23 어떤 수를 9로 나누어야 할 것을 잘못하여 7로 나누었더니 몫이 12, 나머지가 1이 되었습니다. 바르게 계산한 몫과 나머지의 합은 얼마일까요?

( )

24 길이가 32 cm인 색 테이프 25장을 4 cm씩 겹쳐서 한 줄로 이어 붙였습니다. 이어 붙인 색 테이프의 전체 길이는 몇 cm일까요?

( )

전단원
총정리

25 마을별 밤 생산량을 조사하여 나타낸 그림그래프입니다. 다 마을의 밤 생산량이 370 kg이라면 네 마을의 밤 생산량은 모두 몇 kg일까요?

마을별 밤 생산량

마을	밤 생산량
가	
나	
다	
라	

( )

MEMO

동아출판
초등 무료
스마트러닝

무료 스마트 러닝

동아출판 초등 **무료 스마트러닝**으로 쉽고 재미있게!

과목별·영역별 특화 강의

수학 개념 강의

국어 독해 지문 분석 강의

구구단 송

그림으로 이해하는 비주얼씽킹 강의

과학 실험 동영상 강의

과목별 문제 풀이 강의

서비스 제공 교재 큐브 | 백점 과학 | 빠작 초등 국어 | 초능력 | 초고필 | 하이탑 초등 과학

큐브 유형

초등 수학

3·2

서술형 강화책

서술형 다지기 | 서술형 완성하기

동아출판

서술형 강화책

차례

초등 수학 **3·2**

큐브 유형
서술형 강화책

초등 수학

3·2

> ⊙ 적어도 더 필요한 물건의 수 구하기

1 초콜릿이 1000개 있습니다. 이 초콜릿을 한 명에게 30개씩 나누어 주려고 합니다. 42명에게 나누어 주려면 **초콜릿은 적어도 몇 개 더 필요한지** 풀이 과정을 쓰고, 답을 구하세요.

조건 정리
- 초콜릿 수: ☐ 개
- 한 명에게 나누어 줄 초콜릿 수: ☐ 개
- 초콜릿을 나누어 줄 사람 수: ☐ 명

풀이
❶ 필요한 초콜릿 수 구하기

☐ 명에게 각각 ☐ 개씩 나누어 주려면

(필요한 초콜릿 수) = ☐ × ☐

= ☐ (개)입니다.

> ●명에게 각각 ■개씩 나누어 주려면 모두 ●×■(개) 필요해.

❷ 적어도 더 필요한 초콜릿 수 구하기

초콜릿이 ☐ 개 있으므로

(적어도 더 필요한 초콜릿 수) = ☐ − ☐

= ☐ (개)입니다.

답 ☐ 개

유사 1-1 사탕이 700개 있습니다. 이 사탕을 한 명에게 20개씩 나누어 주려고 합니다. 45명에게 나누어 주려면 **사탕은 적어도 몇 개 더 필요한지** 풀이 과정을 쓰고, 답을 구하세요.

풀이 _____

_____

_____

_____

답 _____

발전 1-2 연필이 한 상자에 12자루씩 44상자 있고, 낱개로 7자루가 더 있습니다. 이 연필을 한 명에게 9자루씩 나누어 주려고 합니다. 62명에게 나누어 주려면 **연필은 적어도 몇 자루 더 필요한지** 풀이 과정을 쓰고, 답을 구하세요.

1단계 처음 연필 수 구하기

_____

_____

2단계 필요한 연필 수 구하기

_____

_____

3단계 적어도 더 필요한 연필 수 구하기

_____

_____

답 _____

⊙ 먹은 음식의 열량 구하기

2 오른쪽은 유정이가 여러 가지 과일의 열량을 조사한 것입니다. 유정이가 배 3개와 단감 4개를 먹었다면 **먹은 과일의 열량은 모두 몇 킬로칼로리인지 풀이 과정을 쓰고, 답을 구하세요.** (단, 각 과일의 열량은 일정합니다.)

과일	열량
배 1개	148킬로칼로리
사과 1개	98킬로칼로리
단감 1개	90킬로칼로리

조건 정리

• 배 1개의 열량: ☐ 킬로칼로리

 사과 1개의 열량: ☐ 킬로칼로리

 단감 1개의 열량: ☐ 킬로칼로리

• 유정이가 먹은 과일: 배 ☐ 개와 단감 ☐ 개

킬로칼로리는 열량의 단위야.

풀이 ❶ 배 3개와 단감 4개의 열량 각각 구하기

배 3개: ☐ ×3＝ ☐ (킬로칼로리)

단감 4개: ☐ ×4＝ ☐ (킬로칼로리)

먹지 않은 과일의 열량은 신경 쓰지 않아도 돼.

❷ 먹은 과일의 열량의 합 구하기

(배 3개의 열량)＋(단감 4개의 열량)

＝ ☐ ＋ ☐ ＝ ☐ (킬로칼로리)

답 ☐ 킬로칼로리

유사 **2-1** 오른쪽은 민아가 여러 가지 간식의 열량을 조사한 것입니다. 민아가 삶은 달걀 5개와 치킨 2조각을 먹었다면 **먹은 간식의 열량은 모두 몇 킬로칼로리인지** 풀이 과정을 쓰고, 답을 구하세요. (단, 각 간식의 열량은 일정합니다.)

간식	열량
삶은 달걀 1개	60킬로칼로리
호두 1개	27킬로칼로리
치킨 1조각	359킬로칼로리

풀이

답

발전 **2-2** 오른쪽은 석준이와 희수가 마신 음료수의 열량을 조사한 것입니다. 석준이는 우유 2병과 과일주스 3병을 마셨고, 희수는 과일주스 4병과 탄산음료 2병을 마셨습니다. 석준이와 희수 중 **누가 마신 음료수의 열량이 몇 킬로칼로리 더 많은지** 풀이 과정을 쓰고, 답을 구하세요. (단, 각 음료수의 열량은 일정합니다.)

음료수	열량
우유 1병	130킬로칼로리
과일주스 1병	95킬로칼로리
탄산음료 1병	145킬로칼로리

1단계 석준이가 마신 음료수의 열량 구하기

2단계 희수가 마신 음료수의 열량 구하기

3단계 마신 음료수의 열량 비교하기

답

> 이어 붙인 도형에서 변의 길이의 합 구하기

3 한 변의 길이가 132 cm이고 세 변의 길이가 같은 삼각형 4개를 겹치지 않게 이어 붙여서 만든 도형입니다. **빨간색 선의 길이는 몇 cm**인지 풀이 과정을 쓰고, 답을 구하세요.

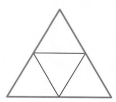

조건
정리
· 삼각형의 한 변의 길이: ☐ cm
· 구하려는 길이: 빨간색 선의 길이

풀이 ❶ 빨간색 선의 길이는 삼각형의 한 변의 길이의 몇 배인지 구하기

빨간색 선은 삼각형의 한 변이 ☐개인 것과 같으므로

(빨간색 선의 길이)

=(삼각형의 한 변의 길이)× ☐ 입니다.

빨간색 선의 길이는
삼각형의 한 변의 길이의
몇 배인지 알아봐.

❷ 빨간색 선의 길이 구하기

(빨간색 선의 길이)= ☐ × ☐

= ☐ (cm)

답 ☐ cm

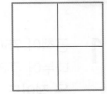

유사 3-1 오른쪽은 한 변의 길이가 216 cm인 정사각형 4개를 겹치지 않게 이어 붙여서 만든 도형입니다. **빨간색 선의 길이는 몇 cm인지** 풀이 과정을 쓰고, 답을 구하세요.

풀이

답

발전 3-2 한 변의 길이가 53 cm이고 세 변의 길이가 같은 삼각형 4개와 정사각형 4개를 겹치지 않게 이어 붙여서 만든 도형입니다. **파란색 선의 길이는 몇 cm인지** 풀이 과정을 쓰고, 답을 구하세요.

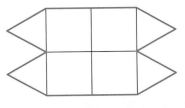

1단계 파란색 선의 길이는 삼각형의 한 변의 길이의 몇 배인지 구하기

2단계 파란색 선의 길이 구하기

답

1 공책이 750권 있습니다. 이 공책을 한 명에게 14권씩 나누어 주려고 합니다. 38명에게 나누어 주려면 **공책은 적어도 몇 권 더 필요한지** 풀이 과정을 쓰고, 답을 구하세요.

풀이

답

2 쿠키가 한 봉지에 45개씩 22봉지 있습니다. 이 쿠키를 마라톤 대회에 참가한 사람 한 명에게 8개씩 나누어 주려고 합니다. 146명에게 나누어 주려면 **쿠키는 적어도 몇 개 더 필요한지** 풀이 과정을 쓰고, 답을 구하세요.

풀이

답

3 다음은 정민이가 여러 가지 간식의 열량을 조사한 것입니다. 정민이가 호떡 3개와 붕어빵 4개를 먹었다면 **먹은 간식의 열량은 모두 몇 킬로칼로리인지** 풀이 과정을 쓰고, 답을 구하세요. (단, 각 간식의 열량은 일정합니다.)

간식	열량
핫도그 1개	245킬로칼로리
호떡 1개	183킬로칼로리
붕어빵 1개	98킬로칼로리

풀이

답

4 수민이와 성수가 먹은 빵의 열량을 조사한 것입니다. 수민이는 식빵 3조각과 모닝빵 4개를 먹었고, 성수는 모닝빵 5개와 소금빵 2개를 먹었습니다. 수민이와 성수 중 **누가 먹은 빵의 열량이 몇 킬로칼로리 더 많은지** 풀이 과정을 쓰고, 답을 구하세요. (단, 각 빵의 열량은 일정합니다.)

빵	열량
식빵 1조각	72킬로칼로리
모닝빵 1개	103킬로칼로리
소금빵 1개	221킬로칼로리

풀이

답   ,

5 오른쪽은 한 변의 길이가 78 cm 인 정사각형 5개를 겹치지 않게 이어 붙여서 만든 도형입니다. **빨간색 선의 길이는 몇 m 몇 cm 인지** 풀이 과정을 쓰고, 답을 구하세요.

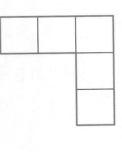

풀이

답

6 한 변의 길이가 1 m 56 cm이고 세 변의 길이가 같은 삼각형 3개와 정사각형 2개를 겹치지 않게 이어 붙여서 만든 도형입니다. **파란색 선의 길이는 몇 cm인지** 풀이 과정을 쓰고, 답을 구하세요.

풀이

답

> 남김없이 똑같이 나눌 때 더 필요한 물건의 수 구하기

1 구슬을 현서는 40개, 소정이는 50개 가지고 있습니다. 두 사람이 가진 구슬을 7명에게 남김없이 똑같이 나누어 주려면 **구슬은 적어도 몇 개 더 필요한지** 풀이 과정을 쓰고, 답을 구하세요.

조건 정리

• 현서가 가진 구슬 수: ☐ 개

• 소정이가 가진 구슬 수: ☐ 개

• 나누어 주는 사람 수: ☐ 명

풀이

❶ 두 사람이 가진 구슬 수 구하기

(두 사람이 가진 구슬 수)

= (현서가 가진 구슬 수) + (소정이가 가진 구슬 수)

= ☐ + ☐ = ☐ (개)

❷ 나누어 주고 남은 구슬 수 구하기

(두 사람이 가진 구슬 수) ÷ (나누어 주는 사람 수)

= ☐ ÷ ☐ = ☐ … ☐

→ 한 명에게 구슬을 ☐ 개씩 주고 ☐ 개가 남습니다.

❸ 적어도 더 필요한 구슬 수 구하기

7명에게 남김없이 똑같이 나누어 주려면

구슬은 적어도 7 − ☐ = ☐ (개) 더 필요합니다.

> 남김없이 똑같이 나누어 주려면 적어도 (나누는 수) − (나머지)만큼 더 필요하지!

답 ☐ 개

유사 **1-1** 감자를 나정이는 154개, 은호는 86개 캤습니다. 두 사람이 캔 감자를 9상자에 남김 없이 똑같이 나누어 담으려면 **감자는 적어도 몇 개 더 캐야 할지** 풀이 과정을 쓰고, 답을 구하세요.

(풀이)

_____

_____

_____

_____

(답) _____

발전 **1-2** 희선이는 한 상자에 4개씩 들어 있는 젤리를 19상자 샀습니다. 이 젤리를 6명에게 남김없이 똑같이 나누어 주려면 **젤리는 적어도 몇 개 더 필요한지** 풀이 과정을 쓰고, 답을 구하세요.

(1단계) 희선이가 산 젤리 수 구하기

_____

_____

(2단계) 나누어 주고 남은 젤리 수 구하기

_____

_____

(3단계) 적어도 더 필요한 젤리 수 구하기

_____

_____

(답) _____

같은 간격으로 놓을 때 필요한 물건의 수 구하기

2 길이가 88 m인 길 위에 4 m 간격으로 나무를 심으려고 합니다. 길의 처음부터 끝까지 나무를 심는다면 **필요한 나무는 모두 몇 그루인지** 풀이 과정을 쓰고, 답을 구하세요. (단, 나무의 두께는 생각하지 않습니다.)

4 m 4 m 4 m … 4 m 4 m
88 m

조건 정리

• 길의 길이: ☐ m

• 나무 사이의 간격: ☐ m

풀이 ❶ 나무 사이의 간격 수 구하기

(나무 사이의 간격 수)

=(길의 길이)÷(간격 한 군데의 길이)

=☐÷☐=☐(군데)

❷ 필요한 나무의 수 구하기

길의 처음과 끝에도 나무를 심어야 하므로

필요한 나무의 수는 간격 수보다 ☐만큼 더 큽니다.

(필요한 나무의 수)=(간격 수)+☐

=☐+☐=☐(그루)

길의 처음과 끝까지 심어야 하니까 (필요한 나무 수)=(간격 수)+1이야.

답 ☐그루

유사 2-1 길이가 140 m인 길 위에 5 m 간격으로 가로등을 세우려고 합니다. 길의 처음부터 끝까지 가로등을 세운다면 **필요한 가로등은 모두 몇 개인지** 풀이 과정을 쓰고, 답을 구하세요. (단, 가로등의 두께는 생각하지 않습니다.)

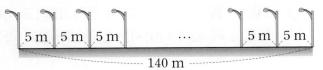

(풀이)

_____

_____

_____

_____

(답)

발전 2-2 오른쪽 그림과 같이 한 변의 길이가 87 m인 정사각형 모양의 정원이 있습니다. 정원의 네 변 위에 3 m 간격으로 씨앗을 심으려고 합니다. 네 꼭짓점에 반드시 씨앗을 심을 때 **필요한 씨앗은 모두 몇 개인지** 풀이 과정을 쓰고, 답을 구하세요. (단, 씨앗의 두께는 생각하지 않습니다.)

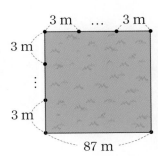

(1단계) 한 변에 심는 씨앗의 수 구하기

_____

_____

(2단계) 필요한 씨앗은 모두 몇 개인지 구하기

_____

_____

(답)

> 어떤 수를 구하여 계산하기

3 어떤 수를 9로 나누었더니 몫이 23이고 나머지가 6이었습니다. **어떤 수를 6으로 나누었을 때 몫과 나머지는 얼마인지** 풀이 과정을 쓰고, 답을 구하세요.

조건 정리
- 어떤 수를 ■라 할 때

  나눗셈식: ■÷9＝ ☐ ⋯ ☐

풀이
❶ 어떤 수 구하기

어떤 수를 ■라 하면

■÷9＝ ☐ ⋯ ☐ 입니다.

9× ☐ ＝ ☐

☐ ＋ ☐ ＝ ☐

어떤 수는 ☐ 입니다.

나누어지는 수를 구하려면 (나누는 수)×(몫)을 구한 값에 나머지를 더하면 돼!

❷ 어떤 수를 6으로 나누었을 때 몫과 나머지 구하기

어떤 수 ☐ 을 6으로 나누면

☐ ÷6＝ ☐ ⋯ ☐ 이므로

몫은 ☐ 이고, 나머지는 ☐ 입니다.

답 몫: ☐ , 나머지: ☐

유사 **3-1** 어떤 수를 8로 나누었더니 몫이 31이고 나머지가 3이었습니다. **어떤 수를 5로 나누었을 때 몫과 나머지는 얼마인지** 풀이 과정을 쓰고, 답을 구하세요.

풀이

답 몫: , 나머지:

발전 **3-2** 97을 어떤 수로 나누었더니 몫이 10이고 나머지가 7이었습니다. **352를 어떤 수로 나누었을 때 몫과 나머지는 얼마인지** 풀이 과정을 쓰고, 답을 구하세요.

1단계 식 세우기

2단계 어떤 수 구하기

3단계 352를 어떤 수로 나누었을 때 몫과 나머지 구하기

답 몫: , 나머지:

1 옥수수를 기정이는 49개, 수진이는 25개 땄습니다. 두 사람이 딴 옥수수를 6상자에 남김없이 똑같이 나누어 담으려면 **옥수수는 적어도 몇 개 더 따야 할지** 풀이 과정을 쓰고, 답을 구하세요.

풀이

답

2 은우는 한 상자에 22개씩 들어 있는 사탕을 13상자 샀습니다. 이 사탕을 9명에게 남김없이 똑같이 나누어 주려면 **사탕은 적어도 몇 개 더 필요한지** 풀이 과정을 쓰고, 답을 구하세요.

풀이

답

3 길이가 296 m인 길 위에 8 m 간격으로 가로수를 심으려고 합니다. 길의 처음부터 끝까지 가로수를 심는다면 **필요한 가로수는 모두 몇 그루인지** 풀이 과정을 쓰고, 답을 구하세요. (단, 가로수의 두께는 생각하지 않습니다.)

풀이

답

• 정답 55쪽

4 오른쪽 그림과 같이 한 변의 길이가 84 m인 정사각형 모양의 땅의 둘레에 6 m 간격으로 말뚝을 박으려고 합니다. 네 꼭짓점에 반드시 말뚝을 박을 때, **필요한 말뚝은 모두 몇 개인지** 풀이 과정을 쓰고, 답을 구하세요. (단, 말뚝의 두께는 생각하지 않습니다.)

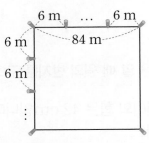

풀이

답

5 어떤 수를 5로 나누었더니 몫이 88이고 나머지가 4였습니다. **어떤 수를 7로 나누었을 때 몫과 나머지는 얼마인지** 풀이 과정을 쓰고, 답을 구하세요.

풀이

답 몫: , 나머지:

6 59를 어떤 수로 나누었더니 몫이 7이고 나머지가 3이었습니다. **677을 어떤 수로 나누었을 때 몫과 나머지는 얼마인지** 풀이 과정을 쓰고, 답을 구하세요.

풀이

답 몫: , 나머지:

> ⊙ 삼각형의 세 변의 길이의 합을 알 때 원의 반지름 구하기

1 삼각형 ㅇㄱㄴ의 세 변의 길이의 합은 42 cm입니다. **원의 반지름은 몇 cm인지 풀이 과정을 쓰고, 답을 구하세요.**

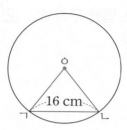

조건 정리

- 삼각형 ㅇㄱㄴ의 세 변의 길이의 합: ☐ cm
- 선분 ㄱㄴ의 길이: ☐ cm

풀이

❶ 선분 ㅇㄱ과 선분 ㅇㄴ의 길이의 합 구하기

(선분 ㅇㄱ과 선분 ㅇㄴ의 길이의 합)

= (삼각형 ㅇㄱㄴ의 세 변의 길이의 합) ― (선분 ㄱㄴ)

= ☐ ― ☐ = ☐ (cm)

❷ 원의 반지름 구하기

선분 ㅇㄱ과 선분 ㅇㄴ은 원의 반지름이므로

(선분 ㅇㄱ) = (선분 ㅇㄴ)입니다.

➔ (원의 반지름) = ☐ ÷ ☐ = ☐ (cm)

> 한 원에서 반지름의 길이는 항상 같아!

답 ☐ cm

유사 1-1 삼각형 ㄱㅇㄴ의 세 변의 길이의 합은 49 cm입니다. **원의 반지름은 몇 cm**인지 풀이 과정을 쓰고, 답을 구하세요.

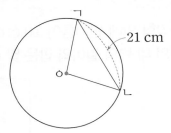

21 cm

풀이

답

발전 1-2 크기가 같은 원 2개를 서로 원의 중심이 지나도록 겹친 후 그림과 같이 삼각형을 그렸습니다. 삼각형의 세 변의 길이의 합이 15 cm일 때 **원의 반지름은 몇 cm**인지 풀이 과정을 쓰고, 답을 구하세요.

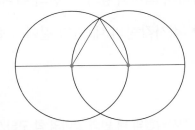

1단계 삼각형의 세 변의 길이의 합은 원의 반지름의 몇 배인지 구하기

2단계 원의 반지름 구하기

답

⊙ 원을 둘러싼 도형의 변의 길이의 합 구하기

2 직사각형 안에 반지름이 10 cm인 크기가 같은 원 2개를 꼭 맞게 그렸습니다. **직사각형의 네 변의 길이의 합은 몇 cm인지** 풀이 과정을 쓰고, 답을 구하세요.

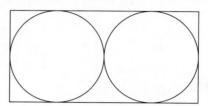

조건 정리

· 원의 반지름: ☐ cm

· 직사각형 안에 그려진 원의 수: ☐ 개

풀이

❶ 직사각형의 네 변의 길이의 합은 원의 지름의 몇 배인지 알아보기

(직사각형의 가로)＝(원의 지름의 ☐ 배)

(직사각형의 세로)＝(원의 지름)

따라서 직사각형의 네 변의 길이의 합은 원의 지름의 ☐ 배입니다.

➡ (직사각형의 네 변의 길이의 합)＝(원의 지름)× ☐

> 직사각형의 가로와 세로에 원의 지름이 몇 개씩 들어가는지 알아봐.

❷ 직사각형의 네 변의 길이의 합 구하기

원의 반지름이 ☐ cm이므로

(원의 지름)＝ ☐ × ☐ ＝ ☐ (cm)입니다.

➡ (직사각형의 네 변의 길이의 합)

＝ ☐ × ☐ ＝ ☐ (cm)

답 ☐ cm

유사 2-1 직사각형 안에 반지름이 7 cm인 크기가 같은 원 3개를 꼭 맞게 그렸습니다. **직사각형의 네 변의 길이의 합은 몇 cm인지** 풀이 과정을 쓰고, 답을 구하세요.

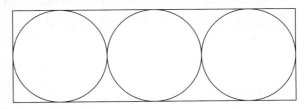

풀이

답

발전 2-2 그림과 같이 직사각형 안에 지름이 12 cm인 원 6개를 서로 원의 중심이 지나도록 꼭 맞게 그렸습니다. **직사각형의 네 변의 길이의 합은 몇 cm인지** 풀이 과정을 쓰고, 답을 구하세요.

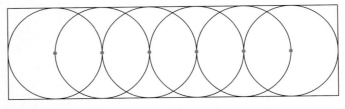

1단계 직사각형의 네 변의 길이의 합은 원의 반지름의 몇 배인지 구하기

2단계 직사각형의 네 변의 길이의 합 구하기

답

1 삼각형 ㄱㅇㄴ의 세 변의 길이의 합은 37 cm입니다. **원의 반지름은 몇 cm인지** 풀이 과정을 쓰고, 답을 구하세요.

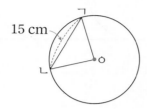

15 cm

풀이

답

2 크기가 같은 원 2개를 서로 원의 중심이 지나도록 겹친 후 오른쪽 그림과 같이 삼각형을 그렸습니다. 삼각형의 세 변의 길이의 합이 42 cm일 때 **원의 지름은 몇 cm인지** 풀이 과정을 쓰고, 답을 구하세요.

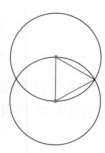

풀이

답

3 크기가 같은 원 2개를 서로 원의 중심이 지나도록 겹친 후 그림과 같이 사각형을 그렸습니다. 사각형의 네 변의 길이의 합이 36 cm일 때 **원의 반지름은 몇 cm인지** 풀이 과정을 쓰고, 답을 구하세요.

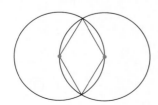

풀이

답

4 직사각형 안에 반지름이 4 cm인 크기가 같은 원 4개를 꼭 맞게 그렸습니다. **직사각형의 네 변의 길이의 합은 몇 cm인지** 풀이 과정을 쓰고, 답을 구하세요.

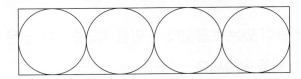

풀이

답

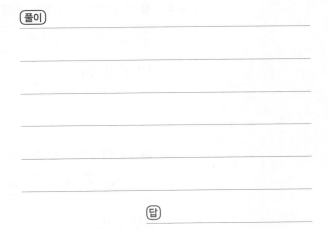

5 정사각형 안에 크기가 같은 원 4개를 꼭 맞게 그렸습니다. 정사각형의 네 변의 길이의 합이 64 cm일 때 **원의 반지름은 몇 cm인지** 풀이 과정을 쓰고, 답을 구하세요.

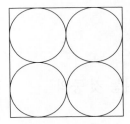

풀이

답

6 그림과 같이 직사각형 안에 지름이 22 cm인 원 8개를 서로 원의 중심이 지나도록 꼭 맞게 그렸습니다. **직사각형의 네 변의 길이의 합은 몇 cm인지** 풀이 과정을 쓰고, 답을 구하세요.

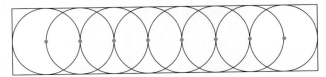

풀이

답

> **남은 양 구하기**

1 수정이는 한 상자에 8개씩 4줄로 들어 있는 초콜릿의 $\frac{3}{4}$ 만큼 먹었습니다. **남은 초콜 릿은 몇 개인지** 풀이 과정을 쓰고, 답을 구하세요.

조건 정리

• 한 상자에 들어 있는 초콜릿: ☐개씩 ☐줄

• 수정이가 먹은 초콜릿: 한 상자의 ☐

풀이

❶ 한 상자에 들어 있는 초콜릿 수 구하기

한 상자에 ☐개씩 ☐줄로 들어 있으므로

(초콜릿 수)= ☐ × ☐ = ☐(개)입니다.

❷ 수정이가 먹은 초콜릿 수 구하기

☐의 $\frac{3}{4}$ 은 ☐를 똑같이 4묶음으로 나눈 것 중의

3묶음이므로 ☐입니다.

수정이가 먹은 초콜릿은 ☐개입니다.

● 는 똑같이 ■로 나눈 것 중의 ●만큼이야.

❸ 남은 초콜릿 수 구하기

(수정이가 먹고 남은 초콜릿)

= (한 상자에 들어 있는 초콜릿 수) − (먹은 초콜릿 수)

= ☐ − ☐ = ☐(개)

답 ☐개

유사 **1-1** 길이가 12 m인 끈 5개를 겹치지 않게 이어 붙였습니다. 이어 붙인 끈의 $\frac{2}{3}$만큼 사용하였다면 **남은 끈은 몇 m인지** 풀이 과정을 쓰고, 답을 구하세요.

(풀이)

_____

_____

_____

_____

(답) _____

발전 **1-2** 지효는 딸기 45개를 준비했습니다. 지효는 45개의 $\frac{4}{9}$만큼을, 언니는 45개의 $\frac{2}{9}$만큼을 먹었습니다. **지효와 언니가 먹고 남은 딸기는 몇 개인지** 풀이 과정을 쓰고, 답을 구하세요.

(1단계) 지효가 먹은 딸기 수 구하기

_____

_____

(2단계) 언니가 먹은 딸기 수 구하기

_____

_____

(3단계) 지효와 언니가 먹고 남은 딸기 수 구하기

_____

_____

(답) _____

▷ 전체의 수 비교하기

2 준성이가 가지고 있는 구슬의 $\frac{5}{7}$ 는 20개이고, 아영이가 가지고 있는 구슬의 $\frac{4}{5}$ 는 28개입니다. 준성이와 아영이 중에서 **가지고 있는 구슬이 더 많은 사람은 누구인지** 풀이 과정을 쓰고, 답을 구하세요.

조건
정리

• 준성이가 가지고 있는 구슬의 $\frac{5}{7}$: ☐ 개

• 아영이가 가지고 있는 구슬의 $\frac{4}{5}$: ☐ 개

풀이

❶ 준성이가 가지고 있는 구슬 수 구하기

준성이가 가지고 있는 구슬의 $\frac{5}{7}$ 가 20개이므로

구슬의 $\frac{1}{7}$ 은 ☐ ÷ 5 = ☐ (개)입니다.

(준성이가 가지고 있는 구슬 수)

= ☐ × 7 = ☐ (개)

▲의 $\frac{5}{7}$ 가 ●이면,
▲의 $\frac{1}{7}$ 은 (● ÷ 5)야.

❷ 아영이가 가지고 있는 구슬 수 구하기

아영이가 가지고 있는 구슬의 $\frac{4}{5}$ 가 28개이므로

구슬의 $\frac{1}{5}$ 은 ☐ ÷ 4 = ☐ (개)입니다.

(아영이가 가지고 있는 구슬 수)

= ☐ × 5 = ☐ (개)

▲의 $\frac{1}{5}$ 이 ■이면
▲ = ■ × 5야.

❸ 가지고 있는 구슬이 더 많은 사람 구하기

☐ < ☐ 이므로 가지고 있는 구슬이 더 많은 사람은

☐ 입니다.

답 ☐

유사 2-1 은호가 가지고 있는 색 테이프의 $\dfrac{5}{8}$는 30 m이고, 선미가 가지고 있는 색 테이프의 $\dfrac{8}{11}$은 32 m입니다. 은호와 선미 중에서 **가지고 있는 색 테이프의 길이가 더 긴 사람은 누구인지** 풀이 과정을 쓰고, 답을 구하세요.

(풀이)

(답)

발전 2-2 **색종이를 가장 많이 가지고 있는 사람은 누구인지** 풀이 과정을 쓰고, 답을 구하세요.

내가 가지고 있는 색종이의 $\dfrac{2}{3}$는 40장이야.

내가 가지고 있는 색종이의 $\dfrac{4}{7}$는 36장이야.

내가 가지고 있는 색종이의 $\dfrac{5}{9}$는 40장이야.

현우   연서   주경

(1단계) 현우, 연서, 주경이가 가지고 있는 색종이 수 구하기

(2단계) 색종이를 가장 많이 가지고 있는 사람 구하기

(답)

⊙ ☐ 안에 들어갈 수 있는 수 구하기

3 ■에 알맞은 자연수를 모두 구하려고 합니다. 풀이 과정을 쓰고, 답을 구하세요.

$$\frac{5}{7} < \frac{■}{7} < 1\frac{3}{7}$$

조건
정리

· $\frac{■}{7}$는 ☐ 보다 크고 ☐ 보다 작습니다.

풀이

❶ $1\frac{3}{7}$을 가분수로 나타내기

1을 분모가 7인 분수로 나타내면 $\frac{\boxed{}}{7}$이므로

$1\frac{3}{7}$을 가분수로 나타내면 $\frac{\boxed{}}{7}$입니다.

대분수를 가분수로 나타낼 때에는 자연수 부분을 진분수와 분모가 같은 가분수로 나타내야 해.

❷ ■에 알맞은 자연수 구하기

$\frac{5}{7} < \frac{■}{7} < \frac{\boxed{}}{7}$에서 분모가 모두 7이므로

분자를 비교하면 $5 < ■ < \boxed{}$입니다.

따라서 ■에 알맞은 자연수는

$\boxed{}$, $\boxed{}$, $\boxed{}$, $\boxed{}$입니다.

분모가 같은 진분수와 가분수는 분자가 클수록 더 큰 분수야.

답 $\boxed{}$, $\boxed{}$, $\boxed{}$, $\boxed{}$

유사 **3-1** ☐ 안에 들어갈 수 있는 자연수를 모두 구하려고 합니다. 풀이 과정을 쓰고, 답을 구하세요.

$$3\frac{5}{8} < \frac{\square}{8} < 4\frac{1}{8}$$

풀이

답

발전 **3-2** ☐ 안에 공통으로 들어갈 수 있는 자연수는 모두 몇 개인지 풀이 과정을 쓰고, 답을 구하세요.

$$\frac{47}{5} < \square$$

$$\frac{\square}{4} < 3\frac{1}{4}$$

1단계 $\frac{47}{5} < \square$에서 ☐ 안에 들어갈 수 있는 수 구하기

2단계 $\frac{\square}{4} < 3\frac{1}{4}$에서 ☐ 안에 들어갈 수 있는 수 구하기

3단계 ☐ 안에 공통으로 들어갈 수 있는 자연수의 개수 구하기

답

1 현희는 한 상자에 8개씩 9줄로 들어 있는 귤의 $\dfrac{7}{12}$ 만큼 지민이에게 주었습니다. **남은 귤은 몇 개인지** 풀이 과정을 쓰고, 답을 구하세요.

풀이

답

2 길이가 72 cm인 나무 막대가 있습니다. 72 cm의 $\dfrac{2}{9}$ 는 빨간색, 72 cm의 $\dfrac{5}{12}$ 는 주황색, 나머지는 모두 파란색으로 색칠했습니다. **파란색으로 색칠한 부분은 몇 cm인지** 풀이 과정을 쓰고, 답을 구하세요.

풀이

답

3 강당에 있는 학생의 $\dfrac{3}{5}$ 인 18명이 안경을 썼고, 도서관에 있는 학생의 $\dfrac{7}{12}$ 인 21명이 안경을 썼습니다. **강당과 도서관 중 어느 곳에 학생이 더 많은지** 풀이 과정을 쓰고, 답을 구하세요.

풀이

답

4 ㉠, ㉡, ㉢에 알맞은 수를 구하여 **큰 수부터 차례로 기호**를 쓰려고 합니다. 풀이 과정을 쓰고, 답을 구하세요.

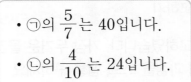

- ㉠의 $\dfrac{5}{7}$ 는 40입니다.
- ㉡의 $\dfrac{4}{10}$ 는 24입니다.
- ㉢의 $\dfrac{6}{11}$ 은 36입니다.

풀이

답

5 ☐ 안에 들어갈 수 있는 자연수를 모두 구하려고 합니다. 풀이 과정을 쓰고, 답을 구하세요.

$$\dfrac{15}{7} < \square < \dfrac{48}{7}$$

풀이

답

6 ☐ 안에 공통으로 들어갈 수 있는 자연수는 모두 몇 개인지 풀이 과정을 쓰고, 답을 구하세요.

$$\dfrac{41}{6} < \square \qquad \dfrac{\square}{7} < 1\dfrac{4}{7}$$

풀이

답

작은 단위를 사용하여 잰 물건의 무게 비교하기

1 바둑돌을 사용하여 세 물건의 무게를 비교하였습니다. **가장 무거운 물건의 무게는 가장 가벼운 물건의 무게의 몇 배인지** 풀이 과정을 쓰고, 답을 구하세요.

물건	연필	필통	지우개
바둑돌의 수(개)	8	24	16

조건 정리

• (연필의 무게)＝(바둑돌 ☐ 개의 무게)

• (필통의 무게)＝(바둑돌 ☐ 개의 무게)

• (지우개의 무게)＝(바둑돌 ☐ 개의 무게)

풀이

❶ 가장 가벼운 물건과 가장 무거운 물건 구하기

바둑돌의 수를 비교하면 ☐ ＞ ☐ ＞ ☐ 이므로

가장 무거운 물건은 (연필 , 필통 , 지우개)이고

가장 가벼운 물건은 (연필 , 필통 , 지우개)입니다.

사용한 바둑돌이 더 많을수록 무거운 물건이야.

❷ 가장 무거운 물건의 무게는 가장 가벼운 물건의 무게의 몇 배인지 구하기

필통은 바둑돌 ☐ 개의 무게와 같고,

연필은 바둑돌 ☐ 개의 무게와 같습니다.

➜ 필통의 무게는 연필의 무게의

☐ ÷ ☐ ＝ ☐ (배)입니다.

답 ☐ 배

유사 **1-1** 클립을 사용하여 세 물건의 무게를 비교하였습니다. **가장 무거운 물건의 무게는 가장 가벼운 물건의 무게의 몇 배인지** 풀이 과정을 쓰고, 답을 구하세요.

물건	물감	붓	사인펜
클립의 수(개)	30	6	18

풀이

답

5
단원

발전 **1-2** 배, 복숭아, 감의 무게를 다음과 같이 비교하였습니다. **가장 무거운 과일 1개의 무게는 가장 가벼운 과일 1개의 무게의 몇 배인지** 풀이 과정을 쓰고, 답을 구하세요.
(단, 각 종류별로 1개의 무게가 같습니다.)

배
2개
복숭아
4개

복숭아
2개
감
3개

1단계 배 2개의 무게는 복숭아와 감으로 각각 몇 개인지 구하기

2단계 가장 무거운 과일과 가장 가벼운 과일 구하기

3단계 가장 무거운 과일 1개의 무게는 가장 가벼운 과일 1개의 무게의 몇 배인지 구하기

답

> **수도에서 나온 물의 양 알아보기**

2 ㉠ 수도로 물을 2분 동안 채우면 가득 채워지는 수조가 있습니다. 빈 수조에 ㉡ 수도로 물을 2분 동안 채웠습니다. 각 수도에서 나오는 물의 양이 일정할 때 **이 수조를 가득 채우려면 물을 몇 L 몇 mL 더 넣어야 하는지** 풀이 과정을 쓰고, 답을 구하세요.

1분 동안 나오는 물의 양

㉠ 수도	㉡ 수도
3 L 400 mL	1 L 800 mL

조건 정리

- ㉠ 수도에서 1분 동안 나오는 물의 양: ☐ L ☐ mL
- ㉡ 수도에서 1분 동안 나오는 물의 양: ☐ L ☐ mL

풀이 ❶ 수조의 들이 구하기

㉠ 수도로 물을 2분 동안 채우면 가득 채워지므로

(수조의 들이) = ☐ L ☐ mL + ☐ L ☐ mL

= ☐ L ☐ mL입니다.

> (수조의 들이)
> =(㉠ 수도에서 2분 동안 나오는 물의 양)
> =(㉠ 수도에서 1분 동안 나오는 물의 양)
> +(㉠ 수도에서 1분 동안 나오는 물의 양)

❷ ㉡ 수도로 2분 동안 빈 수조에 채운 물의 양 구하기

(㉡ 수도로 2분 동안 채운 물의 양)

= ☐ L ☐ mL + ☐ L ☐ mL

= ☐ L ☐ mL

❸ 수조에 더 넣어야 하는 물의 양 구하기

(수조에 더 넣어야 하는 물의 양)

= ☐ L ☐ mL − ☐ L ☐ mL

= ☐ L ☐ mL

답 ☐ L ☐ mL

유사 2-1 ㉠ 수도로 물을 3분 동안 채우면 가득 채워지는 욕조가 있습니다. 빈 욕조에 ㉡ 수도로 물을 2분 동안 채웠습니다. 각 수도에서 나오는 물의 양이 일정할 때 **이 욕조를 가득 채우려면 물을 몇 L 몇 mL 더 넣어야 하는지** 풀이 과정을 쓰고, 답을 구하세요.

1분 동안 나오는 물의 양

㉠ 수도	㉡ 수도
8 L 500 mL	4 L 900 mL

풀이

답

발전 2-2 ㉠ 수도로 물을 3분 동안 채우면 가득 채워지는 가 어항과 ㉡ 수도로 물을 4분 동안 채우면 가득 채워지는 나 어항이 있습니다. 각 수도에서 나오는 물의 양이 일정할 때 **가 어항과 나 어항 중 어느 어항에 물이 몇 L 몇 mL 더 들어가는지** 풀이 과정을 쓰고, 답을 구하세요.

1분 동안 나오는 물의 양

㉠ 수도	㉡ 수도
6 L 400 mL	5 L 600 mL

1단계 가 어항의 들이 구하기

2단계 나 어항의 들이 구하기

3단계 가 어항과 나 어항 중 어느 어항에 물이 몇 L 몇 mL 더 들어가는지 구하기

답   ,

> **물건 한 개의 무게 구하기**

3 파인애플 3개와 한라봉 2개를 저울에 올려놓았더니 8 kg 200 g이었습니다. 파인애플 한 개의 무게가 2 kg 300 g이라면 **한라봉 한 개의 무게는 몇 g**인지 풀이 과정을 쓰고, 답을 구하세요. (단, 각 종류별로 1개의 무게가 같습니다.)

조건 정리

• (파인애플 3개의 무게)＋(한라봉 2개의 무게)＝ ☐ kg ☐ g

• 파인애플 한 개의 무게: 2 kg 300 g

풀이

❶ 파인애플 3개의 무게 구하기

(파인애플 3개의 무게)

＝2 kg 300 g＋2 kg 300 g＋2 kg 300 g

＝ ☐ kg ☐ g

❷ 한라봉 2개의 무게 구하기

(한라봉 2개의 무게)

＝ ☐ kg ☐ g － ☐ kg ☐ g

＝ ☐ kg ☐ g

> 한라봉 2개의 무게는
> (파인애플 3개의 무게)＋(한라봉 2개의 무게)에서
> 파인애플 3개의 무게를 빼면 구할 수 있어.

❸ 한라봉 한 개의 무게 구하기

한라봉 2개의 무게는 ☐ g이므로

■＋■＝ ☐ g에서 ■＝ ☐ g입니다.

따라서 한라봉 한 개의 무게는 ☐ g입니다.

답 ☐ g

유사 **3-1** 무 3개와 당근 5개를 저울에 올려놓았더니 7 kg 600 g이었습니다. 무 한 개의 무게가 1 kg 700 g이라면 **당근 한 개의 무게는 몇 g인지** 풀이 과정을 쓰고, 답을 구하세요. (단, 각 종류별로 1개의 무게가 같습니다.)

풀이

답

발전 **3-2** 컵 4개와 숟가락 3개의 무게의 합은 1 kg 60 g이고 컵 6개와 숟가락 3개의 무게의 합은 1500 g입니다. **숟가락 한 개의 무게는 몇 g인지** 풀이 과정을 쓰고, 답을 구하세요. (단, 각 종류별로 1개의 무게가 같습니다.)

1단계 컵 2개의 무게 구하기

2단계 컵 4개의 무게 구하기

3단계 숟가락 한 개의 무게 구하기

답

1 공깃돌을 사용하여 세 물건의 무게를 비교하였습니다. 가장 무거운 물건의 무게는 가장 가벼운 물건의 무게의 몇 배인지 풀이 과정을 쓰고, 답을 구하세요.

물건	계산기	휴대 전화	태블릿 PC
공깃돌의 수	5개	10개	35개

풀이

답

2 테이프, 풀, 자의 무게를 다음과 같이 비교하였습니다. 가장 무거운 물건 1개의 무게는 가장 가벼운 물건 1개의 무게의 몇 배인지 풀이 과정을 쓰고, 답을 구하세요.

테이프 1개 / 풀 2개 / 풀 4개 / 자 10개

풀이

답

3 ㉠ 수도로 물을 4분 동안 채우면 가득 채워지는 수조가 있습니다. 빈 수조에 ㉡ 수도로 물을 3분 동안 채웠습니다. **이 수조를 가득 채우려면 물을 몇 L 몇 mL 더 넣어야 하는지** 풀이 과정을 쓰고, 답을 구하세요. (단, 각 수도에서 나오는 물의 양은 일정합니다.)

1분 동안 나오는 물의 양

㉠ 수도	㉡ 수도
4 L 400 mL	1 L 700 mL

풀이

답

4 ㉠ 수도로 물을 4분 동안 채우면 가득 채워지는 항아리와 ㉡ 수도로 물을 2분 동안 채우면 가득 채워지는 어항이 있습니다. **항아리와 어항 중 어느 것이 물이 몇 L 몇 mL 더 들어가는지** 풀이 과정을 쓰고, 답을 구하세요. (단, 각 수도에서 나오는 물의 양은 일정합니다.)

1분 동안 나오는 물의 양

㉠ 수도	㉡ 수도
3 L 900 mL	6 L 700 mL

풀이

답   ,

5 단원

5 동화책 4권과 만화책 7권을 저울에 올려놓았더니 5 kg 350 g이었습니다. 동화책 한 권의 무게가 900 g이라면 **만화책 한 권의 무게는 몇 g인지** 풀이 과정을 쓰고, 답을 구하세요. (단, 각 종류별로 1권의 무게가 같습니다.)

풀이

답

6 망고 6개와 오렌지 9개의 무게의 합은 7050 g이고 망고 2개와 오렌지 5개의 무게의 합은 3 kg 450 g입니다. **망고 한 개와 오렌지 한 개의 무게의 합은 몇 g인지** 풀이 과정을 쓰고, 답을 구하세요. (단, 각 종류별로 1개의 무게가 같습니다.)

풀이

답

> **그림그래프를 보고 모르는 수량 구하기**

1 은진이네 학교 3학년 학생 125명이 좋아하는 과일을 조사하여 나타낸 그림그래프입니다. **딸기를 좋아하는 학생은 몇 명인지** 풀이 과정을 쓰고, 답을 구하세요.

좋아하는 과일별 학생 수

과일	학생 수
사과	☺ ☺ ☺ ☺ ☺ ☺ ☺
딸기	
포도	☺ ☺ ☺ ☺ ☺ ☺ ☺
참외	☺ ☺ ☺ ☺ ☺ ☺ ☺ ☺

☺ 10명
☺ 1명

조건 정리
- 좋아하는 과일: 사과, 딸기, 포도, 참외
- 은진이네 학교 3학년 학생 수: ☐명

풀이

❶ 사과, 포도, 참외를 좋아하는 학생 수 구하기

- 사과를 좋아하는 학생: ☐명
- 포도를 좋아하는 학생: ☐명
- 참외를 좋아하는 학생: ☐명

> 큰 그림은 10명을 나타내고, 작은 그림은 1명을 나타내!

❷ 딸기를 좋아하는 학생 수 구하기

은진이네 학교 3학년 학생이 ☐명이므로

(딸기를 좋아하는 학생)

= ☐ − ☐ − ☐ − ☐ = ☐(명)입니다.
    사과 포도 참외

답 ☐명

유사 **1-1** 오른쪽은 과수원별 포도 생산량을 조사 하여 나타낸 그림그래프입니다. 전체 포도 생산량이 1530 kg일 때, **푸른 과수원의 포도 생산량은 몇 kg인지** 풀이 과정을 쓰고, 답을 구하세요.

과수원별 포도 생산량

과수원	포도 생산량
맛나	🍇🍇🍇🍇 🍇 🍇
상큼	🍇🍇 🍇🍇🍇🍇🍇
아름	🍇🍇🍇🍇 🍇
푸른	

🍇 100 kg
🍇 10 kg

(풀이)

_____

_____

_____

(답)

발전 **1-2** 오른쪽은 마을별 감자 생산량을 조사하여 나 타낸 그림그래프입니다. 네 마을의 전체 감 자 생산량이 1140 kg일 때, **라 마을의 감자 생산량은 가 마을의 감자 생산량보다 몇 kg 더 많은지** 풀이 과정을 쓰고, 답을 구하세요.

마을별 감자 생산량

마을	감자 생산량
가	
나	🥔🥔🥔🥔 🔵🔵🔵🔵
다	🥔🥔 🔵🔵🔵🔵🔵🔵
라	🥔🥔🥔 🔵🔵

🥔 100 kg 🔵 10 kg

(1단계) 나, 다, 라 마을의 감자 생산량 구하기

_____

_____

(2단계) 가 마을의 감자 생산량 구하기

_____

_____

(3단계) 라 마을의 감자 생산량은 가 마을의 감자 생산량보다 몇 kg 더 많은지 구하기

_____

_____

(답)

⊙ 합계를 구하여 문제 해결하기

2 오른쪽은 3월부터 5월까지 모은 빈 병을 조사하여 나타낸 그림그래프입니다. 빈 병 한 개의 가격이 50원일 때 **3월부터 5월까지 모은 빈 병을 모두 팔아서 벌 수 있는 돈은 얼마인지** 풀이 과정을 쓰고, 답을 구하세요.

월별 모은 빈 병의 수

월	빈 병의 수
3월	🍾🍾🍾 🍶🍶🍶🍶
4월	🍶🍶🍶🍶🍶🍶🍶🍶
5월	🍾🍾 🍶🍶

🍾10개
🍶1개

조건 정리
· 3월부터 5월까지 모은 빈 병의 수를 나타낸 그림그래프
· 빈 병 한 개의 가격: ☐ 원

풀이

❶ 월별 모은 빈 병 수의 합 구하기

3월에 모은 빈 병의 수: ☐ 개

4월에 모은 빈 병의 수: ☐ 개

5월에 모은 빈 병의 수: ☐ 개

(3월부터 5월까지 모은 빈 병의 수)

= ☐ + ☐ + ☐ = ☐ (개)
　3월　　4월　　5월

❷ 3월부터 5월까지 모은 빈 병을 모두 팔아 벌 수 있는 돈 구하기

빈 병 한 개의 가격은 ☐ 원이므로

(빈 병을 팔아 벌 수 있는 돈)

= ☐ × ☐ = ☐ (원)입니다.

(빈 병을 팔아 벌 수 있는 돈)
=(모은 빈 병의 수)
×(빈 병 한 개의 값)

답 ☐ 원

유사 2-1 가게에서 하루 동안 팔린 쿠키 수를 조사하여 나타낸 그림그래프입니다. 쿠키 한 개의 가격이 90원일 때, **하루 동안 팔린 쿠키의 값은 모두 얼마인지** 풀이 과정을 쓰고, 답을 구하세요.

하루 동안 팔린 종류별 쿠키 수

종류	쿠키 수
버터 쿠키	●●● ●●●●●
초콜릿 쿠키	●●●● ●●●
땅콩 쿠키	● ●●

● 10개
● 1개

(풀이)

(답)

발전 2-2 오른쪽은 어느 지역의 한 달 동안 농장별 애호박 생산량을 조사하여 나타낸 그림그래프입니다. 농장 4곳에서 생산한 애호박을 **한 상자에 5 kg씩 담으려면 필요한 상자는 모두 몇 개인지** 풀이 과정을 쓰고, 답을 구하세요.

농장별 애호박 생산량

농장	애호박 생산량
아침	
새벽	
은하수	
희망	

10 kg
1 kg

(1단계) 애호박 생산량의 합 구하기

(2단계) 필요한 상자 수 구하기

(답)

> **그림그래프를 보고 판매량 구하기**

3 어느 마을의 가게별 하루 동안 판매한 핫도그 수를 나타낸 그림그래프입니다. 네 가게에서 하루 동안 판매한 핫도그는 모두 198개이고, 가 가게와 다 가게의 핫도그 판매량은 같습니다. **가 가게의 핫도그 판매량은 몇 개인지** 풀이 과정을 쓰고, 답을 구하세요.

가게별 판매한 핫도그 수

가	나 🌭🌭🌭🌭🌭
다	라 🌭🌭🌭🌭🌭🌭

🌭 10개
🌿 1개

조건 정리
- 네 가게에서 하루 동안 판매한 핫도그 수: ☐ 개
- (가 가게의 핫도그 판매량)=(다 가게의 핫도그 판매량)

풀이   ❶ 가 가게와 다 가게의 핫도그 판매량의 합 구하기

나 가게의 핫도그 판매량은 ☐ 개이고,

라 가게의 핫도그 판매량은 ☐ 개입니다.

(가 가게와 다 가게의 핫도그 판매량의 합)

= ☐ − ☐ − ☐ = ☐ (개)

❷ 가 가게의 핫도그 판매량 구하기

(가 가게의 핫도그 판매량)

= (다 가게의 핫도그 판매량)

= ☐ ÷2= ☐ (개)

> (가 가게의 핫도그 판매량)
> =(다 가게의 핫도그 판매량)
> =(가 가게와 다 가게의 핫도그 판매량의 합)÷2

답 ☐ 개

유사 3-1 오른쪽은 어느 병원의 하루 동안 진료 과목별 환자 수를 조사하여 나타낸 그림그래프입니다. 이 병원에서 하루 동안 진료한 환자는 모두 800명이고, 내과 환자 수는 안과 환자 수의 2배입니다. **내과 환자와 안과 환자는 각각 몇 명인지 풀이 과정을 쓰고, 답을 구하세요.**

진료 과목별 환자 수

내과	외과
	✚ ✚ ✚ ✚ ✚
피부과	안과
✚ ✚ ✚	

✚ 100명 ✚ 10명

(풀이)

(답) 내과: , 안과:

발전 3-2 오른쪽은 어느 박물관의 월별 방문객 수를 조사하여 나타낸 그림그래프입니다. 5월부터 8월까지 방문객 수의 합은 2540명이고, 8월 방문객은 7월 방문객의 2배입니다. **방문객이 가장 많은 달과 가장 적은 달의 차는 몇 명인지 풀이 과정을 쓰고, 답을 구하세요.**

월별 방문객 수

월	방문객 수
5월	◎◎◎◎◎◎△△△△△
6월	◎◎◎△△△△△
7월	
8월	

◎ 100명 △ 10명

(1단계) 7월과 8월의 방문객 수의 합 구하기

(2단계) 7월과 8월의 방문객 수 각각 구하기

(3단계) 방문객이 가장 많은 달과 가장 적은 달의 차 구하기

(답)

1 마을별 사과나무 수를 조사하여 나타낸 그림그래프입니다. 전체 사과나무가 94그루일 때, **라 마을의 사과나무는 몇 그루인지** 풀이 과정을 쓰고, 답을 구하세요.

마을별 사과나무 수

가	나	다	라

🍎 10그루
🍎 1그루

풀이

답

2 마을별 고구마 생산량을 조사하여 나타낸 그림그래프입니다. 세 마을의 전체 고구마 생산량이 1160 kg일 때, **미래 마을의 고구마 생산량은 싱싱 마을의 고구마 생산량보다 몇 kg 더 많은지** 풀이 과정을 쓰고, 답을 구하세요.

마을별 고구마 생산량

마을	고구마 생산량
싱싱	
희망	
미래	

🍠 100 kg
🍠 10 kg

풀이

답

3 가게에서 하루 동안 팔린 머리핀 수를 조사하여 나타낸 그림그래프입니다. 머리핀 한 개의 가격이 100원일 때, **하루 동안 팔린 머리핀 값은 모두 얼마인지** 풀이 과정을 쓰고, 답을 구하세요.

모양별 팔린 머리핀 수

모양	머리핀 수
꽃	
별	
하트	

⭐ 10개
⭐ 1개

풀이

답

4 반별로 모은 신문지의 무게를 조사하여 나타낸 그림그 래프입니다. 네 반이 모은 신문지를 **8 kg씩 묶는다면 모두 몇 묶음이 되는지** 풀이 과정을 쓰고, 답을 구하세요.

반별 모은 신문지의 무게

반	신문지의 무게
1반	
2반	
3반	
4반	

10 kg
1 kg

풀이

답

---

5 마을별 쓰레기 배출량을 조사하여 나타낸 그림그래프 입니다. 네 마을의 전체 쓰레기 배출량의 합은 1870 kg이고, 가 마을의 배출량은 나 마을의 배출량 의 2배입니다. **쓰레기 배출량이 가장 많은 마을과 가장 적은 마을의 배출량의 차는 몇 kg인지** 풀이 과정을 쓰고, 답을 구하세요.

마을별 쓰레기 배출량

마을	쓰레기 배출량
가	
나	
다	
라	

100 kg
10 kg

풀이

답

문학, 비문학에 맞는 바른 독해법부터, 독해력을 키우는 어휘 학습까지!

#초등문해력 #완벽라인업
#빠작

믿고 보는
초등 국어
베스트셀러
빠작 3총사

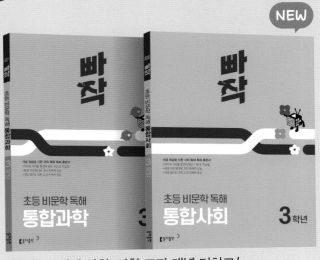

비문학 독해에 사회, 과학 교과 개념 더하고!

초등 눈높이에 맞는 문법까지!

동아출판

큐브 유형

서술형 강화책 │ 초등 수학 **3·2**

엄마표 학습 큐브

큡챌린지란?

큐브로 6주간 매주 자녀와
학습한 내용을 기록하고,
같은 목표를 가진 엄마들과 소통하며
함께 성장할 수 있는
엄마표 학습단입니다.

큡챌린지 이런 점이 좋아요

동기부여
계획적인 학습
학습고민 나눔
학습 혜택

학습 스케줄

매일 **4**쪽씩 학습!

학습 방법	비율
주 5회 매일 4쪽	39%
주 5회 매일 2쪽	15%
1주에 한 단원 끝내기	17%
기타(개별 진도 등)	29%

엄마표 학습, 큐브로 시작!

큡챌린지

수학은

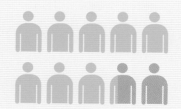

6주 학습 완주자 → 완주 **83%**

만족 **98%** ← 학습단 참여 만족도

학습 태도 변화

습관
형성

성취감

자신감

학습단 참여 후 우리 아이는
"꾸준히 학습하는 습관이 잡혔어요."
"성취감이 높아졌어요."
"수학에 자신감이 생겼어요."

학습 지속률

10명 중 8.3명

학습 참여자 2명 중 1명은

6주 간 **1**권 끝!

큐브 유형

초등 수학

3·2

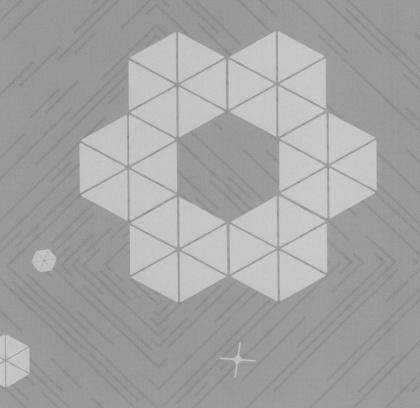

모바일 쉽고 편리한 빠른 정답

정답 및 풀이

 동아출판

정답 및 풀이

모바일 빠른 정답
QR코드를 찍으면 **정답 및 풀이**를 쉽고 빠르게
확인할 수 있습니다.

모바일 빠른 정답
QR코드를 찍으면 **정답 및 풀이**를
쉽고 빠르게 확인할 수 있습니다.

1 곱셈

008쪽 1 STEP 개념 확인하기

01 600, 20, 4, 624   **02** 600, 90, 3, 693
03 906   **04** 848
05 802   **06** 669

01 $312 \times 2 = 600 + 20 + 4 = 624$

02 $231 \times 3 = 600 + 90 + 3 = 693$

009쪽 1 STEP 개념 확인하기

01 127, 2, 254   **02** 214, 3, 642
03

$$
\begin{array}{r}
4\ 2\ 9 \\
\times \quad\quad 2 \\
\hline
1\ 8 \ \leftarrow \quad 9 \times 2 \\
4\ 0 \ \leftarrow \ 20 \times 2 \\
8\ 0\ 0 \ \leftarrow 400 \times 2 \\
\hline
8\ 5\ 8
\end{array}
$$

04 2 / 351   **05** 2 / 824
06 1 / 975

01 수 모형이 127개씩 2묶음 있습니다.
→ $127 \times 2 = 254$

02 수 모형이 214개씩 3묶음 있습니다.
→ $214 \times 3 = 642$

010쪽 1 STEP 개념 확인하기

01

$$
\begin{array}{r}
1\ 4\ 1 \\
\times \quad\quad 6 \\
\hline
6 \ \leftarrow \quad 1 \times 6 \\
2\ 4\ 0 \ \leftarrow \ 40 \times 6 \\
6\ 0\ 0 \ \leftarrow 100 \times 6 \\
\hline
8\ 4\ 6
\end{array}
$$

02

$$
\begin{array}{r}
5\ 2\ 3 \\
\times \quad\quad 3 \\
\hline
9 \ \leftarrow \quad 3 \times 3 \\
6\ 0 \ \leftarrow \ 20 \times 3 \\
1\ 5\ 0\ 0 \ \leftarrow 500 \times 3 \\
\hline
1\ 5\ 6\ 9
\end{array}
$$

03

$$
\begin{array}{r}
4\ 8\ 2 \\
\times \quad\quad 4 \\
\hline
8 \ \leftarrow \quad 2 \times 4 \\
3\ 2\ 0 \ \leftarrow \ 80 \times 4 \\
1\ 6\ 0\ 0 \ \leftarrow 400 \times 4 \\
\hline
1\ 9\ 2\ 8
\end{array}
$$

04 2, 1 / 888   **05** 2, 1 / 2324
06 1 / 1256   **07** 1 / 1959

04 일의 자리에서 올림한 수는 십의 자리 위에 작게 적고, 십의 자리에서 올림한 수는 백의 자리 위에 작게 적습니다.

011쪽 1 STEP 개념 확인하기

01 4, 360, 3600
02 방법1 2, 62, 620 / 방법2 2, 2, 620
03 100, 1600   **04** 10, 750
05 32, 3200   **06** 81, 810
07 192, 1920

01 90×40에서 40을 4×10으로 생각하여 90에 4를 먼저 곱한 다음 10을 곱합니다.

02 방법1 31에 20의 2를 먼저 곱한 다음 10을 곱합니다.
방법2 31에 20의 10을 먼저 곱한 다음 2를 곱합니다.

03 (몇십)×(몇십)은 (몇)×(몇)의 100배로 계산할 수 있습니다.

04 (몇십몇)×(몇십)은 (몇십몇)×(몇)의 10배로 계산할 수 있습니다.

01 342, 2, 684 / 풀이 342, 2, 342, 2, 684

01 (1) 363 (2) 806

02 (1) (2)

03 868

04 112×4=448(또는 112×4) / 448

05 1단계 예 100이 3개이면 300, 10이 4개이면 40
이므로 340입니다. ▶2점

2단계 340×2=680입니다. ▶3점

답 680

02 478 / 풀이 18, 십

06 (왼쪽에서부터) 300, 270, 6 / 576

07 ( ) ( ) (○)

08 20

09 1628

03 2184 / 풀이 1, 2184

10 (1) 1389 (2) 980

11
```
        2 3
      8 6 9
    ×     4
    3 4 7 6
```

02 (1)
```
    2 3 3
  ×     3
    6 9 9
```
(2)
```
    3 2 4
  ×     2
    6 4 8
```

03 434×2=868

04 112+112+112+112=112×4=448
└──────4번──────┘

06 192=100+90+2이므로
192×3=300+270+6=576입니다.

07
```
      2
    2 1 5
  ×     4
    8 6 0
```

08 □ 안의 수는 일의 자리에서 십의 자리로 올림한 수
이므로 실제로 나타내는 수는 20입니다.

09 814의 2배 ➔ 814×2=1628

10 (1)
```
      1
    4 6 3
  ×     3
  1 3 8 9
```
(2)
```
    1 2
    2 4 5
  ×     4
    9 8 0
```

12

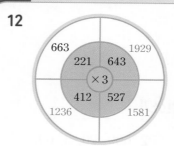

13 3186

14 1842

04 286개 / 풀이 143, 2, 286

15 250, 1500

16 1단계 예 일주일은 7일입니다. ▶2점

2단계 리아가 일주일 동안 하는 줄넘기 횟수는
모두 191×7=1337(번)입니다. ▶3점

답 1337번

17 344×5=1720(또는 344×5) / 1720 m

18 220원

05 972 cm / 풀이 3, 324, 3, 972

19 608 m

20 2536 cm

21 528 mm

12 663부터 시계 방향으로 계산하면 다음과 같습니다.
```
  1
    6 4 3
  ×     3
  1 9 2 9
```
```
  2
    5 2 7
  ×     3
  1 5 8 1
```
```
    4 1 2
  ×     3
  1 2 3 6
```

13 531>508>379이므로 가장 큰 수는 531입니다.
➔ 531×6=3186

14 134×4=536, 653×2=1306
➔ 536+1306=1842

15 (전체 초콜릿의 수)
=(한 봉지에 들어 있는 초콜릿의 수)×(봉지 수)
=250×6=1500(개)

17 (번개가 친 곳까지의 거리)
=(소리가 1초에 이동하는 거리)
×(번개가 치고 천둥소리를 들을 때까지 걸린 시간)
=344×5=1720 (m)

18 (젤리 3개의 값)=260×3=780(원)
➔ (거스름돈)=1000-780=220(원)

19 정사각형은 네 변의 길이가 모두 같습니다.
→ (꽃밭의 네 변의 길이의 합)$=152×4=608$ (m)

20 빨간색 선의 길이는 길이가 317 cm인 변 8개의 길이와 같습니다. → $317×8=2536$ (cm)

21 (사각형의 네 변의 길이의 합)
$=128×4=512$ (mm)
→ (처음에 가지고 있던 철사의 길이)
$=512+16=528$ (mm)

016쪽 **2STEP 유형 다잡기**

06 856 / 풀이 4, 4, 856
22 414
23 예 215 / 215, 5, 1075
24 1073
07 ㉡ / 풀이 2, 1400, '㉡'에 ○표
25 (1) •⟍ •
    (2) •⟋ •
26 5600, 7200
27 ㉡
08 560 / 풀이 (위에서부터) 10, 56, 560, 10
28 (1) 1680   (2) 1380
29 (위에서부터) 480, 1120
30 주경   **31** 1680
32 1단계 예 직사각형은 네 각이 모두 직각인 사각형이므로 직사각형 안에 있는 수는 39, 70입니다. ▶2점
2단계 $39×70=2730$입니다. ▶3점
답 2730

22 ㉠은 138씩 3번이므로 $138×3=414$입니다.

23 채점 가이드 세 자리 수 ■를 정하여 쓰고, ■에 5를 곱하여 ㉠에 알맞은 수를 바르게 구했는지 확인합니다. ■씩 5번이므로 5를 곱하는 것임을 지도해 주세요.

24 (㉠의 길이의 합)$=344×4=1376$
(㉡의 길이의 합)$=101×3=303$
→ 가: $1376-303=1073$

26 $70×80=5600$, $90×80=7200$

27 ㉠ $60×30=1800$ ㉡ $50×40=2000$
㉢ $30×50=1500$
따라서 계산 결과에서 0의 개수가 다른 식은 ㉡입니다.

29
$$\begin{array}{r} 1\ 6 \\ \times\ 3\ 0 \\ \hline 4\ 8\ 0 \end{array} \qquad \begin{array}{r} 1\ 6 \\ \times\ 7\ 0 \\ \hline 1\ 1\ 2\ 0 \end{array}$$

30 주경: $72=70+2$이므로 $72×50$은 $70×50$과 $2×50$을 더하여 구할 수 있습니다.

31 수직선의 작은 한 칸이 10을 나타내므로 화살표가 가리키는 수는 60입니다.
→ $28×60=1680$

018쪽 **2STEP 유형 다잡기**

09 3 / 풀이 24, 24, 3, 24, 3
33 ㉠
34 1단계 예 $90×20=1800$입니다. ▶2점
2단계 $30×$□$=1800$에서 $30×60=1800$이므로 □$=60$입니다. ▶3점
답 60
35 33   **36** 1080
10 960개 / 풀이 24, 40, 960
37 1500개
38 $42×90=3780$(또는 $42×90$) / 3780원
39 1단계 예 한 시간은 60분입니다. ▶2점
2단계 다온이가 한 시간 동안 갈 수 있는 거리는 $40×60=2400$ (m)입니다. ▶3점
답 2400 m
40 300원
11 < / 풀이 838, 882, 838, <, 882
41 (   ) (○) (   )
42 세희, 1168   **43** ㉠

---

33 ㉠ $50×70=3500$, □$×10=3500$ → □$=350$
㉡ $90×40=3600$, □$×10=3600$ → □$=360$
㉢ $60×60=3600$, □$×10=3600$ → □$=360$
따라서 □ 안에 알맞은 수가 다른 하나는 ㉠입니다.

35 $22×30=660$이므로 □$×20=660$입니다.
□$×20=660$에서 □$×2=66$, $33×2=66$이므로
□ 안에 알맞은 수는 33입니다.

36 • $40×30=1200$이므로 $60×▲0=1200$입니다.
$6×▲=12$, $6×2=12$이므로 ▲$=2$입니다.
• ▲$=2$이므로 $27×40=1080$입니다.

37 (전체 달걀 수)=(한 판에 들어 있는 달걀 수)×(판 수)
=30×50=1500(개)

40 (누름 못 35개의 가격)
=80×35=35×80=2800(원)
50원짜리 동전 50개는 50×50=2500(원)이므로
더 필요한 돈은 2800-2500=300(원)입니다.

41 60×80=4800, 58×90=5220,
76×80=6080이므로 계산 결과가 5000보다 크고
6000보다 작은 것은 58×90입니다.

42 • 지원: 316×4=1264   • 세희: 584×2=1168
➜ 1264>1168이므로 계산 결과가 더 작은 사람은
세희입니다.

43 ㉠ 291×8=2328   ㉡ 36×60=2160
➜ 2328>2160이므로 설명하는 수가 더 큰 것은
㉠입니다.

020쪽 2STEP 유형 다잡기

44 [1단계] 예 ㉠ 224×5=1120
㉡ 40×30=1200 ㉢ 59×20=1180 ▸3점
[2단계] 1120<1180<1200이므로 계산 결과가
작은 것부터 차례로 기호를 쓰면 ㉠, ㉢, ㉡입
니다. ▸2점
[답] ㉠, ㉢, ㉡

12 2250 / 풀이 75, 30, 75, 30, 2250

45 654, 2 / 1308   **46** 2760

47 예 2, 6, 3, 7, 5 / 1410

13 8 / 풀이 8, 2524, 8, 2724, 8

48 9   **49** 4, 2

14 698 / 풀이 349, 349, 698

50 (1) 8 (2) 4968

51 (위에서부터) 5, 7, 9, 3 / 1737

52 2760

45 공에 적힌 수를 비교하면 6>5>4>3>2입니다.
• 가장 큰 세 자리 수: 654 ㄱ
• 가장 작은 한 자리 수: 2 ㄴ ➜ 654×2=1308

46 • 규민이가 만든 수: 69   • 연서가 만든 수: 40
➜ 69×40=2760

47 예 2<3<5<6<7이므로 가장 작은 세 자리 수는
235, 두 번째로 큰 한 자리 수는 6입니다.
➜ 235×6=1410

채점 가이드 카드에는 0부터 9까지의 수를 중복하여 넣을 수 있습
니다. 만든 카드의 수를 이용하여 (가장 작은 세 자리 수)×(두 번
째로 큰 한 자리 수)의 곱을 구하였다면 정답으로 인정합니다.

48 2×□의 일의 자리 숫자가 8이 되는 □를 찾으면
□=4 또는 □=9입니다.
• □=4일 때: 62×40=2480 (×)
• □=9일 때: 62×90=5580 (○)

49 • 7×㉡의 일의 자리 숫자가 4이므로 7×2=14에
서 ㉡=2입니다.
• 십의 자리 계산에서 올림이 없으므로 ㉠×㉡=8
입니다. ㉡=2이므로 ㉠×2=8, ㉠=4입니다.

50 (1) 8>6>2>1이므로 곱하는 수에 가장 큰 수인 8
을 놓습니다. ➜ ㉠=8
(2) 곱하는 수에 가장 큰 수인 8을 놓고 나머지 수로
가장 큰 세 자리 수를 만들면 621입니다.
➜ 621×8=4968

51 3<5<7<9이므로 곱하는 수에 가장 작은 수인 3을
놓습니다. 나머지 수로 가장 작은 세 자리 수를 만들
면 579입니다. ➜ 579×3=1737

52 • 곱이 가장 큰 곱셈식: 432×8=3456
• 곱이 가장 작은 곱셈식: 348×2=696
➜ 3456-696=2760

022쪽 1STEP 개념 확인하기

01 10, 90   **02** 3, 27

03 90, 27, 117

04
```
      3
    × 3 8
    ─────
    2 4  ← 3×8
    9 0  ← 3×30
    ─────
    1 1 4
```

05
```
      6
    × 2 6
    ─────
    3 6  ← 6×6
  1 2 0  ← 6×20
    ─────
    1 5 6
```

06
```
    2
    3
  × 5 9
  ─────
  1 7 7
```
```
      2
    5 9
  ×   3
  ─────
  1 7 7
```

01 240, 72, 312　　**02** 4, 108, 378

03 2, 360, 72, 432　　**04**
```
      2 9
    × 1 2
      5 8  ← 29×2
    2 9 0  ← 29×10
    3 4 8
```

05
```
      1 3
    × 2 6
      7 8  ← 13×6
    2 6 0  ← 13×20
    3 3 8
```
06
```
      1 7
    × 1 5
      8 5  ← 17×5
    1 7 0  ← 17×10
    2 5 5
```

01 960　　　　**02** 288

03 960, 288, 1248

04
```
        2 7
      × 6 4
      1 0 8  ← 27×4
    1 6 2 0  ← 27×60
    1 7 2 8
```

05
```
        3 9
      × 7 2
        7 8  ← 39×2
    2 7 3 0  ← 39×70
    2 8 0 8
```

06
```
        5 3
      × 4 5
      2 6 5  ← 53×5
    2 1 2 0  ← 53×40
    2 3 8 5
```

01
```
      1
      4 8
    × 2 0
    9 6 0
```
02
```
        4
      4 8
    ×   6
    2 8 8
```

01 80　　　　　　**02** 80, 5600, 5600

03 400　　　　　 **04** 400, 1600, 1600

05 예 40　　　　 **06** 예 50

07 예 40, 50, 2000　**08** 800×3에 색칠

09 30×80에 색칠

01 82는 80과 90 중 80에 더 가까우므로 어림하면 약 80입니다.

03 388은 300과 400 중 400에 더 가까우므로 어림하면 약 400입니다.

05 39는 30과 40 중 40에 더 가까우므로 어림하면 약 40입니다.

06 52는 50과 60 중 50에 더 가까우므로 어림하면 약 50입니다.

08 813은 800과 900 중 800에 더 가까우므로 어림하면 약 800입니다.

09 29는 20과 30 중 30에 더 가까우므로 어림하면 약 30입니다.

15 252 / 풀이 4, 252

01 ④　　　　　　　**02** (1) 486 (2) 268

03 (　) (○) (　)

04 8×52=416(또는 8×52) / 416

05 78

16 322 / 풀이 92, 230, 322

06 51×12=612 ←
　　51×10=510 ┐
　　51× 2=102 ┘

07 예
/ 255

08 (위에서부터) 615, 208, 533, 240

09 728

10 문제 예 길이가 28 cm인 리본 13개를 겹치지 않게 이어 붙였습니다. 이어 붙인 리본의 전체 길이는 몇 cm일까요?

답 364 cm

17 1675 / 풀이 335, 1340, 1675

11 (1) 391 (2) 2356   **12** 1161

---

01 십의 자리 수 3은 실제로 30을 나타냅니다.
→ ☐ 안의 수끼리의 곱이 실제로 나타내는 수는
$5 \times 30 = 150$입니다.

03 곱하는 두 수의 순서를 바꾸어 곱해도 곱은 같습니다.
참고 $4 \times 65 = 260$
$46 \times 5 = 230$, $65 \times 4 = 260$, $56 \times 4 = 224$

04 8을 52번 더한 수는 8에 52를 곱한 수와 같습니다.
→ $8 \times 52 = 416$

05 $3 \times 82 = 246$, $3 \times 56 = 168$
→ $246 > 168$이므로 두 수의 차는 $246 - 168 = 78$입니다.
참고 3×82는 3을 82번 더한 수, 3×56은 3을 56번 더한 수이므로 3×82와 3×56의 차는 3을 $82 - 56 = 26$(번) 더한 수와 같습니다.

06 $12 = 10 + 2$를 이용하여 계산합니다.

07 모눈을 15개씩 17줄에 색칠하면 모두 255칸입니다.
$15 \times 10 = 150$, $15 \times 7 = 105$
→ $15 \times 17 = 150 + 105 = 255$

08 $41 \times 15 = 615$, $13 \times 16 = 208$,
$41 \times 13 = 533$, $15 \times 16 = 240$

09 $52 > 36 > 27 > 14$이므로 가장 큰 수와 가장 작은 수의 곱은 $52 \times 14 = 728$입니다.

10 채점 가이드 주어진 식에 맞는 문제를 만들어 바르게 계산했는지 확인합니다. 곱셈식을 만드는 상황을 이해하고, 답의 단위까지 바르게 적었으면 정답으로 인정합니다.

11 (1)
$$\begin{array}{r} 1\ 7 \\ \times\ 2\ 3 \\ \hline 5\ 1 \\ 3\ 4\ \ \\ \hline 3\ 9\ 1 \end{array}$$
(2)
$$\begin{array}{r} 3\ 8 \\ \times\ 6\ 2 \\ \hline 7\ 6 \\ 2\ 2\ 8\ \ \\ \hline 2\ 3\ 5\ 6 \end{array}$$

028쪽 **2STEP 유형 다잡기**

13 (1)   (2)
(선 연결)

14 45×23에 색칠

15 1단계 예 ㉠ $52 \times 46 = 2392$
㉡ $71 \times 33 = 2343$ ▶3점
2단계 $2392 + 2343 = 4735$ ▶2점
답 4735

18 3200에 ○표
/ 풀이 800에 ○표, 800, 3200, 3200

16 예 70, 3500

17 ㉢, ㉡, ㉠

18 예 $200 \times 4 = 800$ / 844

19 준우

19 (   ) (○)
/ 풀이 252, 212, 252, >, 212

20 <

21 1단계 예 현우: $49 \times 40 = 1960$
미나: $72 \times 29 = 2088$ ▶3점
2단계 $1960 < 2088$이므로 더 작은 수를 말한 사람은 현우입니다. ▶2점
답 현우

22 ㉡, ㉢, ㉠

---

13 (1)
$$\begin{array}{r} 4\ 7 \\ \times\ 1\ 3 \\ \hline 1\ 4\ 1 \\ 4\ 7\ \ \\ \hline 6\ 1\ 1 \end{array}$$
(2)
$$\begin{array}{r} 2\ 4 \\ \times\ 3\ 9 \\ \hline 2\ 1\ 6 \\ 7\ 2\ \ \\ \hline 9\ 3\ 6 \end{array}$$

14 • $37 \times 35 = 1295$ • $54 \times 26 = 1404$
• $45 \times 23 = 1035$ • $93 \times 14 = 1302$

17 • 41×29 → 약 $40 \times 30 = 1200$ (㉢)
• 584×4 → 약 $600 \times 4 = 2400$ (㉡)
• 39×50 → 약 $40 \times 50 = 2000$ (㉠)

18 어림셈: 211을 약 200으로 어림하여 곱을 구하면
약 $200 \times 4 = 800$입니다.
실제 계산: $211 \times 4 = 844$

19 준우: 77은 70보다 크고 $70 \times 60 = 4200$이므로 77×60은 4200보다 큽니다.

참고 $77 \times 60 = 4620$이므로 4200보다 큽니다.

20 $26 \times 54 = 1404$이므로 $1404 < 1450$입니다.

22 ㉠ $26 \times 30 = 780$ ㉡ $32 \times 31 = 992$
㉢ $41 \times 22 = 902$
➡ $992 > 902 > 780$이므로 계산 결과가 큰 것부터 차례로 기호를 쓰면 ㉡, ㉢, ㉠입니다.

⑳ ㉡ / 풀이 876, 690, ㉡
23 ( ) (○) **24** 160, 216
25 준호
26 이유 예 일의 자리에서 올림한 수를 생각하지 않고 계산했습니다. ▶3점

바르게 계산
$$\begin{array}{r} 5\ 6\ 7 \\ \times \qquad 4 \\ \hline 2\ 2\ 6\ 8 \end{array}$$ ▶2점

㉑ 686개 / 풀이 14, 49, 686
27 15, 390 / 390명 **28** 211봉지
29 3360개
㉒ 국화 / 풀이 320, 320, <, 325, '국화'에 ○표
30 수지
31 1단계 예 (사과파이의 수)$= 12 \times 15 = 180$(개)
(호두파이의 수)$= 8 \times 21 = 168$(개) ▶3점
2단계 $180 > 168$이므로 사과파이가
$180 - 168 = 12$(개) 더 많습니다. ▶2점
답 사과파이, 12개

23
$$\begin{array}{r} 3\ 6 \\ \times 5\ 4 \\ \hline 1\ 4\ 4 \\ 1\ 8\ 0 \\ \hline 1\ 9\ 4\ 4 \end{array}$$

24 27에서 2는 20을 나타내므로 $8 \times 20 = 160$입니다.

25
$\overset{\times 10}{\overbrace{}}$
$68 \times 3 = 204 ➡ 68 \times 30 = 2040$
$\underset{\times 10}{\underbrace{}}$

27 (전체 학생 수)
$=$ (한 줄에 세우려는 학생 수) $\times$ (줄의 수)
$= 26 \times 15 = 390$(명)

28 (전체 쿠키의 수)$= 12 \times 18 = 216$(봉지)
➡ (도율이에게 주고 남은 쿠키의 수)
$= 216 - 5 = 211$(봉지)

29 (벽 한 면에 붙이는 데 필요한 타일의 수)
$= 24 \times 35 = 840$(개)
➡ (벽 4면에 붙이는 데 필요한 타일의 수)
$= 840 \times 4 = 3360$(개)

30 (동현이가 턱걸이를 한 횟수)$= 20 \times 12 = 240$(번)
(수지가 턱걸이를 한 횟수)$= 15 \times 18 = 270$(번)
➡ $240 < 270$이므로 턱걸이를 한 횟수가 더 많은 사람은 수지입니다.

유형책
1 단원

㉓ 2623 / 풀이 18, 18, 61, 61, 2623
32 42, 672
33 1단계 예 어떤 수를 ☐라 하여 잘못 계산한 식을 세우면 $☐ - 30 = 27$이므로 $27 + 30 = ☐$, $☐ = 57$입니다. ▶2점
2단계 (바르게 계산한 값)$= 57 \times 30$
$= 1710$ ▶3점
답 1710
㉔ 275 cm / 풀이 3, 351, 2, 76, 351, 76, 275
34 435 cm **35** 1361 cm
36 노란색
㉕ 504 m / 풀이 43, 42, 42, 504
37 6624 cm **38** 189 m
㉖ 288 / 풀이 34, 2, 34, 9, 32, 288
39 예 3, 3, 420

32 어떤 수를 ☐라 하여 잘못 계산한 식을 세우면
$☐ + 16 = 58$이므로 $58 - 16 = ☐$, $☐ = 42$입니다.
➡ (바르게 계산한 값)$= 42 \times 16 = 672$

34 (이어 붙인 색 테이프의 전체 길이)
$= 29 \times 15 = 435$ (cm)

35 (색 테이프 26장의 길이의 합)
$=61 \times 26 = 1586$ (cm)
겹친 부분은 $26-1=25$(군데)입니다.
(겹친 부분의 길이의 합)$=9 \times 25 = 225$ (cm)
→ (이어 붙인 색 테이프의 전체 길이)
$=1586-225=1361$ (cm)

36 • 빨간색 리본:
$128 \times 5 = 640$ (cm), $8 \times 4 = 32$ (cm)
→ $640-32=608$ (cm)
• 노란색 리본:
$165 \times 4 = 660$ (cm), $9 \times 3 = 27$ (cm)
→ $660-27=633$ (cm)
$608 < 633$이므로 노란색 리본의 길이가 더 깁니다.

37 (가로등 사이의 간격 수)$=9-1=8$(군데)
→ (가로등을 세운 도로의 길이)
$=828 \times 8 = 6624$ (cm)

38 $28+28=56$이므로 도로의 한쪽에 심은 가로수는 28그루입니다.
(가로수 사이의 간격 수)$=28-1=27$(군데)
→ (도로의 길이)$=7 \times 27 = 189$ (m)

39 예 $12 \blacklozenge 31 = $ (12보다 3만큼 더 큰 수)
$\times$ (31보다 3만큼 더 작은 수)
$=15 \times 28 = 420$

채점 가이드 한 자리 수를 써넣어 약속을 정하고, 그 약속에 맞게 계산했는지 확인합니다. $12 \blacklozenge 31$을 간단히 계산하려면 ☐ 안에 어떤 수를 넣으면 좋을지 생각해 볼 수 있도록 지도해 주세요.

034쪽 2STEP 유형 다잡기

40 2676
27 5, 2 / 풀이 5, 40, 5, 4, 8, 8, 4, 12, 2
41 (위에서부터) 5, 4, 9, 2
42 17
28 4, 2, 336 / 풀이 4, 2, 4, 2, 336
43 (1) 5, 4 (2) 51, 43(또는 43, 51), 2193
44 (위에서부터) 7, 4, 2 / 294
45 (위에서부터) 3, 5, 4, 6(또는 4, 6, 3, 5) / 1610
29 5, 6에 ○표 / 풀이 1120, 1400, 1680, 5, 6
46 27   **47** 1, 2, 3, 4

---

48 1단계 예 $734 \times 4 = 2936$입니다. ▶ 2점
2단계 $500 \times 1 = 500$, $500 \times 2 = 1000$,
$500 \times 3 = 1500$, $500 \times 4 = 2000$,
$500 \times 5 = 2500$, $500 \times 6 = 3000$, ...
☐ 안에 들어갈 수 있는 수는 1, 2, 3, 4, 5로 모두 5개입니다. ▶ 3점
답 5개

40 ㉠$\times 60 = 47 \times 60 = 2820$, ㉡$\times 16 = 9 \times 16 = 144$
→ $2820-144=2676$

41
$$\begin{array}{r} ㉠\,7 \\ \times\ 7\,㉡ \\ \hline 2\,2\,8 \\ 3\,㉢\,9\,0 \\ \hline 4\,㉣\,1\,8 \end{array}$$
• ㉠$7 \times ㉡ = 228$에서 $7 \times ㉡$의 일의 자리 숫자가 8입니다.
$7 \times 4 = 28$ → ㉡$=4$
• ㉠$7 \times 4 = 228$, $57 \times 4 = 228$
→ ㉠$=5$
• $57 \times 70 = 3㉢90$, $57 \times 70 = 3990$ → ㉢$=9$
• $228+3990=4218$ → ㉣$=2$

42 • ㉠$4 \times ㉡ = 48$에서 $4 \times ㉡$의 일의 자리 숫자가 8이 되는 ㉡은 2 또는 7입니다.
→ ㉡$=2$일 때 ㉠$4 \times 2 = 48$, ㉠$=2$입니다.
㉡$=7$일 때 ㉠$4 \times 7 = 48$인 ㉠은 없습니다.
• $24 \times 70 = 1680$이므로 ㉢$=6$입니다.
• $48+1680=1728$ → ㉣$=7$
→ ㉠$+㉡+㉢+㉣=2+2+6+7=17$

43 (1) 두 수의 십의 자리에는 큰 수를 놓아야 합니다.
$5>4>3>1$이므로 5, 4를 놓아야 합니다.
(2) $53 \times 41 = 2173$, $51 \times 43 = 2193$
→ $2173 < 2193$이므로 곱이 가장 큰 곱셈식은
$51 \times 43 = 2193$(또는 $43 \times 51 = 2193$)입니다.

44 $7>4>2$이므로 가장 큰 수인 7을 한 자리 수에 놓고, 두 번째로 큰 수인 4를 두 자리 수의 십의 자리에 놓아야 합니다. → $7 \times 42 = 294$

45 $3<4<5<6$이므로 곱하는 두 수의 십의 자리에 각각 가장 작은 수와 두 번째로 작은 수를 놓고, 일의 자리에는 나머지 두 수를 놓아 곱셈식을 만듭니다.
$36 \times 45 = 1620$, $35 \times 46 = 1610$
→ $1620 > 1610$이므로 곱이 가장 작은 곱셈식은
$35 \times 46 = 1610$(또는 $46 \times 35 = 1610$)입니다.

46 $20 \times 30 = 600$, $30 \times 30 = 900$이므로 ☐ 안에 알맞은 수의 십의 자리 수를 2로 예상하여 확인합니다.
$29 \times 29 = 841 \rightarrow 841 > 800$ (×)
$28 \times 29 = 812 \rightarrow 812 > 800$ (×)
$27 \times 29 = 783 \rightarrow 783 < 800$ (○)
→ ☐ 안에 들어갈 수 있는 가장 큰 두 자리 수: 27

47 $35 \times 39 = 1365$이므로 $1365 > 285 \times$ ☐가 될 수 있는 ☐를 모두 구합니다.
$285 \times 1 = 285$, $285 \times 2 = 570$, $285 \times 3 = 855$, $285 \times 4 = 1140$, $285 \times 5 = 1425$, ...이므로 ☐ 안에 들어갈 수 있는 수는 1, 2, 3, 4입니다.

036쪽 3 STEP 응용 해결하기

1 1674장   **2** 64 cm

3
❶ 자르는 데 걸리는 시간의 합 구하기 ▶ 2점
❷ 쉬는 시간의 합 구하기 ▶ 2점
❸ 통나무를 모두 자르는 데 걸리는 시간은 몇 분인지 구하기 ▶ 1점

(예) ❶ 통나무를 24도막으로 자르려면 $24 - 1 = 23$(번) 잘라야 하므로 자르는 데 걸리는 시간은 모두 $17 \times 23 = 391$(분)입니다.
❷ 쉬는 횟수는 $23 - 1 = 22$(번)이므로 쉬는 시간은 모두 $5 \times 22 = 110$(분)입니다.
❸ 따라서 통나무를 모두 자르는 데 걸리는 시간은 $391 + 110 = 501$(분)입니다.
(답) 501분

4 1122   **5** 15 cm

6
❶ 책을 읽은 요일별 날수 구하기 ▶ 2점
❷ 책을 읽은 전체 날수 구하기 ▶ 1점
❸ 10월 한 달 동안 읽은 위인전 쪽수 구하기 ▶ 2점

(예) ❶ 10월은 31일까지 있고, 10월 1일이 목요일입니다.
• 토요일: 3일, 10일, 17일, 24일, 31일 → 5일
• 일요일: 4일, 11일, 18일, 25일 → 4일
• 화요일: 6일, 13일, 20일, 27일 → 4일
❷ 책을 읽은 날은 모두 $5 + 4 + 4 = 13$(일)입니다.
❸ (10월 한 달 동안 읽은 위인전 쪽수)
   $= 32 \times 13 = 416$(쪽)
(답) 416쪽

---

7 (1) 960 m (2) 1140 m (3) 2100 m
8 (1) 3801 (2) 3942 (3) 141

1 (전체 학생 수) $= 23 + 21 + 24 + 25 = 93$(명)
→ (필요한 색종이 수) $= 18 \times 93 = 1674$(장)

2 (정사각형 한 개를 만드는 데 사용한 철사의 길이)
$= 39 \times 4 = 156$ (cm)
(정사각형 6개를 만드는 데 사용한 철사의 길이)
$= 156 \times 6 = 936$ (cm)
10 m $= 1000$ cm이므로 남은 철사의 길이는
$1000 - 936 = 64$ (cm)입니다.

4 연속하는 두 수를 각각 ☐, ☐$+1$이라 할 때
☐$+$☐$+1 = 67$, ☐$+$☐$= 66$, ☐$= 33$입니다.
연속하는 두 수는 33, 34이므로 두 수의 곱은
$33 \times 34 = 1122$입니다.

5 (색 테이프 14장의 길이의 합)
$= 27 \times 14 = 378$ (cm)
(겹친 부분의 길이의 합) $= 6 \times 13 = 78$ (cm)
→ (이어 붙인 색 테이프의 전체 길이)
   $= 378 - 78 = 300$ (cm)
색 테이프 한 도막의 길이를 ☐ cm라 하면
☐$\times 20 = 300$, $15 \times 20 = 300$이므로 ☐$= 15$입니다.

7 (1) (준호가 12분 동안 걸은 거리)
   $= 80 \times 12 = 960$ (m)
(2) (리아가 12분 동안 걸은 거리)
   $= 95 \times 12 = 1140$ (m)
(3) 공원의 둘레는 준호와 리아가 12분 동안 걸은 거리의 합과 같습니다.
   → (공원의 둘레) $= 960 + 1140$
                 $= 2100$ (m)

8 (1) 주경: 곱이 가장 크려면 한 자리 수에 가장 큰 수를 놓고, 남은 카드로 가장 큰 수를 만듭니다.
   → $543 \times 7 = 3801$
(2) 규민: 곱이 가장 크려면 십의 자리에 가장 큰 수와 두 번째로 큰 수를 놓아야 합니다.
   → $74 \times 53 = 3922$, $73 \times 54 = 3942$(○)
(3) $3801 < 3942$이므로 두 곱의 차는
   $3942 - 3801 = 141$입니다.

039쪽 **1단원 마무리**

01 648

02 (위에서부터) 12, 100, 1200

03
$$
\begin{array}{r}
3 \\
\times\ 2\ 5 \\
\hline
1\ 5 \leftarrow 3\times5 \\
6\ 0 \leftarrow 3\times20 \\
\hline
7\ 5
\end{array}
$$

04 654

05 ㉡

06 (1) •——•
(2) •⤬•
(3) •⤬•

07 예 6300

08 (위에서부터) 384, 3483, 688, 1944

09 <

10 ㉡

11 143×2=286(또는 143×2) / 286권

12 896벌

13
❶ 계산이 잘못된 이유 쓰기 ▶ 3점
❷ 바르게 계산하기 ▶ 2점

❶ 예 38×40의 계산에서 곱의 자리를 잘못 맞추어 썼습니다.

❷
$$
\begin{array}{r}
3\ 8 \\
\times\ 4\ 6 \\
\hline
2\ 2\ 8 \\
1\ 5\ 2\ 0 \\
\hline
1\ 7\ 4\ 8
\end{array}
$$

14 312자루

15 7

16
❶ 어떤 수 구하기 ▶ 2점
❷ 바르게 계산한 값 구하기 ▶ 3점

예 ❶ 어떤 수를 ☐라 하면 ☐−25=27,
☐=27+25=52입니다.

❷ 바르게 계산하면 52×25=1300입니다.

답 1300

17 788 cm

18
❶ 빵 3개의 가격과 사탕 12개의 가격 각각 구하기 ▶ 3점
❷ 석민이가 내야 할 돈 구하기 ▶ 2점

예 ❶ (빵 3개의 가격)=430×3=1290(원)
(사탕 12개의 가격)=50×12=600(원)

❷ (석민이가 내야 할 돈)
=1290+600=1890(원)

답 1890원

19 (위에서부터) 3, 6, 8 / 204

20 73

02 (몇십)×(몇십)은 (몇)×(몇)의 100배와 같습니다.

05 (몇십)×(몇십)은 (몇)×(몇)에 0을 2개 붙인 것과 같으므로 9×7=63 → 90×70=6300입니다. 따라서 숫자 3은 ㉡ 자리에 써야 합니다.

07 68을 몇십으로 어림하면 약 70이므로 어림셈으로 구하면 약 70×90=6300입니다.

08 16×24=384, 43×81=3483,
16×43=688, 24×81=1944

09 14×58=812, 177×5=885
812<885이므로 14×58<177×5입니다.

10 ㉠ 213×3=639   ㉡ 364×2=728
㉢ 172×4=688
→ 계산 결과가 700보다 큰 것은 ㉡입니다.

12 (전체 티셔츠의 수)=28×32=896(벌)

14 (준성이네 반 학생 수)=14+12=26(명)
→ (필요한 연필 수)=26×12=312(자루)

15 ☐×4의 일의 자리 숫자가 8이 되는 ☐를 찾으면
☐=2 또는 ☐=7입니다.
• ☐=2일 때: 372×4=1488 (×)
• ☐=7일 때: 377×4=1508 (○)
→ ☐ 안에 알맞은 수는 7입니다.

17 (색 테이프 12장의 길이의 합)
=73×12=876 (cm)
(겹친 부분의 길이의 합)
=8×11=88 (cm)
→ (이어 붙인 색 테이프의 전체 길이)
=876−88=788 (cm)

19 곱이 가장 작으려면 가장 작은 수를 한 자리 수에 놓고, 두 번째로 작은 수를 두 자리 수의 십의 자리에 놓아야 합니다.
→ 3<6<8이므로 3×68=204입니다.

20 6♥13: 6×13=78, 78−5=73

2 나눗셈

01 30 **02** 10
03 1, 10 **04** 2, 20
05 4, 40

06
$$3\overline{)90}\quad \overset{30}{}$$

07
$$4\overline{)80}\quad \overset{20}{}$$

03 나누는 수가 같을 때 나누어지는 수가 10배가 되면 몫도 10배가 됩니다.

06 나누어지는 수는 ⌐ 기호의 안쪽, 나누는 수는 ⌐ 기호의 왼쪽, 몫은 ⌐ 기호의 위에 적습니다.

01 3, 4, 34 **02** 11, 11

03
```
      1 4
2 ) 2 8
      2 0 ← 2×10
        8
        8 ← 2×4
        0
```

04
```
      2 2
3 ) 6 6
      6 0 ← 3×20
        6
        6 ← 3×2
        0
```

05
```
      2 1
4 ) 8 4
      8 0 ← 4×20
        4
        4 ← 4×1
        0
```

01 14 **02** 25
03 15

04
```
      3 8
2 ) 7 6
      6 0 ← 2×30
      1 6
      1 6 ← 2×8
        0
```

05
```
      1 2
5 ) 6 0
      5 0 ← 5×10
      1 0
      1 0 ← 5×2
        0
```

06
```
      1 7
4 ) 6 8
      4 0 ← 4×10
      2 8
      2 8 ← 4×7
        0
```

01 30 / 풀이 3, 30
01 (1) 10 (2) 16 **02** 3, 30
03 ( ) (○) ( )
04 ㉠ **05** 55
02 12 / 풀이 1, 2, 12

06 $46 \div 2 = 23$ ➔
$$2\overline{)46}\quad \overset{23}{}$$

01 (1)
```
      1 0
4 ) 4 0
      4
      0
```
(2)
```
      1 6
5 ) 8 0
      5
      3 0
      3 0
        0
```

02
```
        ┌─10배─┐
6÷2=3 ➔ 60÷2=30
        └─10배─┘
```

03 $60 \div 3 = 20$, $30 \div 3 = 10$, $80 \div 4 = 20$
➔ 몫이 다른 하나는 $30 \div 3$입니다.

05 $70 \div 7 = 10$, $90 \div 2 = 45$
➔ $10 + 45 = 55$

07 (○) ( ) **08** (1)•⟍ ⟋•
(2)• ✕ •
(3)•⟋ ⟍•

09 1단계 예 $68 > 52 > 10 > 2$이므로 가장 큰 수는 68이고, 가장 작은 수는 2입니다. ▶ 2점
2단계 (가장 큰 수)÷(가장 작은 수)
$= 68 \div 2 = 34$입니다. ▶ 3점
답 34

유형책

2 단원

03 13 / 풀이 (왼쪽에서부터) 10, 3, 13

10 (1) 17 (2) 17 **11** 준호

12 28, 14 **13** 13

04 < / 풀이 10, 12, 10, <, 12

14 ( ) (△) **15** 66÷2에 색칠

16 1단계 예 ㉠ 46÷2=23 ㉡ 60÷3=20
㉢ 76÷4=19 ▶3점
2단계 23>20>19이므로 몫이 가장 큰 것은
㉠입니다. ▶2점
답 ㉠

05 35장 / 풀이 70, 2, 35

17 60, 60, 12

07
```
    3 2          4 3
3 ) 9 6      2 ) 8 6
    9            8
    ─            ─
    6            6
    6            6
    ─            ─
    0            0
```

08 (1) 64÷2=32 (2) 93÷3=31 (3) 84÷4=21

10 (1)
```
    1 7
3 ) 5 1
    3
    ─
    2 1
    2 1
    ─
    0
```
(2)
```
    1 7
5 ) 8 5
    5
    ─
    3 5
    3 5
    ─
    0
```

11 96÷4=24이므로 몫을 바르게 구한 사람은 준호입니다.

12 • 84÷3=28
• 84÷6=14

13 78÷3=26이므로 □=26입니다.
□÷2=♥에서 26÷2=13이므로 ♥=13입니다.

14 78÷2=39, 99÷3=33 ➡ 39>33
따라서 몫이 더 작은 나눗셈은 99÷3입니다.

15 90÷3=30, 92÷4=23, 66÷2=33
몫이 30보다 큰 것은 66÷2입니다.

17 달걀 60개를 5명이 똑같이 나누어 가질 때 한 명이 가질 수 있는 달걀 수를 구하는 식은 60÷5입니다.

18 74÷2=37(또는 74÷2) / 37대

19 1단계 예 일주일은 7일입니다. ▶2점
2단계 91÷7=13이므로 민혁이네 학교의 방학식은 앞으로 13주 후입니다. ▶3점
답 13주 후

20 ㉯ 기계, 6개

06 17 / 풀이 68, 4, 17

21 20 **22** 16

23 (○) ( )

07 ㉠ / 풀이 6, 6, 1, 6, 6, 6, ㉠

24
```
    2 1
3 ) 6 3
    6
    ─
    3
    3
    ─
    0
```
25 7

08 25 cm / 풀이 75, 3, 25

26 23 cm **27** 11 cm

18 (두발자전거 수)
=(전체 바퀴 수)÷(두발자전거의 바퀴 수)
=74÷2=37(대)

20 (㉮ 기계가 1분 동안 만들 수 있는 물건 수)
=90÷6=15(개)
(㉯ 기계가 1분 동안 만들 수 있는 물건 수)
=84÷4=21(개)
15<21이므로 1분 동안 물건을 만들면 ㉯ 기계가 ㉮ 기계보다 물건을 21-15=6(개) 더 많이 만들 수 있습니다.

21 곱셈과 나눗셈의 관계를 이용합니다.
♥×4=80 ➡ ♥=80÷4=20

22 96÷2=48
□×3=48 ➡ □=48÷3=16

23 • 3×□=66 ➡ □=66÷3=22
• □×5=90 ➡ □=90÷5=18
22>18이므로 □ 안에 알맞은 수가 더 큰 식은 3×□=66입니다.

24

$$3)\overline{\underset{\underline{\begin{array}{c}\textcircled{\scriptsize¬}\ 1\\6\ \textcircled{\scriptsize∟}\\\hline 6\\\hline\textcircled{\scriptsize⊏}\\\textcircled{\scriptsize⊇}\\\hline 0\end{array}}}}$$

- $3\times\textcircled{\scriptsize¬}=6 \rightarrow \textcircled{\scriptsize¬}=2$
- $3\times1=\textcircled{\scriptsize⊇} \rightarrow \textcircled{\scriptsize⊇}=3$
- $\textcircled{\scriptsize⊏}-\textcircled{\scriptsize⊇}=0$, $\textcircled{\scriptsize⊏}-3=0 \rightarrow \textcircled{\scriptsize⊏}=3$
- $\textcircled{\scriptsize∟}=\textcircled{\scriptsize⊏}=3$

25

$$\textcircled{\scriptsize¬})\overline{\begin{array}{c}2\ \textcircled{\scriptsize∟}\\5\ 0\\\hline\textcircled{\scriptsize⊏}\\\hline 1\ \textcircled{\scriptsize⊇}\\\textcircled{\scriptsize□}\ \textcircled{\scriptsize㉂}\\\hline 0\end{array}}$$

- $5-\textcircled{\scriptsize⊏}=1$, $\textcircled{\scriptsize⊏}=4$
- $\textcircled{\scriptsize¬}\times2=\textcircled{\scriptsize⊏}$, $\textcircled{\scriptsize¬}\times2=4$, $\boxed{\textcircled{\scriptsize¬}=2}$
- $\textcircled{\scriptsize⊇}=0$
- $1\textcircled{\scriptsize⊇}-\textcircled{\scriptsize□}\textcircled{\scriptsize㉂}=0$, $10-\textcircled{\scriptsize□}\textcircled{\scriptsize㉂}=0$, $\textcircled{\scriptsize□}\textcircled{\scriptsize㉂}=10 \rightarrow \textcircled{\scriptsize□}=1$, $\textcircled{\scriptsize㉂}=0$
- $\textcircled{\scriptsize¬}\times\textcircled{\scriptsize∟}=10$, $2\times\textcircled{\scriptsize∟}=10$, $\boxed{\textcircled{\scriptsize∟}=5}$
- $\rightarrow \textcircled{\scriptsize¬}+\textcircled{\scriptsize∟}=2+5=7$

26 정사각형은 네 변의 길이가 모두 같습니다.
(한 변의 길이)=(네 변의 길이의 합)÷4
$$=92\div4=23\,(\text{cm})$$

27 빨간색 선의 길이는 작은 직사각형의 짧은 변의 길이
4개와 긴 변의 길이 8개의 합과 같습니다.
- 짧은 변 4개의 길이의 합: $4\times4=16\,(\text{cm})$
- 긴 변 8개의 길이의 합: $104-16=88\,(\text{cm})$
- → (작은 직사각형의 긴 변의 길이)
$$=88\div8=11\,(\text{cm})$$

052쪽 1STEP 개념 확인하기

01 8, 3 **02** 9, 2
03 5, 1
04
$$4)\overline{\begin{array}{c}8\\3\ 3\\\hline 3\ 2\\\hline 1\end{array}}\ /\ 8,\ 1$$
05
$$6)\overline{\begin{array}{c}8\\5\ 1\\\hline 4\ 8\\\hline 3\end{array}}\ /\ 8,\ 3$$
06
$$7)\overline{\begin{array}{c}9\\6\ 5\\\hline 6\ 3\\\hline 2\end{array}}\ /\ 9,\ 2$$

01 43을 5로 나누면 몫은 8이고 3이 남습니다.
이때 3을 43÷5의 나머지라고 합니다.

053쪽 1STEP 개념 확인하기

01 15, 1 **02** 16, 2
03 16, 3
04
$$2)\overline{\begin{array}{c}3\ 6\\7\ 3\\\hline 6\ 0\ \leftarrow 2\times30\\\hline 1\ 3\\\hline 1\ 2\ \leftarrow 2\times6\\\hline 1\end{array}}$$
$\rightarrow 73\div2=36\cdots1$

05
$$7)\overline{\begin{array}{c}1\ 3\\9\ 5\\\hline 7\ 0\ \leftarrow 7\times10\\\hline 2\ 5\\\hline 2\ 1\ \leftarrow 7\times3\\\hline 4\end{array}}$$
$\rightarrow 95\div7=13\cdots4$

054쪽 1STEP 개념 확인하기

01 (예)

02 5, 4, 5, 4 **03** 40, 40, 4, 44
04 (○) **05** (　　)
　　(　　)　　　　　　(○)
06 (　　)
　　(○)
07 □÷4에 색칠 **08** □÷3에 색칠
09 □÷5에 색칠
10
$$6)\overline{\begin{array}{c}9\\5\ 8\\\hline 5\ 4\\\hline 4\end{array}}\ /\ 9,\ 4$$
11
$$3)\overline{\begin{array}{c}2\ 9\\8\ 9\\\hline 6\\\hline 2\ 9\\\hline 2\ 7\\\hline 2\end{array}}\ /\ 29,\ 2$$

12 $88\div7=12\cdots4$ / 12, 4
13 7, 2, 44 **14** 8, 64, 5, 69
15 25, 75, 75, 2, 77

16 24 / 24, 96, 96, 1, 97

$$4\overline{)\,9\,7}$$
$$\underline{8}$$
$$1\,7$$
$$\underline{1\,6}$$
$$1$$

17 $98 \div 8 = 12 \cdots 2$ / 12, 96, 96, 2, 98

03 나누는 수와 몫의 곱에 나머지를 더하면 나누어지는 수가 되는지 확인합니다.

07 나머지는 나누는 수보다 작아야 합니다. 따라서 나누는 수가 4인 나눗셈식의 나머지는 6이 될 수 없습니다.

12
$$1\,2$$
$$7\overline{)\,8\,8}$$
$$\underline{7}$$
$$1\,8$$
$$\underline{1\,4}$$
$$4$$

17
$$1\,2$$
$$8\overline{)\,9\,8}$$
$$\underline{8}$$
$$1\,8$$
$$\underline{1\,6}$$
$$2$$

056쪽 **2 STEP 유형 다잡기**

09 5, 7 / 풀이 >, 47, 8, 5, 7

01
$$1\,1$$ / 11, 3
$$6\overline{)\,6\,9}$$
$$\underline{6}$$
$$9$$
$$\underline{6}$$
$$3$$

02 ㉡

03 (위에서부터) 6, 1 / 8, 4

04 (1) • ╲ •
 (2) • ╳ •
 (3) • ── •

10 2에 ○표 / 풀이 '작아야'에 ○표, 2

05 0, 1, 2, 3, 4 **06** ㉡

07 1단계 예 나눗셈식에서 ●는 나머지입니다. 나머지는 나누는 수인 8보다 작아야 합니다. ▶2점
2단계 8보다 작은 수 중 가장 큰 수는 7이므로 ●가 될 수 있는 가장 큰 수는 7입니다. ▶3점
답 7

08 7

11 28, 1

09 (1) 18…1 (2) 14…4

10 12, 2 **11** ㉡

---

02 $74 \div 9 = 8 \cdots 2$
↑　　↑
몫　나머지
㉡ 나머지가 0이 아니므로 나누어떨어지지 않습니다.

03 • $55 \div 9 = 6 \cdots 1$ • $68 \div 8 = 8 \cdots 4$

04 (1) $38 \div 7 = 5 \cdots 3$, $45 \div 7 = 6 \cdots 3$
(2) $41 \div 6 = 6 \cdots 5$, $53 \div 8 = 6 \cdots 5$
(3) $49 \div 5 = 9 \cdots 4$, $40 \div 6 = 6 \cdots 4$

05 나머지는 나누는 수보다 작아야 하므로 어떤 수를 5로 나누었을 때 나머지가 될 수 있는 수는 0, 1, 2, 3, 4입니다.

06 나눗셈식에서 나머지가 4가 되려면 나누는 수는 4보다 커야 합니다.
➡ ㉡ 나누는 수가 4이므로 나머지는 4가 될 수 없습니다.

08 □÷♣의 나머지가 될 수 있는 수: ♣보다 작은 수
♣보다 작은 수 중에서 가장 큰 수가 6이므로
♣에 알맞은 수는 7입니다.

10 $86 \div 7 = 12 \cdots 2$이므로 몫은 12, 나머지는 2입니다.

11 ㉠ $82 \div 7 = 11 \cdots 5$ ➡ 몫: 11, 나머지: 5
㉡ $31 \div 2 = 15 \cdots 1$ ➡ 몫: 15, 나머지: 1
㉢ $91 \div 6 = 15 \cdots 1$ ➡ 몫: 15, 나머지: 1

058쪽 **2 STEP 유형 다잡기**

12 예 3 / 23, 2 **13** 12, 2

12 ㉡
/ 풀이 0, ㉠
$$6$$ ㉡ $$9$$ ㉢ $$6$$
$$5\overline{)\,3\,1}$$ $$4\overline{)\,3\,6}$$ $$7\overline{)\,4\,5}$$
$$\underline{3\,0}$$ $$\underline{3\,6}$$ $$\underline{4\,2}$$
$$1$$ $$0$$ $$3$$

14 66, 90 **15** 7

13 12접시, 5개 / 풀이 77, 6, 12, 5

16 8개

17 $85 \div 7 = 12 \cdots 1$(또는 $85 \div 7$) / 12주 1일

18 클립

19 〔1단계〕 예 (남학생 수)+(여학생 수)
=38+45=83(명) ▶2점

〔2단계〕 83÷4=20…3이므로 4명씩 20줄이 되고, 남은 학생은 3명입니다. ▶3점

답 20줄, 3명

14 16상자 / 풀이 92, 6, 15, 2, 15, 16

20 6번   **21** 12상자

---

12 〔채점 가이드〕 2부터 9까지의 수 중 하나를 나누는 수로 정하여 나눗셈을 바르게 했는지 확인합니다. 2부터 9까지의 어떤 수를 넣어 계산하더라도 나머지가 있음을 추가로 지도할 수 있습니다.

13 50>28>5>4이므로 가장 큰 수는 50, 가장 작은 수는 4입니다.
→ 50÷4=12…2이므로 몫은 12, 나머지는 2입니다.

14 • 25÷6=4…1   • 66÷6=11
• 50÷6=8…2   • 90÷6=15
→ 6으로 나누었을 때 나누어떨어지는 수: 66, 90

15 가장 큰 한 자리 수인 9부터 차례로 나누어 봅니다.
35÷9=3…8, 35÷8=4…3, 35÷7=5, …
따라서 나누어떨어지게 하는 가장 큰 한 자리 수는 7입니다.

16 62÷7=8…6
→ 7 cm짜리 도막을 8개까지 만들 수 있습니다.

17 일주일은 7일입니다.
85÷7=12…1이므로 85일은 12주 1일입니다.

18 72÷5=14…2, 85÷5=17이므로 5모둠에 똑같이 나누어 줄 때 남는 것이 없는 물건은 클립입니다.

20 32÷6=5…2
코끼리 열차를 5번 운행하면 2명이 탈 수 없으므로 32명이 모두 한 번씩 타려면 적어도 6번 운행해야 합니다.

21 (축구부 학생 수)+(농구부 학생 수)
=52+39=91(명)
91÷8=11…3에서 아이스크림을 11상자 사면 3명에게 나누어 줄 수 없으므로 적어도 12상자 사야 합니다.

---

15 6, 4 / 풀이 40, 6, 40, 6, 6, 4
22 예 5, 7, 2, 28, 1   **23** 28, 2
16 9×7=63, 63+8=71 / 풀이 몫, 나머지
24
```
      1 8
   5)9 3
      5
      4 3
      4 0
        3
```
/ 5×18=90, 90+3=93

25 12, 84, 84, 4, 88, '틀립니다'에 ○표
26 62÷9=6…8(또는 62÷9) / 6, 8
17 93 / 풀이 88, 88, 5, 93, 93
27 79   **28** 70
29 99
30 〔1단계〕 예 어떤 수를 □라 하면
□÷7=6…2입니다. ▶2점
〔2단계〕 7×6=42, 42+2=44이므로
□=44입니다. ▶3점
답 44
31 89장

---

22 〔채점 가이드〕 주어진 수 카드를 한 번씩만 사용하여 (두 자리 수)÷(한 자리 수)를 만들고 바르게 계산하였는지 확인합니다. 내가 만든 수에 따라 몫과 나머지가 어떻게 될지 예상해 볼 수 있습니다.

23 • 가장 큰 두 자리 수: 86   • 가장 작은 수: 3
→ 86÷3=28…2

25 도율이의 계산이 맞는지 확인해 보면
7×12=84, 84+4=88로 나누어지는 수 84와 다르므로 계산이 틀립니다.

26 (나누는 수)×(몫)=●, ●+(나머지)=(나누어지는 수)
주의 나누는 수는 나머지보다 커야 하므로 62÷6=9…8은 될 수 없습니다.

27 □÷4=19…3에서 4×19=76, 76+3=79이므로 □ 안에 알맞은 수는 79입니다.

28 나머지가 0이면 (나누는 수)×(몫)은 나누어지는 수와 같습니다. → 5×14=70

29 준호의 말을 식으로 나타내면 ◆÷6=16…3입니다.
6×16=96, 96+3=99 → ◆=99

2. 나눗셈 **15**

31 (처음에 가지고 있던 카드 수)÷4=22…1
4×22=88, 88+1=89이므로
주하가 처음에 가지고 있던 카드는 89장입니다.

062쪽 **1 STEP 개념 확인하기**

01
$$\begin{array}{r} 2\ 8\ 5 \\ 3\ \overline{)\ 8\ 5\ 5} \\ 6 \\ \hline 2\ 5 \\ 2\ 4 \\ \hline 1\ 5 \\ 1\ 5 \\ \hline 0 \end{array}$$

02
$$\begin{array}{r} 6\ 5 \\ 7\ \overline{)\ 4\ 5\ 8} \\ 4\ 2 \\ \hline 3\ 8 \\ 3\ 5 \\ \hline 3 \end{array}$$

03 2 0 0 / 200, 1
$$\begin{array}{r} 2\ 0\ 0 \\ 2\ \overline{)\ 4\ 0\ 1} \\ 4 \\ \hline 1 \end{array}$$

04 5 0 / 50, 7
$$\begin{array}{r} 5\ 0 \\ 9\ \overline{)\ 4\ 5\ 7} \\ 4\ 5 \\ \hline 7 \end{array}$$

063쪽 **1 STEP 개념 확인하기**

01 예 600, 200에 ○표 **02** 예 550, 110에 ○표
03 (○) **04** (　　)
　　(　) 　　(○)
05 예
517
400 500 600 700
06 예 500, 100, 100
07 예
358
340 350 360 370
08 예 360, 40, 40

01 605÷3을 어림셈으로 구하면 600÷3=200이므로
몫은 약 200입니다.

02 549÷5를 어림셈으로 구하면 550÷5=110이므로
몫은 약 110입니다.

064쪽 **2 STEP 유형 다잡기**

18 65 / 풀이 26, 65
01 (1) 78 (2) 103 **02** (1)•　　•
　　　　　　　　　　(2)•　　•
　　　　　　　　　　(3)•　　•
03 ㉡ **04** 47
19 131, 3 / 풀이 131, 3
05 ㉠, ㉢, ㉡
06 (1) 17…6 (2) 109…2
07 (위에서부터) 119, 1, 79, 4
08 ㉢
09 문제 예 과수원에서 수확한 포도는 832송이입
니다. 이 포도를 한 상자에 7송이씩 포장한다면
몇 상자까지 포장할 수 있을까요?
답 118상자
20 21명, 7개 / 풀이 196, 9, 21, 7, 21, 7
10 102÷6=17(또는 102÷6) / 17마리
11 38개 **12** 102개

01 (1)
$$\begin{array}{r} 7\ 8 \\ 4\ \overline{)\ 3\ 1\ 2} \\ 2\ 8 \\ \hline 3\ 2 \\ 3\ 2 \\ \hline 0 \end{array}$$
(2)
$$\begin{array}{r} 1\ 0\ 3 \\ 9\ \overline{)\ 9\ 2\ 7} \\ 9 \\ \hline 2\ 7 \\ 2\ 7 \\ \hline 0 \end{array}$$

03 ㉠ 378÷7=54 ㉡ 440÷8=55

04 282>224>192이므로 가장 큰 수는 282입니다.
→ 282÷6=47

07 • 715÷6=119…1 • 715÷9=79…4

08 308÷3=102…2 ㉠ 653÷5=130…3
㉡ 421÷4=105…1 ㉢ 386÷6=64…2
→ 308÷3과 나머지가 같은 나눗셈은 ㉢입니다.

09 832÷7=118…6
채점 가이드 주어진 수와 단어를 이용하여 큰 수를 작은 수로 나
누는 나눗셈 문제를 만들고 문제의 답을 바르게 구했는지 확인합
니다.

10 장수풍뎅이 한 마리의 다리는 6개입니다.
(전체 다리 수)÷(한 마리의 다리 수)
=102÷6=17(마리)

11 (남은 사과의 수)=249−21=228(개)
(한 상자에 담을 사과의 수)
=(남은 사과의 수)÷(상자의 수)
=228÷6=38(개)

12 120÷7=17 … 1이므로
120분 동안 구울 수 있는 쿠키는 모두 17판입니다.
→ (120분 동안 구울 수 있는 쿠키의 수)
=6×17=102(개)

㉑ 60에 ○표 / 풀이 420, 60, 60

13 예 [몫 어림셈하기] / [실제 몫 구하기]

$$3 \overline{)900} \qquad 3 \overline{)897}$$

몫 300 / 몫 299

14 예 400, 50, '충분합니다'에 ○표

㉒ 연서 / 풀이 >, 연서

15
$$4 \overline{)97}$$
몫 24 나머지 1

16 ㉡ / 192, 2

17 [이유] 예 십의 자리 계산 11÷5에서 남은 수 1을
내리지 않아 잘못 계산했습니다. ▶3점

[바르게 계산]
$$5 \overline{)119}$$
몫 23 나머지 4 ▶2점

㉓ ( ) (○)
/ 풀이 (왼쪽에서부터) 92, 102, 92, <, 102

18 <

19 260에 색칠

20 25, 18 / 사탕

21 [1단계] 예 ㉠ 89÷7=12…5
㉡ 115÷4=28…3 ㉢ 290÷8=36…2 ▶3점
[2단계] 2<3<5이므로 나머지가 작은 것부터
차례로 기호를 쓰면 ㉢, ㉡, ㉠입니다. ▶2점
[답] ㉢, ㉡, ㉠

13 897은 약 900입니다. 어림셈으로 구하면
900÷3=300이므로 몫은 약 300입니다.
897은 900보다 작으므로 실제 몫은 어림셈으로 구
한 몫인 300보다 작게 생각할 수 있습니다.

14 392는 400에 가까우므로 어림셈으로 구하면 약
400÷8=50입니다. 392는 400보다 작으므로 실
제 몫은 어림셈으로 구한 몫인 50보다 작습니다. 따
라서 현정이가 가진 봉투 50장은 충분합니다.

15 나머지는 나누는 수보다 작아야 하는데 나머지 5는
나누는 수 4보다 크므로 잘못되었습니다.

16 ㉠ 77÷4=19…1   ㉡ 770÷4=192…2
[주의] 나머지가 있는 나눗셈에서 나누는 수는 같고 나누어지는
수가 10배가 되어도 몫이 10배가 되지 않을 수 있습니다.

18 98÷8=12…2, 59÷3=19…2
→ 12<19

19 78÷9=8…6, 101÷9=11…2, 260÷9=28…8
→ 9로 나누었을 때 나머지가 가장 큰 수는 260입니다.

20 (사탕을 받은 학생 수)=75÷3=25(명)
(초콜릿을 받은 학생 수)=90÷5=18(명)
→ 25>18이므로 사탕을 받은 학생이 더 많습니다.

㉔ 4개 / 풀이 13, 3, 3, 3, 4

22 4개   **23** 1개

㉕ 419 / 풀이 4, 4, 415, 415, 4, 419

24 107   **25** 679

26 예 5, 765

㉖ 8, 6, 3, 28, 2 / 풀이 86, 3, 86, 3, 28, 2

27 456, 9 / 50, 6   **28** 24, 1

27 20그루 / 풀이 95, 5, 19, 19, 20

29 1단계 예 (산책로 한쪽의 의자 사이의 간격 수)
=336÷7=48(군데) ▶3점

2단계 (필요한 의자 수)
=(간격 수)+1=48+1=49(개) ▶2점

답 49개

30 278개

---

22 158÷6=26…2
곶감을 6명에게 26개씩 나누어 주면 2개가 남습니다.
남김없이 똑같이 나누어 주려면 곶감은 적어도
6-2=4(개)가 더 필요합니다.

23 (두 사람이 접은 학의 수)=77+92=169(개)
169÷5=33…4이므로 한 병에 33개씩 담고 학 4개
가 남습니다.
남김없이 똑같이 나누어 담으려면 학을 적어도
5-4=1(개) 더 접어야 합니다.

24 ♥에 들어갈 수 있는 수 중에서 가장 큰 수는
9-1=8입니다. 따라서 ☐ 안에 들어갈 수 있는 가
장 큰 수는 9×11=99, 99+8=107입니다.

25 6으로 나누었을 때 나올 수 있는 나머지는 1, 2, 3,
4, 5입니다. 이 중 가장 작은 수는 1이므로
(어떤 수)÷6=113…1입니다.
6×113=678, 678+1=679이므로 어떤 수가 될
수 있는 가장 작은 수는 679입니다.

26 채점 가이드 나머지가 있는 나눗셈식에서 8로 나누었으므로 나머
지인 ■가 될 수 있는 수는 1부터 7까지의 수임을 알고 바르게 나
누어지는 수를 구했는지 확인합니다.
8×95=760, 760+■=●이므로 ■의 값에 따라 ●의 값은
761부터 767까지의 수 중 하나가 됨을 지도해 주세요.

27 몫이 가장 작은 나눗셈: (가장 작은 수)÷(가장 큰 수)
가장 작은 세 자리 수: 456, 가장 큰 한 자리 수: 9
→ 456÷9=50…6

28 몫이 가장 큰 나눗셈: (가장 큰 수)÷(가장 작은 수)
가장 큰 두 자리 수: 97, 가장 작은 한 자리 수: 4
→ 97÷4=24…1

---

30 (가로등 사이의 간격 수)
=828÷6=138(군데)
(도로의 한쪽에 필요한 가로등 수)
=(간격 수)+1=138+1=139(개)
(도로의 양쪽에 필요한 가로등 수)
=139×2=278(개)

070쪽 2STEP 유형 다잡기

28 16, 4 / 풀이 84, 84, 16, 4

31 16, 3   **32** 9, 3

33 1단계 예 어떤 수를 ☐라 하면 잘못 계산한 식은
☐÷9=23…4입니다. 9×23=207,
207+4=211이므로 어떤 수는 211입니다. ▶3점

2단계 바르게 계산하면 211÷7=30…1이므로
몫은 30이고, 나머지는 1입니다. ▶2점

답 30, 1

29 4 / 풀이 4, 4, 4

34 5, 2   **35** 619

36
```
     2 5
  3)7 7
    6
    1 7
    1 5
      2
```

30 13, 14에 ○표 / 풀이 12, 12, 13, 14

37 1단계 예 98÷2=49, 371÷7=53 ▶3점

2단계 49<☐<53에서 ☐ 안에 들어갈 수 있
는 두 자리 수는 50, 51, 52입니다. ▶2점

답 50, 51, 52

38 66   **39** 3개

---

31 어떤 수를 ☐라 하여 잘못 계산한 식을 세우면
☐×4=268이므로 268÷4=☐, ☐=67입니다.
→ 바르게 계산하면 67÷4=16…3이므로
몫은 16이고, 나머지는 3입니다.

32 어떤 수를 ☐라 하여 잘못 계산한 식을 세우면
☐+6=63, ☐=63-6=57입니다.
바르게 계산하면 57÷6=9…3이므로 몫은 9이고,
나머지는 3입니다.

34

$$8\overline{)1\blacktriangle 0}$$
$$\underline{8}$$
$$\underline{\text{㉠}0}$$
$$\underline{\text{㉠}0}$$
$$0$$

$1\blacktriangle-8=$㉠이라 하면 ㉠0은 8로 나누어떨어져야 합니다.

$8\times5=40$이므로 ㉠$=4$입니다.

따라서 $\blacksquare=5$이고, $1\blacktriangle-8=4$에서 $\blacktriangle=2$입니다.

35

$$7\overline{)61\text{㉡}}$$
$$\underline{56}$$
$$5\text{㉢}$$
$$\underline{5\text{㉣}}$$
$$3$$

(위: $8\,\text{㉠}$)

• $7\times$㉠$=5$㉣에서 $7\times$㉠의 십의 자리 숫자가 5인 경우는 $7\times8=56$이므로 ㉠$=8$, ㉣$=6$입니다.

• 5㉢-5㉣$=3$에서 5㉢$-56=3$이므로 ㉢$=9$입니다.

➡ ㉡$=$㉢$=9$이므로 나누어지는 수는 619입니다.

36

$$3\overline{)7\text{㉢}}$$
(위: ㉠㉡)
$$\underline{\text{㉣}}$$
$$\text{㉤}7$$
$$\underline{\text{㉥}\text{㉦}}$$
$$\text{㉧}$$

• 7에는 3이 2번 들어가므로 ㉠$=2$입니다.

• $3\times2=6$ ➡ ㉣$=6$

• $7-6=1$ ➡ ㉤$=1$

• ㉢$=7$

• 17에는 3이 5번 들어가므로 ㉡$=5$입니다.

• $3\times5=15$ ➡ ㉥$=1$, ㉦$=5$

• $17-15=2$ ➡ ㉧$=2$

38 $5\times\square=335$라 하면 $\square=335\div5=67$입니다. $5\times\square<335$에서 $\square$ 안에 들어갈 수 있는 두 자리 수는 67보다 작아야 하므로 그중에서 가장 큰 수는 66입니다.

39 $744\div3=248$이므로 $40\times\square>248$입니다. $248\div40=6\cdots8$에서 $\square$ 안에 들어갈 수 있는 수는 6보다 커야 하므로 7, 8, 9로 모두 3개입니다.

072쪽 3STEP 응용 해결하기

1 12분

2
❶ 가로와 세로에 만들 수 있는 카드의 수 구하기 ▶ 3점
❷ 만들 수 있는 카드의 수 구하기 ▶ 2점

예 ❶ 가로: $90\div3=30$(장),
세로: $80\div5=16$(장)
❷ (만들 수 있는 카드의 수)
$=30\times16=480$(장)
답 480장

3 87   **4** 2, 6

---

5 18 cm

6
❶ 60보다 크고 90보다 작은 수 중 8로 나누어떨어지는 수 구하기 ▶ 3점
❷ ❶에서 구한 수 중 9로 나누었을 때 나머지가 7인 수 구하기 ▶ 2점

예 ❶ 60보다 크고 90보다 작은 수 중에서 8로 나누어떨어지는 수는 64, 72, 80, 88입니다.
❷ $64\div9=7\cdots1$, $72\div9=8$, $80\div9=8\cdots8$, $88\div9=9\cdots7$이므로 조건을 모두 만족하는 수는 88입니다.
답 88

7 (1) 예 ■, ●, ▲, ♥ 모양이 반복되는 규칙입니다.
(2) 24묶음, 3개 (3) ▲

8 (1) 96, 90, 84, 78, 72 (2) 96, 72 (3) 96

1 1시간 24분$=60$분$+24$분$=84$분
(공룡 1개를 접는 데 걸린 시간)
$=$(공룡 7개를 접는 데 걸린 시간)$\div$(만든 개수)
$=84\div7=12$(분)

3 연속하는 세 수를 $\square-1$, $\square$, $\square+1$이라 하면 세 수의 합은 $\square-1+\square+\square+1=\square+\square+\square$입니다.
$\square+\square+\square=258$이므로
$\square\times3=258$, $\square=258\div3=86$입니다.
따라서 가장 큰 수는 $86+1=87$입니다.

4

$$4\overline{)13\square}$$
(위: $3\blacktriangle$)
$$\underline{12}$$
$$1\square$$
$$\underline{1\square}$$
$$0$$

$13\square\div4$가 나누어떨어지려면 $4\times\blacktriangle=1\square$가 되어야 합니다.
➡ $4\times2=8(\times)$, $4\times3=12(\bigcirc)$, $4\times4=16(\bigcirc)$, $4\times5=20(\times)$이므로 $\square$ 안에 들어갈 수 있는 수는 2, 6입니다.

5 (삼각형의 세 변의 길이의 합)$=24\times3=72$ (cm)
전체 끈의 길이가 72 cm이므로 정사각형의 한 변의 길이는 $72\div4=18$ (cm)입니다.

7 (2) $99\div4=24\cdots3$이므로 24묶음이 되고 모양 3개가 남습니다.
(3) 99번째 모양은 ■, ●, ▲, ♥가 24번 반복되어 놓인 후 셋째에 놓이는 모양입니다.
따라서 ▲ 모양을 그립니다.

8 (1) $99 \div 6 = 16 \cdots 3$에서 $99 - 3 = 96$은 6으로 나누어떨어지는 가장 큰 두 자리 수입니다.
$96 \div 6 = 16$, $90 \div 6 = 15$, $84 \div 6 = 14$,
$78 \div 6 = 13$, $72 \div 6 = 12$

(2) $96 \div 8 = 12$, $90 \div 8 = 11 \cdots 2$, $84 \div 8 = 10 \cdots 4$,
$78 \div 8 = 9 \cdots 6$, $72 \div 8 = 9$

(3) 6으로도 나누어떨어지고 8로도 나누어떨어지는 수 중에서 가장 큰 두 자리 수는 96입니다.

075쪽 2단원 마무리

01 20

02
$$2 \overline{)\,8\ 2\,}$$
$$\begin{array}{r} 4\ 1 \\ 2\overline{)8\ 2} \\ 8 \\ \hline 2 \\ 2 \\ \hline 0 \end{array}$$

03 28, 1

04 9, 2 / 4, 9, 2

05 50에 ○표

06
(1)
(2)

07 ( ) ( ) (○)

08 3

09 ㉡

10
❶ 나머지가 될 수 있는 조건 알기 ▶ 3점
❷ 나머지가 될 수 없는 수 구하기 ▶ 2점

풀이 예 ❶ 나눗셈의 나머지는 나누는 수보다 작아야 합니다.
❷ 어떤 수를 5로 나누었을 때 나머지가 될 수 없는 수는 5입니다.
답 5

11 =

12 30

13 12명

14
❶ 정사각형의 성질 알기 ▶ 2점
❷ 정사각형의 한 변의 길이 구하기 ▶ 3점

풀이 예 ❶ 정사각형은 네 변의 길이가 모두 같습니다.
❷ (정사각형의 한 변의 길이)
$= 256 \div 4 = 64$ (cm)
답 64 cm

15 13일

16 12

17 16개, 1개 / $6 \times 16 = 96$, $96 + 1 = 97$

18
❶ 어떤 수 구하기 ▶ 2점
❷ 바르게 계산한 몫과 나머지 각각 구하기 ▶ 3점

예 ❶ 어떤 수를 □라 하여 잘못 계산한 식을 세우면 $\square \div 4 = 109$이므로
$\square = 109 \times 4 = 436$입니다.
❷ 바르게 계산하면 $436 \div 3 = 145 \cdots 1$이므로 몫은 145이고, 나머지는 1입니다.
답 145, 1

19 11

20 25, 1

06 (1) $39 \div 3 = 13$ (2) $46 \div 2 = 23$

07 $67 \div 2 = 33 \cdots 1$, $45 \div 4 = 11 \cdots 1$, $66 \div 3 = 22$
→ 나누어떨어지는 나눗셈은 나머지가 0인 $66 \div 3$입니다.

08 $168 \div 8 = 21$, $144 \div 6 = 24$ → $24 - 21 = 3$

09 ㉠ $70 \div 7 = 10$ ㉡ $80 \div 4 = 20$
㉢ $50 \div 5 = 10$
→ 몫이 15보다 큰 것은 ㉡입니다.

11 $292 \div 4 = 73$, $365 \div 5 = 73$

12 $72 \div 6 = 12 \rightarrow$ ㉠$=12$
$72 \div 4 = 18 \rightarrow$ ㉡$=18$
→ ㉠$+$㉡$= 12 + 18 = 30$

15 (전체 동화책의 쪽수)$= 29 \times 3 = 87$(쪽)
$87 \div 7 = 12 \cdots 3$이므로 하루에 7쪽씩 12일 동안 읽고, 남은 3쪽도 읽어야 합니다.
→ 모두 읽는 데 적어도 $12 + 1 = 13$(일)이 걸립니다.

16 $96 \div 4 = 24$이므로 □$=24$입니다.
→ □$\div 2 =$▲에서 $24 \div 2 = 12$이므로 ▲$=12$입니다.

17 $97 \div 6 = 16 \cdots 1$이므로 바구니 16개에 나누어 담을 수 있고 감자는 1개가 남습니다.

19
$$7 \overline{)\,4\ 1\,}$$
• $7 \times 4 = 28$, $7 \times 5 = 35$, $7 \times 6 = 42$이므로 ㉠$=5$, ㉢$=5$입니다.
• $41 - 35 = 6$이므로 ㉡$=6$입니다.
→ ㉠$+$㉡$= 5 + 6 = 11$

20 $7 > 6 > 4 > 3$이므로 가장 큰 두 자리 수는 76이고, 가장 작은 한 자리 수는 3입니다.
$76 \div 3 = 25 \cdots 1$ → 몫: 25, 나머지: 1

3 원

01 원의 중심   02 반지름
03 지름   04 'ㄷ'에 ◯표
05 '선분 ㄷㅁ'에 ◯표   06 '선분 ㄱㅁ'에 ◯표

01 ◯   02 ◯
03 ✕   04 8
05 10   06 6

04 (지름)＝(반지름)×2

06 (반지름)＝(지름)÷2

01 중심, 반지름   02 3, 1, 2
03 (   ) (✕)
04 (   ) (◯) (   )
05 점 ㄴ
06 ㄱㅇ(또는 ㅇㄱ)   07 ㄴㅇ(또는 ㅇㄴ)
08 ㄱㄷ(또는 ㄷㄱ)   09 ㄴㄹ(또는 ㄹㄴ)
10 5   11 8
12

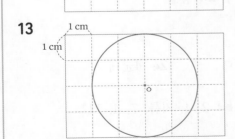

13

03 컴퍼스의 침과 연필심 사이의 간격이 4 cm가 되어
야 합니다.

04 컴퍼스를 원의 반지름만큼 벌려야 합니다.

10 한 원에서 반지름은 길이가 모두 같습니다.

11 한 원에서 지름은 길이가 모두 같습니다.

01 예   / 풀이 원

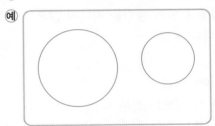

01 ㉠
02 예

02 점 ㄴ / 풀이 '안쪽'에 ◯표, ㄴ
03

04 미나
03 '선분 ㄱㅇ', '선분 ㄷㅇ'에 색칠
/ 풀이 중심, ㄱㅇ, ㄷㅇ
05 예

06 4 cm
07 예 (위에서부터) 선분 ㅇㄴ, 선분 ㅇㄷ, 2, 2 ▶2점
알 수 있는 점 예 한 원에서 반지름의 길이는 모두
같습니다. ▶3점
04 ㉢ / 풀이 중심, ㉢
08 선분 ㄷㅂ(또는 선분 ㅂㄷ)

01 가장 큰 원을 그리려면 연필심을 누름 못에서 가장 먼 곳에 넣어야 합니다.

04 미나: 한 원에서 원의 중심은 1개입니다.

06 원의 중심과 원 위의 한 점을 이은 선분을 찾습니다.

08 선분 ㄱㄹ은 원의 지름입니다. 한 원에서 지름의 길이는 모두 같으므로 선분 ㄱㄹ이 아닌 원의 지름을 찾습니다. → 선분 ㄷㅂ

12 ㄷ 원의 지름은 원 안에 그을 수 있는 가장 긴 선분입니다.

13 (1) 지름이 12 cm인 원의 반지름: $12 \div 2 = 6$ (cm)
(2) 지름이 18 cm인 원의 반지름: $18 \div 2 = 9$ (cm)

14 원 안에 그을 수 있는 가장 긴 선분은 지름입니다. 반지름은 지름의 반이므로 $8 \div 2 = 4$ (cm)입니다.

15 (원의 지름)$= 50 \times 2 = 100$ (cm) → 1 m

17 ㄴ (원의 지름)$= 5 \times 2 = 10$ (cm)
→ 원의 지름을 비교하면 10 cm > 8 cm > 6 cm이므로 큰 원부터 차례로 쓰면 ㄴ, ㄷ, ㄱ입니다.

086쪽 2STEP 유형 다잡기

09 (이유) (예) 원의 지름은 원 위의 두 점을 이은 선분 중 원의 중심을 지나는 선분입니다. 그림에 나타낸 선분은 원의 중심을 지나지 않으므로 잘못되었습니다. ▶5점

10 2 cm

05 지름 / (풀이) 지름

11 (1) 선분 ㄱㄴ(또는 선분 ㄴㄱ)
(2) 선분 ㄱㄴ(또는 선분 ㄴㄱ)

12 ㄷ

06 14 cm / (풀이) 2, 7, 2, 14

13

14 4 cm
15 1 m

07 ㄴ / (풀이) 12, 24, 24, >, ㄴ

16 (1단계) (예) 은진: $10 \div 2 = 5$ (cm)
성철: $16 \div 2 = 8$ (cm) ▶3점
(2단계) 원의 반지름을 비교하면 5 cm < 7 cm < 8 cm이므로 반지름이 7 cm인 원보다 더 큰 원을 그린 사람은 성철입니다.
▶2점
(답) 성철

17 ㄴ, ㄷ, ㄱ

10 (원 가의 지름)$= 6$ cm, (원 나의 지름)$= 8$ cm
→ (두 원의 지름의 차)$= 8 - 6 = 2$ (cm)

11 (2) 원 위의 두 점을 이은 선분 중 길이가 가장 긴 선분은 원의 지름과 같습니다.

088쪽 2STEP 유형 다잡기

08 7 cm / (풀이) 반지름, 2, 7

18 5 cm

19

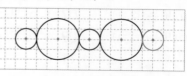

▶2점

(방법) (예) 컴퍼스의 침을 주어진 원의 중심에 꽂고 원 위의 한 점까지 벌린 후 그대로 컴퍼스를 옮겨 원을 그립니다. ▶3점

09 ㄴ / (풀이) ㄴ, ㄷ, ㄱ, ㄴ, ㄴ

20 3, 2 /

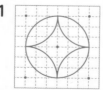

21

22 (예)

10 / (풀이) 중심

23 점 ㄱ, 점 ㅁ   **24** 4군데

25 소희

11 11 cm / (풀이) 2, 4, 지름, 7, 4, 11

26 12 cm

18 컴퍼스를 5 cm만큼 벌렸으므로 그린 원의 반지름은 5 cm입니다.

20 가장 오른쪽의 원의 중심에서 오른쪽으로 3칸 떨어진 곳을 원의 중심으로 하고 반지름이 모눈 1칸인 원을 그립니다.

22 【채점 가이드】 컴퍼스의 침을 세 곳에 꽂아 원을 그렸는지 확인합니다. 원의 일부만 그리거나 원을 여러 개 그리더라도 원의 중심이 서로 다른 세 곳에만 있다면 정답으로 인정합니다.

23 정사각형 ㄱㄷㅁㅅ을 그린 후 점 ㄱ과 점 ㅁ에 컴퍼스의 침을 꽂아 원의 일부분을 그린 것입니다.

24 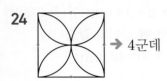 → 4군데

25
소희 → 5군데   민재 → 3군데

26 96 cm는 접시의 지름의 4배입니다.
(접시의 지름)=96÷4=24 (cm)
→ (접시의 반지름)=24÷2=12 (cm)

090쪽 2STEP 유형 다잡기

27 22 cm **28** 64 cm
12 50 cm / 【풀이】 3, 3, 25, 25, 50
29 56 cm **30** 6 cm
31 7 cm
13 3 cm / 【풀이】 2, 2, 6, 2, 6, 3
32 8 cm **33** 9 cm
34 【1단계】 예 가장 큰 원의 반지름은 가장 작은 원의 반지름의 4배입니다. ▶2점
【2단계】 (가장 큰 원의 반지름)
  =(가장 작은 원의 반지름)×4
  =9×4=36 (cm)
(가장 큰 원의 지름)=36×2=72 (cm) ▶3점
【답】 72 cm
35 22 cm

---

27 (선분 ㄱㄴ)=(큰 원의 반지름)+(작은 원의 반지름)
이므로 (큰 원의 반지름)=18−7=11 (cm)입니다.
→ (큰 원의 지름)=11×2=22 (cm)

28 (세로)=(원의 지름)=4×2=8 (cm)
(가로)=(원의 지름)×3
  =8×3=24 (cm)
→ (직사각형 ㄱㄴㄷㄹ의 네 변의 길이의 합)
  =24+8+24+8=64 (cm)

29 (원의 반지름)=(원의 지름)÷2=16÷2=8 (cm)
선분 ㄱㄴ의 길이는 원의 반지름의 7배입니다.
→ (선분 ㄱㄴ)=8×7=56 (cm)

30 (선분 ㄱㄴ)=(원의 지름)+(원의 지름)−4 cm이므로
(원의 지름)+(원의 지름)=20+4=24 (cm)입니다.
(원의 지름)=24÷2=12 (cm)
→ (원의 반지름)=12÷2=6 (cm)

31 (선분 ㄱㅅ)
=(선분 ㄱㄹ)+(선분 ㄹㅂ)+(선분 ㅂㅅ)
=5+5+(선분 ㄹㅂ)+2
=12+(선분 ㄹㅂ)
(선분 ㄱㅅ)=15 cm이므로
(선분 ㄹㅂ)=15−12=3 (cm)입니다.
→ (선분 ㄱㄷ)=(선분 ㄱㄹ)−(선분 ㄷㄹ)
  =(선분 ㄱㄹ)−(선분 ㄹㅂ)
  =10−3=7 (cm)

32 (큰 원의 반지름)=32÷2=16 (cm)
(작은 원의 지름)=(큰 원의 반지름)=16 cm
→ (작은 원의 반지름)=16÷2=8 (cm)

33 큰 원의 지름 36 cm는 작은 원의 지름의 2배입니다.
(작은 원의 지름)=36÷2=18 (cm)
→ (작은 원의 반지름)=18÷2=9 (cm)

35 (선분 ㄷㄹ)=2 cm, (선분 ㅁㅂ)=3 cm
(선분 ㄴㄷ)=(선분 ㄷㄹ)×2
  =2×2=4 (cm)
(선분 ㄱㄴ)=(선분 ㄴㄷ)×2
  =4×2=8 (cm)
(선분 ㄹㅁ)=2+3=5 (cm)
→ (선분 ㄱㅂ)=8+4+2+5+3=22 (cm)

14 9 cm / 풀이 반지름, 5, 18, 9, 9

36 15 cm   **37** 42 cm

38 47 cm

15 7 cm / 풀이 56, 14, 14, 7

39 42 cm   **40** 46 cm

41 1단계 예 (변 ㄱㄷ)=10 cm, (변 ㄴㄷ)=6 cm,
(변 ㄱㄴ)=10+6−4=12 (cm) ▶ 3점
2단계 (삼각형의 세 변의 길이의 합)
=10+6+12=28 (cm) ▶ 2점
답 28 cm

16 24 cm / 풀이 2, 2, 2, 2, 2, 12, 12, 2, 24

42 24 cm   **43** 62 cm

---

36 (선분 ㅇㄱ)=(선분 ㅇㄴ)=(원의 반지름)
원의 반지름을 ☐ cm라 하면
☐+☐+24+18=72, ☐+☐=30,
☐=15입니다.
→ 원의 반지름은 15 cm입니다.

37 (원의 반지름)=(정사각형의 한 변의 길이)
=48÷4=12 (cm)
→ (삼각형 ㅇㄹㅁ의 세 변의 길이의 합)
=(변 ㅇㄹ)+(변 ㄹㅁ)+(변 ㅇㅁ)
=12+18+12=42 (cm)

38 직사각형의 네 변의 길이의 합이 54 cm입니다.
(가로)+(세로)=(변 ㄴㄷ)+(변 ㄷㄹ)
=54÷2=27 (cm)
→ (삼각형 ㄹㄴㄷ의 세 변의 길이의 합)
=(변 ㄴㄷ)+(변 ㄷㄹ)+(변 ㄴㄹ)
=27+10+10=47 (cm)

39 삼각형 ㄱㄴㄷ의 세 변의 길이의 합은 원의 반지름의
6배입니다.
→ (삼각형 ㄱㄴㄷ의 세 변의 길이의 합)
=7×6=42 (cm)
다른 풀이 (삼각형 ㄱㄴㄷ의 한 변의 길이)
=(원의 반지름)×2
=7×2=14 (cm)
→ (삼각형 ㄱㄴㄷ의 세 변의 길이의 합)
=14×3=42 (cm)

40 (변 ㄱㄴ)=(변 ㄱㄹ)=10 cm,
(변 ㄷㄹ)=(변 ㄷㄴ)=13 cm이므로
사각형 ㄱㄴㄷㄹ의 네 변의 길이의 합은
10+13+13+10=46 (cm)입니다.

42 가장 작은 원의 지름은 8×2=16 (cm)이고 원의
지름이 8 cm씩 늘어나는 규칙입니다.
(다섯째 원의 지름)
=16+8+8+8+8=48 (cm)
→ 다섯째 원의 반지름은 48÷2=24 (cm)입니다.

43 선분 ㄱㄴ의 길이는 지름이 5×2=10 (cm)인 원 3개
의 지름의 합과 지름이 7×2=14 (cm)인 원 3개의
지름의 합에서 2 cm씩 5번 뺀 길이와 같습니다.
→ 10×3=30 (cm), 14×3=42 (cm),
2×5=10 (cm)이므로
(선분 ㄱㄴ)=30+42−10=62 (cm)입니다.

---

1 18 cm

2 예 / 10부분

3 ❶ 작은 원과 큰 원의 반지름 각각 구하기 ▶ 2점
❷ 직사각형의 가로와 세로 각각 구하기 ▶ 2점
❸ 직사각형의 네 변의 길이의 합 구하기 ▶ 1점

예 ❶ (작은 원의 반지름)=26÷2=13 (cm),
(큰 원의 반지름)=32÷2=16 (cm)
❷ (직사각형의 가로)
=(작은 원의 지름)+(큰 원의 지름)
=26+32=58 (cm)
(직사각형의 세로)
=(작은 원의 반지름)+(큰 원의 반지름)
=13+16=29 (cm)
❸ (직사각형의 네 변의 길이의 합)
=58+29+58+29=174 (cm)
답 174 cm

4 15 cm

5
❶ 선분 ㄱㄴ과 선분 ㄱㄷ의 길이 각각 구하기 ▶ 2점
❷ 선분 ㄴㄷ의 길이 구하기 ▶ 2점
❸ 삼각형 ㄱㄴㄷ의 세 변의 길이의 합 구하기 ▶ 1점

（예）❶ 점 ㄴ, 점 ㄷ이 각각 원의 중심이고 점 ㄱ은 원 위의 점이므로 선분 ㄱㄴ과 선분 ㄱㄷ의 길이는 원의 반지름인 24 cm와 같습니다.

❷ (선분 ㄴㄷ)＝24＋24－10＝38 (cm)

❸ (삼각형 ㄱㄴㄷ의 세 변의 길이의 합)
＝24＋38＋24＝86 (cm)

（답）86 cm

6 9개

7 (1) 18 cm (2) 14 cm, 14 cm (3) 4 cm

8 (1) 8 cm (2) 5개 (3) 3 cm

1 (선분 ㄱㄴ)＋(선분 ㄴㄷ)＋(선분 ㄱㄷ)
＝(세 원의 지름의 합)＝36 cm
→ (세 원의 반지름의 합)
＝(세 원의 지름의 합)÷2
＝36÷2＝18 (cm)

2 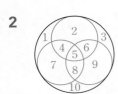 큰 원 안에 작은 원 3개를 겹치게 그리면서 작은 원들이 모두 큰 원에 맞닿게 그리면 모두 10부분으로 나누어집니다.

4 가장 큰 원의 지름은 정사각형의 한 변의 길이와 같으므로 41 cm입니다.
가장 큰 원의 지름은 가장 작은 원의 반지름과 중간 크기 원의 지름의 합이므로
(중간 크기 원의 지름)＝41－11＝30 (cm)입니다.
→ (중간 크기 원의 반지름)＝30÷2＝15 (cm)

6 직사각형 안에 서로 원의 중심을 지나도록 원을 그리면 그릴 수 있는 원의 개수는 원의 반지름이 들어가는 횟수보다 1만큼 적습니다.
(원의 반지름)＝4÷2＝2 (cm)
20÷2＝10이므로 반지름이 2 cm인 원을
10－1＝9(개)까지 그릴 수 있습니다.

7 (1) 원의 반지름이 9 cm이므로
(변 ㄱㄷ)＝9＋9＝18 (cm)입니다.

(2) 삼각형 ㄱㄴㄷ의 세 변의 길이의 합이 46 cm이므로 (변 ㄱㄴ)＋(변 ㄴㄷ)＝46－18＝28 (cm)입니다.
겹쳐진 길이가 같으므로
(변 ㄱㄴ)＝(변 ㄴㄷ)
＝28÷2＝14 (cm)입니다.

(3) 9＋9－㉠＝14, 18－㉠＝14, ㉠＝4

8 (1) 4×2＝8 (cm)이므로 지름이 8 cm씩 작아지도록 그려야 합니다.

(2) 46－8＝38 (cm), 38－8＝30 (cm), 30－8＝22 (cm), 22－8＝14 (cm), 14－8＝6 (cm)이므로 가장 큰 원 안에 그릴 수 있는 원은 모두 5개입니다.

(3) 그릴 수 있는 가장 작은 원의 지름이 6 cm이므로 반지름은 6÷2＝3 (cm)입니다.

097쪽 3단원 마무리

01 점 ㄷ

02 （예） 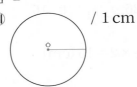 / 1 cm

03 선분 ㄴㅁ(또는 선분 ㅁㄴ)

04 4, 4   **05** 14 cm

06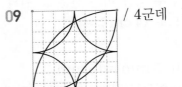
5 mm
5 mm

07 6 cm, 12 cm   **08** ( )
( )
(○)

09 / 4군데

10 정우   **11** 5 cm

12 ㉠, ㉢, ㉡　　　　　　　**13** 14 cm

14
❶ 규칙에 맞게 원 1개 더 그리기 ▶ 2점
❷ 규칙을 바르게 쓰기 ▶ 3점

❶
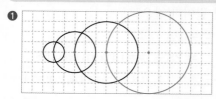

규칙 ❷ 예 원의 중심은 오른쪽으로 2칸, 3칸,
…씩 옮겨지고, 원의 반지름은 모눈 1칸씩 늘
어나는 규칙입니다.

15 24 cm　　　　　　　**16** 7 cm

17
❶ 선분 ㄱㄴ의 길이 구하기 ▶ 3점
❷ 선분 ㄴㄷ의 길이 구하기 ▶ 2점

예 ❶ (선분 ㄱㄴ)=24÷2=12 (cm)
❷ (선분 ㄴㄷ)=12÷2=6 (cm)
답 6 cm

18 60 cm

19
❶ 원의 반지름 구하기 ▶ 3점
❷ 원의 지름 구하기 ▶ 2점

예 ❶ 원의 반지름을 ☐ cm라 하면
☐+☐+10=26, ☐+☐=16, ☐=8입
니다.
❷ (원의 지름)=8×2=16 (cm)
답 16 cm

20 81 cm

---

02 원의 중심과 원 위의 한 점을 선으로 이어 보고 길이
를 재어 봅니다.

03 원의 지름은 원 위의 두 점을 이은 선분 중 원의 중
심을 지나는 선분이므로 선분 ㄴㅁ입니다.

04 한 원에서 원의 반지름의 길이는 모두 같습니다.

05 원의 지름은 원 위의 두 점을 이은 선분 중 원의 중
심을 지나는 선분이므로 14 cm입니다.

06 (원의 반지름)=1 cm 5 mm=15 mm
→ 모눈 1칸이 5 mm이므로 컴퍼스를 모눈 3칸만큼
벌려서 원을 그립니다.

07 (원의 반지름)=6 cm
→ (원의 지름)=6×2=12 (cm)
주의 주어진 선분 중 가장 긴 선분을 지름으로 보고 지름을
10 cm로 답하지 않도록 주의합니다.

08 (반지름이 14 cm인 원의 지름)
=14×2=28 (cm)

09 원의 중심이 되는 곳을 찾으면 모두 4군데입니다.

10 정우: 한 원에서 원의 반지름은 셀 수 없이 많이 그
을 수 있습니다.

11 (원의 반지름)=10÷2=5 (cm)
→ 컴퍼스를 원의 반지름인 5 cm만큼 벌려야 합니다.

12 ㉡ (지름이 22 cm인 원의 반지름)
=22÷2=11 (cm)
따라서 16 cm>14 cm>11 cm이므로 큰 원부터
차례로 기호를 쓰면 ㉠, ㉢, ㉡입니다.

13 선분 ㄱㄷ의 길이는 작은 원의 반지름과 큰 원의 지
름의 합과 같습니다.
(작은 원의 반지름)=4 cm
(큰 원의 지름)=5×2=10 (cm)
→ (선분 ㄱㄷ)=4+10=14 (cm)

15 (원의 반지름)=16÷2=8 (cm)
→ (삼각형 ㄱㄴㄷ의 세 변의 길이의 합)
=8×3=24 (cm)

16 사각형의 네 변의 길이의 합은 원의 반지름의 8배입
니다.
→ (원의 반지름)=56÷8=7 (cm)

18 (세로)=(원의 지름)=3×2=6 (cm)
(가로)=(원의 지름)×4=6×4=24 (cm)
→ (직사각형 ㄱㄴㄷㄹ의 네 변의 길이의 합)
=6+24+6+24=60 (cm)

20 선분 ㄱㄴ의 길이는 지름이 10×2=20 (cm)인 원
3개의 지름의 합과 지름이 6×2=12 (cm)인 원 3개
의 지름의 합에서 3 cm씩 5번 뺀 길이와 같습니다.
→ 20×3=60 (cm), 12×3=36 (cm),
3×5=15 (cm)이므로
(선분 ㄱㄴ)=60+36-15=81 (cm)입니다.

4 분수

102쪽 **1 STEP 개념 확인하기**

01 1, 1 **02** 2, 2

03 4, 3, 3

04 $3, \dfrac{1}{3}$ **05** $3, \dfrac{2}{3}$

103쪽 **1 STEP 개념 확인하기**

01 5묶음 / 예

02 6개

03 4부분 / 0 2 4 6 8 10 12 14 16 (cm)

04 8 cm

02 10의 $\dfrac{3}{5}$은 10을 똑같이 5묶음으로 나눈 것 중의 3묶음이므로 $2 \times 3 = 6$(개)입니다.

04 16의 $\dfrac{2}{4}$는 16을 똑같이 4부분으로 나눈 것 중의 2부분이므로 $4 \times 2 = 8$ (cm)입니다.

104쪽 **2 STEP 유형 다잡기**

①1 $\dfrac{4}{7}$ / 풀이 $7, 4, \dfrac{4}{7}$

01 5, 2 **02** 연서

03 ㉠ **04** 8

①2 $\dfrac{3}{7}$ / 풀이 $7, 3, \dfrac{3}{7}$

05 $\dfrac{1}{5}$

06 1단계 예 땅콩 48개를 봉지 6개에 똑같이 나누어 담았으므로 한 봉지에 8개씩입니다. ▶2점
2단계 땅콩 40개는 전체 봉지 6개 중 5개만큼이므로 $\dfrac{5}{6}$입니다. ▶3점

답 $\dfrac{5}{6}$

07 $\dfrac{4}{6}$

①3 4조각 / 풀이 3, 4, 4

08 (1)   (2)

09 6, 10 / 예 ★★★★★★★★★
★★★★★★★★★

01 15를 3씩 묶으면 5묶음이 되고 6은 그중 2묶음입니다. 6은 15의 $\dfrac{2}{5}$입니다.

02 준호: 18을 3씩 묶으면 6묶음이 됩니다.
→ 3은 18의 $\dfrac{1}{6}$입니다.

03 ㉠ 30을 2씩 묶으면 12는 15묶음 중 6묶음입니다.
㉡ 30을 3씩 묶으면 12는 10묶음 중 4묶음입니다.
㉢ 30을 6씩 묶으면 12는 5묶음 중 2묶음입니다.
6 > 4 > 2이므로 알맞은 수가 가장 큰 것은 ㉠입니다.

04 32는 40의 $\dfrac{4}{5}$이므로 40의 $\dfrac{1}{5}$은 $32 \div 4 = 8$입니다.
한 묶음에 8이므로 40을 8씩 묶은 것입니다.

05 45를 9씩 묶으면 모두 5묶음이 되고 그중 9는 1묶음입니다.
→ 9는 45의 $\dfrac{1}{5}$입니다.

07 24를 4씩 묶으면 6묶음이 됩니다. 남은 장미의 수는 $24 - 8 = 16$(송이)이고, 16은 4묶음입니다.
따라서 16은 24의 $\dfrac{4}{6}$입니다.

08 (1) 20을 똑같이 5묶음으로 나눈 것 중의 3묶음이므로 12입니다.
(2) 32를 똑같이 4묶음으로 나눈 것 중의 1묶음이므로 8입니다.

09 • 빨간색 별: 16을 똑같이 8묶음으로 나눈 것 중의 3묶음이므로 6입니다.
• 초록색 별: 16을 똑같이 8묶음으로 나눈 것 중의 5묶음이므로 10입니다.

106쪽 2STEP 유형 다잡기

10 ㉢ **11** 4

04 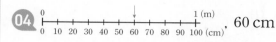, 60 cm

/ **풀이** 100, 100, 5, 20, 20, 60

12 **예** 0 1 2 3 4 5 6 7 8 9 10 11 12 (cm) / 8

13 (1) 2 (2) 10 **14** 23

15 **예** 6, 24 m

05 10분 / **풀이** 60, 60, 6, 10, 10

16 **예**  / 9시간

17 4시간 **18** ○ □ □

19 **1단계** **예** ㉠ 10시간을 똑같이 5부분으로 나눈 것 중의 4부분이므로 8시간입니다.
㉡ 16시간을 똑같이 8부분으로 나눈 것 중의 5부분이므로 10시간입니다. ▶4점
2단계 8<10이므로 나타내는 시간이 더 긴 것은 ㉡입니다. ▶1점
답 ㉡

20 리아

10 ㉠ 15를 똑같이 3묶음으로 나눈 것 중의 2묶음이므로 10입니다.
㉡ 18을 똑같이 9묶음으로 나눈 것 중의 5묶음이므로 10입니다.
㉢ 20을 똑같이 5묶음으로 나눈 것 중의 3묶음이므로 12입니다.

11 • 현우: 16을 4묶음으로 나눈 것 중의 3묶음이므로 12입니다.
• 주경: 20을 5묶음으로 나눈 것 중의 2묶음이므로 8입니다.
12>8 ➡ 12−8=4

12 12 cm의 $\frac{2}{3}$이므로 12 cm의 종이띠를 똑같이 3부분으로 나눈 후 2부분을 색칠합니다.
12 cm의 $\frac{2}{3}$는 8 cm입니다.

13 (1) 14 cm를 똑같이 7부분으로 나눈 것 중의 1부분이므로 2 cm입니다.
(2) 14 cm를 똑같이 7부분으로 나눈 것 중의 5부분이므로 10 cm입니다.

14 ㉠ 24 cm를 똑같이 3부분으로 나눈 것 중의 1부분이므로 8 cm입니다.
㉡ 24 cm를 똑같이 8부분으로 나눈 것 중의 5부분이므로 15 cm입니다.
➡ ㉠+㉡=8+15=23

15 **채점 가이드** 32 m를 똑같이 8부분으로 나눈 것 중의 1부분은 4 m임을 알고, ☐ 안의 수에 따라 길이를 (4×☐) m로 구하였는지 확인합니다.

16 12시간을 똑같이 4부분으로 나눈 것 중의 1부분은 3시간이므로 12시간의 $\frac{3}{4}$은 9시간입니다.

17 9시간을 똑같이 9부분으로 나눈 것 중의 4부분이므로 4시간입니다.

18 1시간=60분입니다.
• 60분의 $\frac{1}{3}$은 60분을 똑같이 3부분으로 나눈 것 중의 1부분이므로 20분입니다.
• 60분의 $\frac{3}{5}$은 60분을 똑같이 5부분으로 나눈 것 중의 3부분이므로 36분입니다.
• 60분의 $\frac{2}{6}$는 60분을 똑같이 6부분으로 나눈 것 중의 2부분이므로 20분입니다.
따라서 나타내는 시간이 같은 것은 1시간의 $\frac{1}{3}$과 1시간의 $\frac{2}{6}$입니다.

20 1시간=60분, 1분=60초
규민: 60분을 똑같이 5부분으로 나눈 것 중의 1부분이므로 12분입니다.
도율: 60분을 똑같이 6부분으로 나눈 것 중의 5부분이므로 50분입니다.
리아: 60초를 똑같이 3부분으로 나눈 것 중의 2부분이므로 40초입니다.
따라서 바르게 말한 사람은 리아입니다.

06 2조각 / 풀이 2, 2

21 20개

22 1단계 예 1시간은 60분입니다. 60을 똑같이 10부분으로 나눈 것 중의 1부분은 6이므로 1시간의 $\frac{1}{10}$은 6분입니다. ▶2점

2단계 $\frac{7}{10}$은 $\frac{1}{10}$의 7배이므로 미나가 수영한 시간은 $6 \times 7 = 42$(분)입니다. ▶3점

답 42분

23 16 km　　　　**24** 14장

07 (○) (　　)

/ 풀이 3, 15, 5, 10, 15, >, 10

25 예 가

/ 가

26 케이크　　　　**27** 주혁, 1장

08 35 / 풀이 3, 3, 5, 5, 35

28 1단계 예 $\frac{2}{5}$는 $\frac{1}{5}$의 2배이므로 어떤 수의 $\frac{1}{5}$은 $16 \div 2 = 8$입니다. ▶3점

2단계 어떤 수의 $\frac{1}{5}$은 8이므로 어떤 수는 $8 \times 5 = 40$입니다. ▶2점

답 40

29 72 cm

21 28개의 $\frac{1}{7}$은 4개이므로 28개의 $\frac{5}{7}$는 20개입니다.

23 36 km의 $\frac{1}{9}$은 4 km이므로 36 km의 $\frac{5}{9}$는 20 km입니다.
따라서 집에서 호수까지의 거리는 20 km이고, 호수에서 놀이공원까지의 거리는 $36 - 20 = 16$ (km)입니다.

24 • 선우: 30장을 똑같이 3으로 나눈 것 중의 1이므로 10장입니다.
• 남호: 30장을 똑같이 5로 나눈 것 중의 1이므로 6장입니다.
→ (남은 우표의 수) $= 30 - 10 - 6 = 14$(장)

25 • 20 km의 $\frac{1}{5}$은 4 km이므로 20 km의 $\frac{4}{5}$는 16 km입니다.
• 20 km의 $\frac{1}{10}$은 2 km이므로 20 km의 $\frac{7}{10}$은 14 km입니다.
$16 > 14$이므로 이동한 거리가 더 긴 자전거는 가입니다.

26 30개의 $\frac{1}{5}$은 6개이므로 30개의 $\frac{2}{5}$는 12개입니다.
30개의 $\frac{1}{15}$은 2개이므로 30개의 $\frac{7}{15}$은 14개입니다.
$12 < 14$이므로 달걀을 더 많이 사용하는 것은 케이크입니다.

27 • 주혁: 45장을 똑같이 5묶음으로 나눈 것 중의 4묶음이므로 36장입니다.
• 성주: 56장을 똑같이 8묶음으로 나눈 것 중의 5묶음이므로 35장입니다.
→ $36 > 35$이므로 주혁이가 성주보다 붙임딱지를 $36 - 35 = 1$(장) 더 많이 모았습니다.

29 $\frac{5}{9}$는 $\frac{1}{9}$의 5배이므로 처음 철사의 $\frac{1}{9}$은 $40 \div 5 = 8$ (cm)입니다. 처음 철사의 $\frac{1}{9}$은 8 cm이므로 처음 철사는 $8 \times 9 = 72$ (cm)입니다.

01 '진분수'에 ○표　　**02** 1

03 3　　　　　　　　**04** 5

05 $\frac{4}{6}$, $\frac{7}{6}$　　　　**06** $\frac{5}{6}$에 색칠

07 $\frac{10}{10}$에 색칠　　　**08** 4에 색칠

05 수직선에서 작은 눈금 한 칸의 크기는 $\frac{1}{6}$입니다.
0에서부터 4칸만큼 더 간 곳은 $\frac{4}{6}$, 0에서부터 7칸만큼 더 간 곳은 $\frac{7}{6}$입니다.

유형책

4 단원

06 분자가 분모보다 작은 분수를 진분수라고 합니다.

07 분자가 분모와 같거나 분모보다 큰 분수를 가분수라고 합니다.

08 1, 2, 3, 4, …와 같은 수를 자연수라고 합니다.

111쪽 1STEP 개념 확인하기

01 $1\dfrac{4}{5}$ **02** $1\dfrac{2}{5}$

03 $2\dfrac{3}{5}$ **04** 10, 12

05 1, 2, 1 **06** $\dfrac{8}{2}$, 9

112쪽 1STEP 개념 확인하기

01 > **02** >
03 방법1 13, < 방법2 2, 3, <

01 $\dfrac{8}{5}$은 $\dfrac{1}{5}$이 8개, $\dfrac{6}{5}$은 $\dfrac{1}{5}$이 6개이므로 $\dfrac{8}{5}>\dfrac{6}{5}$입니다.

02 2>1이므로 $2\dfrac{1}{4}>1\dfrac{3}{4}$입니다.

03 방법1 13<15이므로 $\dfrac{13}{6}<\dfrac{15}{6}$ → $2\dfrac{1}{6}<\dfrac{15}{6}$입니다.

방법2 1<3이므로 $2\dfrac{1}{6}<2\dfrac{3}{6}$ → $2\dfrac{1}{6}<\dfrac{15}{6}$입니다.

113쪽 2STEP 유형 다잡기

09 $\dfrac{5}{8}$, $\dfrac{8}{10}$, $\dfrac{6}{7}$에 ○표 / 풀이 <

01 3개 **02** ⑤

03 이유 예 진분수는 분자가 분모보다 작아야 하는데 $\dfrac{10}{10}$은 분자가 분모와 같으므로 진분수가 아닙니다. ▶5점

---

04 $\dfrac{1}{5}$, $\dfrac{2}{5}$, $\dfrac{3}{5}$, $\dfrac{4}{5}$ **05** 6

10 ㉡ / 풀이 >

06 리아

01 분모가 4이므로 분자가 4보다 작은 분수를 모두 찾습니다.

→ $\dfrac{1}{4}$, $\dfrac{2}{4}$, $\dfrac{3}{4}$으로 3개입니다.

02 진분수는 분자가 분모보다 작은 분수이므로 분모와 같은 8은 ■가 될 수 없습니다.

04 분모가 5이고 분자가 5보다 작은 분수를 모두 씁니다.

05 분모가 7인 진분수의 분자가 될 수 있는 수는 7보다 작은 수입니다. 따라서 ★이 될 수 있는 가장 큰 수는 6입니다.

06 분자가 분모와 같은 분수는 1과 같습니다.
분자가 분모와 같은 분수를 말한 사람은 리아입니다.

114쪽 2STEP 유형 다잡기

07 3개 **08** ㉢

09 1단계 예 가분수는 분자가 분모와 같거나 분모보다 큰 분수이므로 분자는 9와 같거나 9보다 커야 합니다. ▶3점

2단계 9와 같거나 9보다 큰 수 중에서 가장 작은 수는 9이므로 가장 작은 가분수는 $\dfrac{9}{9}$입니다.
▶2점

답 $\dfrac{9}{9}$

11 $2\dfrac{4}{7}$, 2와 7분의 4 / 풀이 2, $\dfrac{4}{7}$, $2\dfrac{4}{7}$

10
(1) •
(2) •

11 예

12 (○) (   ) (   ) (○)

13 1, 3, 5

12 진 / 풀이 <, '진분수'에 ○표

14 $\left(\dfrac{19}{6}\right)$ $\dfrac{5}{6}$ $\triangle 3\dfrac{5}{6}$ $\left(\dfrac{6}{5}\right)$ 4

15 예 $\dfrac{4}{9}$ / $\dfrac{7}{3}$ / $2\dfrac{1}{6}$

16 (   ) (○) (   )

17 주경

07 가분수는 분자가 분모와 같거나 분모보다 큰 분수입니다.
→ $\dfrac{5}{4}$, $\dfrac{10}{6}$, $\dfrac{5}{5}$로 3개입니다.

08 ㉢ 분자가 분모와 같은 분수도 가분수입니다.

10 (1) $3\dfrac{2}{7}$ → 3과 7분의 2
(2) $7\dfrac{3}{5}$ → 7과 5분의 3

11 자연수 부분이 3이므로 원 3개를 색칠하고, 진분수 부분이 $\dfrac{4}{8}$이므로 원 한 개를 똑같이 8로 나눈 것 중 4만큼 색칠합니다.

12 자연수와 진분수로 이루어진 분수를 대분수라고 합니다.

13 대분수는 자연수와 진분수로 이루어진 분수이므로 분자는 분모보다 작아야 합니다.
→ □ 안에 들어갈 수 있는 수: 1, 3, 5

14 가분수: 분자가 분모와 같거나 분모보다 큰 분수
→ $\dfrac{19}{6}$, $\dfrac{6}{6}$
대분수: 자연수와 진분수로 이루어진 분수 → $3\dfrac{5}{6}$

15 채점 가이드 1부터 9까지의 자연수 중 서로 다른 수를 이용하여 분수를 만듭니다. 진분수와 가분수는 분모와 분자의 크기에 주의하고, 대분수는 자연수와 진분수로 이루어졌는지 확인합니다.

16 $\dfrac{3}{3}$ → 가분수, $\dfrac{4}{9}$ → 진분수

17 $\dfrac{15}{4}$ → 가분수, $1\dfrac{2}{5}$ → 대분수, $\dfrac{8}{9}$ → 진분수

116쪽 2STEP 유형 다잡기

13 $3\dfrac{1}{5}$ / 풀이 15, 3, $3\dfrac{1}{5}$

18 (1) $\dfrac{20}{9}$ (2) $5\dfrac{2}{7}$

19 예 [수직선] / $2\dfrac{3}{8}$

20 $\dfrac{40}{11}$ m   **21** $1\dfrac{5}{9}$

22 1단계 예 $\dfrac{17}{4}$을 대분수로 나타내면 $4\dfrac{1}{4}$,
$\dfrac{27}{7}$을 대분수로 나타내면 $3\dfrac{6}{7}$,
$\dfrac{33}{6}$을 대분수로 나타내면 $5\dfrac{3}{6}$입니다. ▶3점
2단계 3<4<5이므로 자연수가 가장 작은 가분수는 $3\dfrac{6}{7}=\dfrac{27}{7}$입니다. ▶2점
답 $\dfrac{27}{7}$

14 (   ) (○) / 풀이 >, >

23 [수직선] / >

24 (위에서부터) $3\dfrac{5}{9}$ / $\dfrac{30}{9}$, $3\dfrac{5}{9}$

25 $\dfrac{25}{3}$, $\dfrac{22}{3}$, $4\dfrac{1}{3}$, $\dfrac{10}{3}$

15 $7\dfrac{2}{3}$ / 풀이 '큰', '진분수'에 ○표

26 $\dfrac{5}{2}$, $\dfrac{7}{2}$, $\dfrac{7}{5}$

27 1단계 예 대분수의 분수 부분은 진분수입니다. 대분수의 분모가 5이므로 분자가 될 수 있는 수는 3, 4입니다. ▶2점
2단계 분모가 5인 대분수는 $4\dfrac{3}{5}$, $9\dfrac{3}{5}$, $3\dfrac{4}{5}$, $9\dfrac{4}{5}$로 모두 4개입니다. ▶3점
답 4개

18 (1) $2\dfrac{2}{9}$ → $\dfrac{18}{9}$과 $\dfrac{2}{9}$ → $\dfrac{20}{9}$
(2) $\dfrac{37}{7}$ → $\dfrac{35}{7}$와 $\dfrac{2}{7}$ → 5와 $\dfrac{2}{7}$ → $5\dfrac{2}{7}$

19 한 칸의 크기가 $\frac{1}{8}$이므로 19칸을 색칠합니다.

$$\frac{19}{8} \to \frac{16}{8}\text{과 } \frac{3}{8} \to 2\text{와 } \frac{3}{8} \to 2\frac{3}{8}$$

20 $3\frac{7}{11} \to \frac{33}{11}$과 $\frac{7}{11} \to \frac{40}{11}$

21 $\frac{1}{9}$이 14개인 수는 $\frac{14}{9}$입니다.

$\to \frac{14}{9}$에서 $\frac{9}{9}$는 1로 나타내고 나머지 진분수는 $\frac{5}{9}$이므로 $1\frac{5}{9}$입니다.

23 수직선의 작은 눈금 한 칸의 크기는 $\frac{1}{5}$입니다.

두 분수를 수직선에 나타내면 $2\frac{3}{5}$이 $\frac{11}{5}$보다 오른쪽에 있으므로 $2\frac{3}{5} > \frac{11}{5}$입니다.

참고 수직선에서 오른쪽에 있을수록 더 큰 수입니다.

24 • $30 > 23 \to \frac{30}{9} > \frac{23}{9}$

• $3 > 2 \to 3\frac{5}{9} > 2\frac{7}{9}$

• $\frac{30}{9} = 3\frac{3}{9}$이므로 $3\frac{3}{9} < 3\frac{5}{9} \to \frac{30}{9} < 3\frac{5}{9}$입니다.

25 $4\frac{1}{3} = \frac{13}{3}$

분모가 모두 같으므로 분자의 크기를 비교하면

$\frac{25}{3} > \frac{22}{3} > \frac{13}{3}\left(=4\frac{1}{3}\right) > \frac{10}{3}$입니다.

다른 풀이 $\frac{25}{3} = 8\frac{1}{3}$, $\frac{10}{3} = 3\frac{1}{3}$, $\frac{22}{3} = 7\frac{1}{3}$

자연수가 모두 다르므로 자연수의 크기를 비교하면

$8\frac{1}{3}\left(=\frac{25}{3}\right) > 7\frac{1}{3}\left(=\frac{22}{3}\right) > 4\frac{1}{3} > 3\frac{1}{3}\left(=\frac{10}{3}\right)$

입니다.

26 $2 < 5 < 7$이므로 분모에 놓을 수 있는 수는 2와 5입니다. 분모가 2 또는 5일 때 만들 수 있는 가분수를 각각 구합니다.

• 분모가 2 $\to \frac{5}{2}$, $\frac{7}{2}$

• 분모가 5 $\to \frac{7}{5}$

118쪽 2STEP 유형 다잡기

28 7, 5, $\frac{47}{6}$

16 사과주스 / **풀이** $>$, $>$, 사과주스

29 밀가루   **30** 수학 숙제

31 **1단계** **예** $\frac{33}{8}$을 대분수로 나타내면 $4\frac{1}{8}$입니다. ▶2점

2단계 $3 < 4$이므로 $3\frac{7}{8} < 4\frac{1}{8}$입니다. 따라서 리본을 더 적게 사용한 사람은 민아입니다. ▶3점

답 민아

32 소방서

17 10, 12에 ○표 / **풀이** 9, 9, 9, 10, 12

33 **1단계** **예** $1\frac{10}{13}$을 가분수로 나타내면 $\frac{23}{13}$이고, $2\frac{1}{13}$을 가분수로 나타내면 $\frac{27}{13}$입니다. ▶2점

2단계 $\frac{23}{13} < \frac{\square}{13} < \frac{27}{13}$이므로 $23 < \square < 27$입니다.

$\to \square$ 안에 들어갈 수 있는 자연수는 24, 25, 26으로 모두 3개입니다. ▶3점

답 3개

34 3, 4, 5

18 5개 / **풀이** 4, 6, 6, 5

35 $\frac{10}{10}$, $\frac{11}{10}$, $\frac{12}{10}$ **36** $6\frac{9}{12}$

37 5개

---

28 가장 큰 대분수를 만들려면 자연수 부분에 가장 큰 수인 7을 놓고, 분모가 6이므로 분자에 5를 놓아야 합니다. 따라서 만든 대분수는 $7\frac{5}{6}$입니다.

$$7\frac{5}{6} \to \frac{42}{6}\text{와 } \frac{5}{6} \to \frac{47}{6}$$

29 분자의 크기를 비교하면 $7 < 8$이므로 $\frac{7}{3} < \frac{8}{3}$입니다. 따라서 더 많이 사용한 것은 밀가루입니다.

30 $11 > 9$이므로 $\frac{11}{8} > \frac{9}{8}$입니다.

$\to$ 윤정이는 수학 숙제를 더 오래 했습니다.

32 $\dfrac{30}{7}=4\dfrac{2}{7}$이므로 $5\dfrac{1}{7}>4\dfrac{6}{7}>4\dfrac{2}{7}$입니다.

병원에서 가장 가까운 곳은 소방서입니다.

34 $\dfrac{20}{7}=2\dfrac{6}{7}$, $\dfrac{40}{7}=5\dfrac{5}{7}$입니다.

물감이 묻어 보이지 않는 부분을 □라 하면

$2\dfrac{6}{7}<\square\dfrac{3}{7}<5\dfrac{5}{7}$입니다.

→ □ 안에 들어갈 수 있는 자연수는 3, 4, 5입니다.

35 분모가 10인 가분수는 $\dfrac{10}{10}$, $\dfrac{11}{10}$, $\dfrac{12}{10}$, $\dfrac{13}{10}$, …입니다.

이 중에서 분자가 13보다 작은 분수는 $\dfrac{10}{10}$, $\dfrac{11}{10}$, $\dfrac{12}{10}$

입니다.

36 분모가 12인 대분수: $\square\dfrac{\square}{12}$

7보다 작은 대분수이므로 자연수가 될 수 있는 가장
큰 수는 6입니다. 분자는 10보다 작으므로 분자가
될 수 있는 가장 큰 수는 9입니다.

따라서 조건에 맞는 분수 중에서 가장 큰 분수는

$6\dfrac{9}{12}$입니다.

37 분모가 16인 가분수: $\dfrac{\square}{16}$

$2\dfrac{3}{16}=\dfrac{35}{16}$이므로 $\dfrac{29}{16}<\dfrac{\square}{16}<\dfrac{35}{16}$에서

$29<\square<35$입니다.

→ □ 안에 들어갈 수 있는 자연수는 30, 31, 32,

33, 34이므로 조건을 만족하는 분수는

$\dfrac{30}{16}$, $\dfrac{31}{16}$, $\dfrac{32}{16}$, $\dfrac{33}{16}$, $\dfrac{34}{16}$로 모두 5개입니다.

120쪽 **3 STEP** 응용 해결하기

1   9

2   ❶ 수진이가 먹은 귤 수 구하기 ▶ 2점
❷ 지영이가 먹은 귤 수 구하기 ▶ 2점
❸ 수진이와 지영이가 먹은 귤 수의 합 구하기 ▶ 1점

---

⑩ ❶ 60의 $\dfrac{3}{5}$은 36이므로 수진이가 먹은 귤은
36개입니다.
❷ 36의 $\dfrac{4}{9}$는 16이므로 지영이가 먹은 귤은 16
개입니다.
❸ 수진이와 지영이가 먹은 귤은 모두
$36+16=52$(개)입니다.

웹 52개

3   3가지

4   ❶ 대분수나 자연수를 모두 가분수로 나타내기 ▶ 2점
❷ $2\dfrac{5}{7}$보다 크고 $\dfrac{30}{7}$보다 작은 수 구하기 ▶ 3점

⑩ ❶ $2\dfrac{5}{7}=\dfrac{19}{7}$, $5\dfrac{4}{7}=\dfrac{39}{7}$, $4\dfrac{1}{7}=\dfrac{29}{7}$,

$3=\dfrac{21}{7}$

❷ $\dfrac{15}{7}<2\dfrac{5}{7}\left(=\dfrac{19}{7}\right)<3\left(=\dfrac{21}{7}\right)<\dfrac{27}{7}$

$<4\dfrac{1}{7}\left(=\dfrac{29}{7}\right)<\dfrac{30}{7}<5\dfrac{4}{7}\left(=\dfrac{39}{7}\right)$

따라서 $2\dfrac{5}{7}$보다 크고 $\dfrac{30}{7}$보다 작은 수는

$\dfrac{27}{7}$, $4\dfrac{1}{7}$, 3입니다.

웹 $\dfrac{27}{7}$, $4\dfrac{1}{7}$, 3

5   8시간

6 $2\dfrac{1}{4}$

7   (1) 6, 7, 8, 9, 10, 11
(2) 1, 2, 3, 4, 5, 6, 7, 8, 9
(3) 4개

8   (1) 120 m   (2) 96 m

---

1   잘못 구한 값을 이용하여 어떤 수를 먼저 구합니다.
$\dfrac{5}{6}$는 $\dfrac{1}{6}$이 5개인 수이므로 어떤 수의 $\dfrac{1}{6}$은
$20\div5=4$입니다. 어떤 수의 $\dfrac{1}{6}$이 4이므로 어떤 수
는 $4\times6=24$입니다.
24의 $\dfrac{1}{8}$은 3이므로 24의 $\dfrac{3}{8}$은 9입니다. 따라서 바
르게 구한 값은 9입니다.

3 $3<\blacksquare<9$이므로 $\blacksquare=4, 5, 6, 7, 8$입니다.

$2<\bullet<7$이므로 $\bullet=3, 4, 5, 6$입니다.

$\dfrac{\blacksquare}{\bullet}$가 진분수가 되려면 $\blacksquare<\bullet$이므로 $\bullet$가 될 수 있는 수는 5, 6입니다.

• $\bullet$가 5일 때 $\blacksquare$는 4가 될 수 있습니다. → 1가지
• $\bullet$가 6일 때 $\blacksquare$는 4, 5가 될 수 있습니다. → 2가지
→ $1+2=3$(가지)

5 하루는 24시간입니다.

• 잠을 잔 시간: 24의 $\dfrac{1}{3}$ → 8시간

• 학교 생활을 한 시간: 24의 $\dfrac{2}{8}$ → 6시간

• 밥을 먹은 시간: 24의 $\dfrac{1}{12}$ → 2시간

따라서 오늘 하루 중 남은 시간은
$24-8-6-2=8$(시간)입니다.

6

합이 13인 두 수	12	11	10	9	8	7
	1	2	3	4	5	6
두 수의 차	11	9	7	5	3	1

따라서 조건을 만족하는 분수는 $\dfrac{9}{4}$이고, 대분수로 나타내면 $2\dfrac{1}{4}$입니다.

7 (1) $\dfrac{38}{13}=2\dfrac{12}{13}$이므로 $2\dfrac{5}{13}<2\dfrac{\textcircled{\tiny ㉠}}{13}<2\dfrac{12}{13}$입니다.

자연수 부분의 크기가 모두 같으므로 ㉠에 들어갈 수 있는 수는 6, 7, 8, 9, 10, 11입니다.

(2) $1\dfrac{3}{7}=\dfrac{10}{7}$이므로 $\dfrac{\textcircled{\tiny ㉡}}{7}<\dfrac{10}{7}$입니다. ㉡<10이므로 ㉡에 들어갈 수 있는 수는 1, 2, 3, 4, 5, 6, 7, 8, 9입니다.

(3) ㉠과 ㉡에 공통으로 들어갈 수 있는 자연수는 6, 7, 8, 9로 모두 4개입니다.

8 (1) 150의 $\dfrac{4}{5}$는 120이므로 첫 번째로 튀어 오르는 공의 높이는 120 m입니다.

(2) 120의 $\dfrac{4}{5}$는 96이므로 두 번째로 튀어 오르는 공의 높이는 96 m입니다.

---

01 예

/ $\dfrac{3}{4}$

02 30

03 $\dfrac{7}{3}$

04 $\dfrac{3}{4}$, $\dfrac{1}{5}$ / $\dfrac{9}{9}$, $\dfrac{12}{11}$ / $3\dfrac{4}{7}$, $1\dfrac{3}{10}$

05 예 $\dfrac{7}{5}$ ▭ ▭ / $<$

$\dfrac{9}{5}$ ▭ ▭

06 7개

07 ㉠   **08** 14

09 $\dfrac{16}{15}$ **10** $\dfrac{4}{9}$

11 유나

12
> ❶ 꽃이 핀 화분의 수 구하기 ▶ 3점
> ❷ 꽃이 피지 않은 화분의 수 구하기 ▶ 2점

예 ❶ 21의 $\dfrac{2}{7}$는 6이므로 꽃이 핀 화분은 6개입니다.

❷ (꽃이 피지 않은 화분의 수)
$=21-6=15$(개)

답 15개

13 7   **14** 56

15 선정, 5초

16 4개

17
> ❶ 가분수를 대분수로 나타내기 ▶ 2점
> ❷ 작은 분수부터 차례로 구하기 ▶ 3점

예 ❶ $\dfrac{27}{8}$을 대분수로 나타내면 $3\dfrac{3}{8}$입니다.

❷ $3<5<7$이므로 $3\dfrac{3}{8}<3\dfrac{5}{8}<3\dfrac{7}{8}$입니다.

작은 분수부터 차례로 쓰면 $\dfrac{27}{8}$, $3\dfrac{5}{8}$, $3\dfrac{7}{8}$입니다.

답 $\dfrac{27}{8}$, $3\dfrac{5}{8}$, $3\dfrac{7}{8}$

18 $\dfrac{13}{13}$, $\dfrac{14}{13}$

19 12 cm

20

❶ 대분수를 가분수로 각각 나타내기 ▶ 3점

❷ □ 안에 들어갈 수 있는 자연수의 개수 구하기 ▶ 2점

예 ❶ $2\frac{7}{9}$ 을 가분수로 나타내면 $\frac{25}{9}$ 입니다.

$3\frac{1}{9}$ 을 가분수로 나타내면 $\frac{28}{9}$ 입니다.

❷ $\frac{25}{9} < \frac{\square}{9} < \frac{28}{9}$ 이므로 $25 < \square < 28$ 입니다. □ 안에 들어갈 수 있는 자연수는 26, 27로 모두 2개입니다.

답 2개

04 진분수: 분자가 분모보다 작은 분수 → $\frac{3}{4}$, $\frac{1}{5}$

가분수: 분자가 분모와 같거나 분모보다 큰 분수

→ $\frac{9}{9}$, $\frac{12}{11}$

대분수: 자연수와 진분수로 이루어진 분수

→ $3\frac{4}{7}$, $1\frac{3}{10}$

05 $\frac{7}{5}$ 은 7칸, $\frac{9}{5}$ 는 9칸을 색칠합니다.

색칠한 부분을 비교하면 $\frac{7}{5} < \frac{9}{5}$ 입니다.

06 분모가 8인 진분수: $\frac{1}{8}$, $\frac{2}{8}$, $\frac{3}{8}$, $\frac{4}{8}$, $\frac{5}{8}$, $\frac{6}{8}$, $\frac{7}{8}$

→ 7개

07 각각 나타내는 수를 구하면 ㉠ 8, ㉡ 10, ㉢ 10입니다.

→ 나타내는 수가 다른 하나는 ㉠입니다.

08 • 18을 3씩 묶으면 15는 6묶음 중 5묶음이므로 ㉠=5입니다.

• 28을 4씩 묶으면 20은 7묶음 중 5묶음이므로 ㉡=7입니다.

• 42를 6씩 묶으면 12는 7묶음 중 2묶음이므로 ㉢=2입니다.

→ ㉠＋㉡＋㉢＝5＋7＋2＝14

09 분모가 15인 가분수의 분자가 될 수 있는 수는 15이거나 15보다 큰 수입니다.

→ 분모가 15인 가분수 중에서 가장 작은 수는 $\frac{15}{15}$, 두 번째로 작은 수는 $\frac{16}{15}$ 입니다.

10 36을 4씩 묶으면 모두 9묶음이고, 16은 9묶음 중 4묶음입니다. → 16개는 36개의 $\frac{4}{9}$ 입니다.

11 $1\frac{11}{12} = \frac{23}{12}$

$\frac{23}{12} > \frac{17}{12}$ 이므로 $1\frac{11}{12} > \frac{17}{12}$ 입니다.

→ 더 짧은 끈을 가지고 있는 사람은 유나입니다.

13 $2\frac{\square}{10}$ 에서 2는 $\frac{1}{10}$ 이 20개, $\frac{\square}{10}$ 는 $\frac{1}{10}$ 이 □개로

$\frac{1}{10}$ 이 (20＋□)개입니다.

20＋□＝27이므로 □＝27－20＝7입니다.

다른 풀이 $\frac{27}{10}$ 을 대분수로 나타내면 $2\frac{7}{10}$ 입니다.

$2\frac{\square}{10} = 2\frac{7}{10}$ 이므로 □＝7입니다.

14 어떤 수를 똑같이 14묶음으로 나눈 것 중의 1묶음이 4이므로 어떤 수는 $4 \times 14 = 56$입니다.

15 • 선정: 1분의 $\frac{1}{4}$ 은 15초입니다.

• 단우: 1분의 $\frac{2}{6}$ 는 20초입니다.

→ 15초＜20초이므로 선정이가 20－15＝5(초) 더 빠르게 달렸습니다.

16 분모가 7인 대분수를 만들면 $2\frac{6}{7}$, $6\frac{2}{7}$, $9\frac{2}{7}$, $9\frac{6}{7}$ 으로 모두 4개입니다.

18 $1\frac{2}{13} = \frac{15}{13}$

분모가 13인 가분수를 $\frac{\square}{13}$ 라 하면 12＜□이고,

$\frac{\square}{13} < \frac{15}{13}$ 이므로 □＜15입니다.

□ 안에 들어갈 수 있는 자연수는 13, 14입니다.

→ 조건을 만족하는 분수는 $\frac{13}{13}$, $\frac{14}{13}$ 입니다.

19 • 빨간색: 24의 $\frac{2}{6}$ 는 8이므로 8 cm입니다.

• 노란색: 24의 $\frac{1}{6}$ 은 4이므로 4 cm입니다.

→ (빨간색과 노란색으로 색칠한 부분의 길이)
＝8＋4＝12 (cm)

4
단원

5 들이와 무게

128쪽 1 STEP 개념 확인하기

01 < 02 <
03 6 04 4
05 2

01 물을 옮겨 담았을 때 생수병이 가득 차지 않았으므로 생수병의 들이가 더 많습니다.

02 꽃병에서 옮겨 담은 물의 높이가 더 낮으므로 꽃병의 들이가 더 적습니다.

05 6−4=2(개)

129쪽 1 STEP 개념 확인하기

01 $3L$, 3 리터
02 $500\,mL$, 500 밀리리터
03 $2L\,490\,mL$,
2 리터 490 밀리리터
04 3 05 7000
06 2500 07 4, 900

05 1 L=1000 mL → 7 L=7000 mL

130쪽 1 STEP 개념 확인하기

01 ( ) (○) 02 (○) ( )
03 'mL'에 ○표 04 'L'에 ○표
05 수족관 06 종이컵
07 주전자 08 mL
09 L

03 적은 양의 들이는 mL, 많은 양의 들이는 L를 사용합니다.

131쪽 1 STEP 개념 확인하기

01 3, 700 02 1 / 8, 200
03 1, 300 04 4, 1000 / 2, 900

02 mL 단위의 수끼리 더한 값이 1000이거나 1000보다 크면 1000 mL를 1 L로 받아올림합니다.

04 mL 단위의 수끼리 뺄 수 없을 때에는 1 L를 1000 mL로 받아내림합니다.

132쪽 2 STEP 유형 다잡기

01 2, 1, 3 / 풀이 '모양', '크기'에 ○표
01 국그릇 02 대야, 주스병, 그릇
03 4배 04 다 컵
05 '없습니다'에 ○표 ▶ 2점
이유 예 옮겨 담은 컵의 모양과 크기가 다르므로 두 물통의 들이를 비교할 수 없습니다. ▶ 3점
02 400 mL
/ 풀이 400, 'mL'에 ○표, 400, 'mL'에 ○표
06 7, 600 07 (1), (2), (3)
08 ㉡
03 6 L 80 mL / 풀이 6000, 6, 80, 6, 80
09 3, 950, 3950 10 2 L 15 mL
11 1300 mL

02 옮겨 담은 물의 높이가 높을수록 들이가 더 많습니다.

03 옮겨 담은 컵의 수를 비교하면 8>4>2이므로 들이가 가장 많은 용기는 삼각플라스크이고, 들이가 가장 적은 용기는 비커입니다. → 8÷2=4(배)

04 부은 횟수를 비교하면 12>10>7입니다.
→ 부은 횟수가 가장 많은 다 컵의 들이가 가장 적습니다.

07
(1) $5\,L = 5000\,mL$
(2) $9000\,mL = 9\,L$
(3) $2\,L = 2000\,mL$

08 ㉠ $1\,mL$는 1 밀리리터라고 읽습니다.
㉡ $5\,mL$는 $1\,L$보다 적은 양입니다.

09 물병의 물을 모두 부으면 수조의 물은 $3\,L$보다
$950\,mL$ 더 많아지므로 $3\,L\ 950\,mL$가 됩니다.
→ $1\,L = 1000\,mL$이므로
$3\,L\ 950\,mL = 3950\,mL$입니다.

10 $1000\,mL = 1\,L$이므로 $2150\,mL = 2\,L\ 150\,mL$
입니다.

11 $1\,L = 1000\,mL$이므로 $1\,L\ 300\,mL = 1300\,mL$
입니다.
→ 현주가 산 망고주스는 $1300\,mL$입니다.

134쪽 **2 STEP 유형 다잡기**

12 답 ㉡ ▶2점
[바르게 고친 문장] 예 $5030\,mL$는 $5\,L\ 30\,mL$입니다. ▶3점

04 ( ) (○) / 풀이 8400, <, 8400

13 (1) < (2) = 　　**14** ㉡, ㉠, ㉢

15 [1단계] 예 $5\,L\ 20\,mL = 5020\,mL$ ▶3점
[2단계] $5020\,mL > 4950\,mL$이므로 간장이 더
많습니다. ▶2점
답 간장

16 6개

05 예 약 $600\,mL$ / 풀이 200, 600, 600

17 예 약 $1\,L$ 　　**18** 예 약 $2\,L$

19 서하

06 'mL'에 ○표 / 풀이 '적습니다', 'mL'에 ○표

20 도율　　　　**21** ㉠

13 (1) $3\,L = 3000\,mL$이므로 $3000\,mL < 3100\,mL$
입니다.
→ $3\,L < 3100\,mL$
(2) $1000\,mL = 1\,L$이므로
$6080\,mL = 6\,L\ 80\,mL$입니다.
→ $6080\,mL = 6\,L\ 80\,mL$

---

14 ㉡ $1\,L\ 40\,mL = 1040\,mL$이므로
$1040\,mL < 1100\,mL < 1320\,mL$입니다.

16 $7\,L\ 580\,mL = 7580\,mL$
$7580 > 7\blacksquare20$이려면 $\blacksquare$는 5와 같거나 5보다 작은
수여야 합니다.
→ $\blacksquare = 0, 1, 2, 3, 4, 5 → 6$개

17 주스병의 들이는 $500\,mL$인 우유갑의 2배 정도이므
로 약 $1000\,mL = $약 $1\,L$입니다.

18 들이가 $1\,L$인 유리그릇의 반은 $500\,mL$입니다.
→ $500\,mL$의 물이 들어 있는 유리그릇이 4개이므
로 대야의 들이는 약 $2\,L$입니다.

19 $1200\,mL$가 $1600\,mL$보다 $1300\,mL$에 더 가깝습
니다. 따라서 더 가깝게 어림한 사람은 서하입니다.

20 도율: 세제 통의 들이는 약 $3\,L$야.

21 ㉠ L　㉡ mL　㉢ mL

136쪽 **2 STEP 유형 다잡기**

07 6, 300 / 풀이 1000, 6, 300

22 (1) $8\,L\ 700\,mL$　(2) $4\,L\ 300\,mL$
(3) $7\,L\ 600\,mL$　(4) $3\,L\ 800\,mL$

23 7, 620

24 $9\,L\ 800\,mL$, $3\,L\ 400\,mL$

25
$$\begin{array}{r} \overset{1}{3}\,L\ 800\,mL \\ +\ 3\,L\ 600\,mL \\ \hline 7\,L\ 400\,mL \end{array}$$

26 [1단계] 예 $2900\,mL = 2\,L\ 900\,mL$,
$7700\,mL = 7\,L\ 700\,mL$
들이가 가장 많은 것은 $9\,L\ 400\,mL$,
가장 적은 것은 $2\,L\ 900\,mL$입니다. ▶3점
[2단계] $9\,L\ 400\,mL - 2\,L\ 900\,mL$
$= 6\,L\ 500\,mL$입니다. ▶2점
답 $6\,L\ 500\,mL$

08 $4\,L\ 550\,mL$ / 풀이 2, 150, 2, 400, 4, 550

27 $2\,L\ 800\,mL$

28 [1단계] [예] 눈금을 읽으면 처음 수조에 들어 있던 물의 양은 1 L 800 mL입니다. ▶2점
[2단계] 1 L 800 mL+1 L 300 mL
=3 L 100 mL입니다. ▶3점
[답] 3 L 100 mL

29 400 mL

09 '4 L 540 mL+2 L 700 mL'에 색칠
/ [풀이] 7, 240, 7, 250, 7, 240, <, 7, 250

30 ㉠　　　　　　　　**31** 연주네 가족

22 L 단위의 수끼리, mL 단위의 수끼리 계산합니다.

23 5 L 420 mL+2 L 200 mL=7 L 620 mL

24 3200 mL=3 L 200 mL
· 합: 6 L 600 mL+3 L 200 mL
=9 L 800 mL
· 차: 6 L 600 mL−3 L 200 mL
=3 L 400 mL

25 1000 mL를 1 L로 받아올림한 것을 생각하지 않고 계산하였습니다.

27 (남은 식용유의 양)=3 L 300 mL−500 mL
=2 L 800 mL

29 (승준이와 정미가 마신 우유의 양의 합)
=320 mL+280 mL=600 mL
➜ (남은 우유의 양)=1 L−600 mL=400 mL
[다른 풀이] 1 L=1000 mL
(남은 우유의 양)=1000−320−280
=680−280=400 (mL)

30 ㉠ 5 L 200 mL+1 L 900 mL=7 L 100 mL
㉡ 9600 mL−2800 mL=6800 mL
=6 L 800 mL
➜ 7 L 100 mL>6 L 800 mL

31 3500 mL=3 L 500 mL
4090 mL=4 L 90 mL
(연주네 가족이 마신 물의 양)
=4 L 300 mL+3 L 500 mL=7 L 800 mL
(세훈이네 가족이 마신 물의 양)
=3 L 600 mL+4 L 90 mL=7 L 690 mL
➜ 7 L 800 mL>7 L 690 mL이므로 이틀 동안 물을 더 많이 마신 가족은 연주네 가족입니다.

138쪽 **2STEP 유형 다잡기**

32 7, 8, 9　　　　　　　**33** 주경
10 '600 mL'에 ╳표 / [풀이] 700, 1100, 400, 300
34 2, 1　　　　　　　　**35** 은성
36 [예] 1, 800
[방법] [예] 들이가 700 mL인 그릇에 물을 가득 채워 2번 부은 다음 들이가 300 mL, 100 mL인 그릇에 각각 물을 가득 채워 1번씩 붓습니다.
11 8100 / [풀이] 8, 100, 8100
37 400, 4　　　　　　　**38** 200, 5
12 1 L 200 mL
/ [풀이] 150, 1200, 1200, 1, 200
39 [1단계] [예] (1분 동안 가와 나 수도에서 나오는 물의 양의 합)=5+3=8 (L) ▶2점
[2단계] 1시간=60분이므로 두 수도를 동시에 틀어서 1시간 동안 받은 물의 양은
8×60=480 (L)입니다. ▶3점
[답] 480 L
40 7 L 100 mL

32 6 L 450 mL−1 L 800 mL=4 L 650 mL
➜ 4 L 650 mL<4 L □00 mL이므로 □ 안에 들어갈 수 있는 한 자리 수는 7, 8, 9입니다.

33 3000원으로 살 수 있는 각 주스의 양을 알아봅니다.
현우: 600 mL+600 mL+600 mL=1800 mL
주경: 2 L 100 mL=2100 mL
➜ 1800 mL<2100 mL이므로 더 많은 양의 주스를 살 수 있는 사람은 주경입니다.

34 500 mL+500 mL=1000 mL
➜ 1000 mL−300 mL=700 mL

35 성철: 700 mL+300 mL+100 mL
=1 L 100 mL
은성: 300 mL+300 mL+300 mL
=900 mL

36 [채점 가이드] 주어진 그릇을 모두 사용하여 구할 수 있는 들이로 정했는지 확인합니다. 내가 쓴 들이와 같아지도록 방법을 설명했다면 정답으로 인정합니다.

37 · mL 단위의 계산: ㉠+900=1300 → ㉠=400
· L 단위의 계산: 1+2+㉡=7 → ㉡=4

38 □를 각각 ㉠, ㉡이라 하여 식으로 쓰면
9 L ㉠ mL−㉡ L 400 mL=3 L 800 mL입니다.
- 1000+㉠−400=800이므로 1000+㉠=1200,
  ㉠=1200−1000=200입니다.
- 9−1−㉡=3이므로 ㉡=5입니다.

40 (4분 동안 받은 물의 양)
=1 L 900 mL+1 L 900 mL+1 L 900 mL
  +1 L 900 mL
=7 L 600 mL
➡ (수조의 들이)=7 L 600 mL−500 mL
             =7 L 100 mL

140쪽 **1 STEP 개념 확인하기**

01 필통 **02** 오이
03 16개, 12개 **04** 4개

01 필통을 올려 놓은 접시가 아래로 내려갔으므로 필통이 더 무겁습니다.

02 오이를 올려 놓은 접시가 아래로 내려갔으므로 오이가 더 무겁습니다.

04 감자는 당근보다 100원짜리 동전 16−12=4(개)만큼 더 무겁습니다.

141쪽 **1 STEP 개념 확인하기**

01 4 kg , 4 킬로그램
02 700 g , 700 그램
03 9 t , 9 톤
04 400 **05** 8000
06 3

---

05 1 kg=1000 g ➡ 8 kg=8000 g
06 1000 kg=1 t ➡ 3000 kg=3 t

142쪽 **1 STEP 개념 확인하기**

01 ( )(○) **02** (○)( )
03 (○)( ) **04** 동화책
05 세탁기 **06** 구급차
07 kg **08** g

01 600 g에 알맞은 물건은 농구공입니다.

02 18 kg에 알맞은 물건은 TV입니다.

03 13 t에 알맞은 물건은 버스입니다.

04 950 g은 1 kg이 안 되는 무게이므로 동화책의 무게로 알맞습니다.

05 144 kg은 세탁기의 무게로 알맞습니다.

06 3 t은 구급차의 무게로 알맞습니다.

143쪽 **1 STEP 개념 확인하기**

01 3, 500 **02** 1 / 8, 400
03 2, 300 **04** 6, 1000 / 2, 200

02 g 단위의 수끼리 더한 값이 1000이거나 1000보다 크면 1000 g을 1 kg으로 받아올림합니다.

04 g 단위의 수끼리 뺄 수 없을 때에는 1 kg을 1000 g으로 받아내림합니다.

144쪽 **2 STEP 유형 다잡기**

13 색연필
/ 풀이 15, 9, 15, >, 9, '색연필'에 ○표
01 2, 3, 1 **02** ㉢
03 애호박, 1개 **04** 3배

05 [1단계] 예 (복숭아 1개의 무게)=(자두 2개의 무게),
(자두 2개의 무게)=(살구 3개의 무게)이므로
(복숭아 1개의 무게)=(자두 2개의 무게)
=(살구 3개의 무게)입니다. ▶3점
[2단계] (복숭아 1개의 무게)>(자두 1개의 무게)
>(살구 1개의 무게)이므로 무거운 것부터 차
례로 쓰면 복숭아, 자두, 살구입니다. ▶2점
답 복숭아, 자두, 살구

14 7 킬로그램, 900 g, 6 톤 / 풀이 킬로그램, g, 톤

06 (1) × (2) ○ (3) ×

07 3 kg   **08** 1000, 1

15 4, 60, 4060 / 풀이 4, 60, 4000, 60, 4060

09
(1) ⤬
(2) ⤬

10 ②, ⑤

11 2700 g

---

02 작고 가벼운 물체 중에서 무게가 같고 개수가 여러
개인 것을 단위 물체로 정해 물건의 무게를 비교할
수 있습니다.

03 애호박: 19개, 오이: 18개이므로
애호박이 오이보다 동전 19−18=1(개)만큼 더 무
겁습니다.

04 가장 무거운 채소는 당근(21개)이고 가장 가벼운 채
소는 감자(7개)이므로 21÷7=3(배)입니다.

06 (1) 1000 kg의 무게가 1 t입니다.
(3) 무게의 단위에는 킬로그램, 그램 외에 톤 등이 있
습니다.

07 저울의 눈금이 3 kg을 가리키므로 아령의 무게는
3 kg입니다.

08 900 kg보다 100 kg 더 무거우면 1000 kg이고
1000 kg은 1 t입니다.

09 (1) 3 kg=3000 g이므로 3 kg 500 g=3500 g입
니다.
(2) 1000 kg=1 t이므로 3000 kg=3 t입니다.

10 ② 5010 g=5 kg 10 g
⑤ 23 t=23000 kg

11 2 kg보다 700 g 더 무거운 무게는 2 kg 700 g입
니다. ➔ 2 kg 700 g=2000 g+700 g=2700 g

146쪽 2STEP 유형 다잡기

12 [1단계] 예 7 kg=7000 g이므로
7 kg 5 g=7005 g입니다. → ㉠=7005
4000 g=4 kg이므로 4090 g=4 kg 90 g
입니다. → ㉡=90 ▶3점
[2단계] ㉠+㉡=7005+90=7095 ▶2점
답 7095

16 > / 풀이 5100, 5100, >

13 '2 t'에 색칠   **14** ㉠

15 소현   **16** 7, 9

17 예 3 kg / 풀이 예 3, 3

17 ㉢

18 예 약 30 g, 예 약 10 kg 500 g

19 지태

18 'g'에 ○표 / 풀이 '가벼우므로'에 ○표, g

20 연필, 탁구공 / 의자, 냉장고 / 소방차, 트럭

21 답 윤아 ▶2점
[바르게 고친 문장] 예 벽돌 한 장의 무게는 약 1 kg이
야. ▶3점

---

13 2 t=2000 kg이므로 2000 kg<3000 kg입니다.
따라서 무게가 더 가벼운 것은 2 t입니다.

14 ㉡ 6 kg 800 g=6800 g
➔ 6880 g>6800 g>6090 g이므로 무게가 가장
무거운 것은 ㉠입니다.

15 윤석: 4500 g=4 kg 500 g
➔ 4 kg 550 g>4 kg 500 g이므로 고구마를 더
많이 캔 사람은 소현입니다.

16 7800 g=7 kg 800 g
7 kg 800 g<■ kg ●00 g<8 kg이므로
■에는 7, ●에는 9가 들어가야 합니다.

17 1 t=1000 kg이므로 1000 kg보다 무거운 물건을
찾습니다.

18 측정하는 도구 없이 무게를 어림할 때에는 약 몇 kg
몇 g 또는 약 몇 g이라고 표현합니다.

19 2 kg 200 g과 2 kg 400 g 중 2 kg 100 g에 더 가
까운 무게는 2 kg 200 g입니다.
따라서 무게를 더 가깝게 어림한 사람은 지태입니다.

19 3400 g
/ 풀이 8600, 5200, 8600, 5200, 3400

22
$$\begin{array}{r} 1 \\ 5\ kg\ \ 500\ g \\ +\ 1\ kg\ \ 900\ g \\ \hline 7\ kg\ \ 400\ g \end{array}$$

23 5 kg 700 g, 3 kg 300 g

24 4 kg 400 g   **25** 9 kg 500 g

20 4 kg 250 g / 풀이 34, 500, 30, 250, 4, 250

26 8 kg 600 g

27 [1단계] 예 1500 g=1 kg 500 g입니다. ▶2점
[2단계] (쌀과 보리의 무게의 합)
  =2 kg 700 g+1 kg 500 g
  =4 kg 200 g ▶3점
답 4 kg 200 g

28 80 kg 400 g

21 ㉠ / 풀이 4, 700, 5, 200, <

29 (위에서부터) 1, 3, 2

30 동건

31 예 ㉠, ㉢ / ㉡, ㉣ / 재호, 300 g

---

22 g 단위의 수끼리 더한 값이 1000이거나 1000보다 크면 1000 g을 1 kg으로 받아올림합니다.

23 ・합:
$$\begin{array}{r} 1\ kg\ \ 200\ g \\ +\ 4\ kg\ \ 500\ g \\ \hline 5\ kg\ \ 700\ g \end{array}$$
・차:
$$\begin{array}{r} 4\ kg\ \ 500\ g \\ -\ 1\ kg\ \ 200\ g \\ \hline 3\ kg\ \ 300\ g \end{array}$$

24 9 kg 200 g−4 kg 800 g=4 kg 400 g

25 2900 g=2 kg 900 g, 4300 g=4 kg 300 g이므로
6 kg 600 g>5 kg 800 g>4 kg 300 g>2 kg 900 g입니다.
(무게가 가장 무거운 것과 가장 가벼운 것의 합)
=6 kg 600 g+2 kg 900 g=9 kg 500 g

26 준호가 모은 폐종이의 무게는 3 kg 400 g이고, 주경이가 모은 폐종이의 무게는 5 kg 200 g입니다.
→ (준호와 주경이가 모은 폐종이의 무게의 합)
  =3 kg 400 g+5 kg 200 g=8 kg 600 g

---

28 (감의 무게)
=42 kg 500 g−4 kg 600 g=37 kg 900 g
→ (오렌지와 감의 무게의 합)
  =42 kg 500 g+37 kg 900 g=80 kg 400 g

29 ・1 kg 600 g+1 kg 300 g=2 kg 900 g
・10 kg 600 g−8 kg 400 g=2 kg 200 g
・9150 g=9 kg 150 g이므로
  9 kg 150 g−6 kg 700 g=2 kg 450 g입니다.
→ 2 kg 900 g>2 kg 450 g>2 kg 200 g

30 (유선이가 산 과일의 무게)
=3 kg 500 g+4 kg 300 g=7 kg 800 g
(동건이가 산 과일의 무게)
=5 kg 700 g+1 kg 800 g=7 kg 500 g
→ 7 kg 800 g>7 kg 500 g이므로 동건이가 과일을 더 적게 샀습니다.

31 예 은지: ㉠+㉢=2 kg 100 g+1 kg 700 g
      =3 kg 800 g
  재호: ㉡+㉣=1 kg 800 g+2 kg 300 g
      =4 kg 100 g
→ 3 kg 800 g<4 kg 100 g이므로 재호가
  4 kg 100 g−3 kg 800 g=300 g 더 무겁게 듭니다.
채점 가이드 ㉠, ㉡, ㉢, ㉣을 두 사람이 각각 2개씩 나누어 들도록 써넣었는지 확인합니다. 나누어 든 무게의 합을 바르게 구하고 비교했으면 정답으로 인정합니다.

32 3개

22 2 kg 200 g / 풀이 2, 600, 5200, 7, 800, 7, 800, 2, 200

33 100개

34 예 가위, 필통, 공책 / 예 1 kg 900 g

23 800, 2 / 풀이 300, 800, 2

35 396

36 4 kg 300 g, 3 kg 750 g

37 710 g

24 1 kg 600 g / 풀이 3, 400, 1, 800, 1, 600

38 700 g

39 [1단계] 예 (노란색 상자 1개의 무게)
＝(노란색 상자 2개와 보라색 상자 1개의 무게의 합)－(노란색 상자 1개와 보라색 상자 1개의 무게의 합)
＝32 kg 500 g－24 kg 800 g
＝7 kg 700 g ▶2점
[2단계] (보라색 상자 1개의 무게)
＝24 kg 800 g－7 kg 700 g
＝17 kg 100 g ▶3점
답 17 kg 100 g

40 700 g

32 가: 1 kg 450 g＋5 kg 300 g
＝6 kg 750 g＝6750 g
6750 g＜6□80 g이므로 □ 안에 들어갈 수 있는 수는 7, 8, 9로 모두 3개입니다.

33 2 t＝2000 kg
2000 kg은 20 kg의 100배이므로 트럭에 상자를 100개까지 실을 수 있습니다.

34 채점 가이드 책가방의 무게가 1 kg이므로 담을 수 있는 학용품의 무게의 합은 1 kg 200 g임을 알고 있는지 확인합니다. 무게의 합이 1 kg 200 g이 넘지 않게 세 가지 학용품을 골라 책가방과의 무게의 합을 바르게 구했으면 정답으로 인정합니다.

35 700＋ⓒ＝1100이므로 ⓒ＝400이고,
1＋㉠＋3＝8이므로 ㉠＝4입니다.
➜ ⓒ－㉠＝400－4＝396

36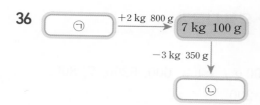
• ㉠＋2 kg 800 g＝7 kg 100 g
➜ ㉠＝7 kg 100 g－2 kg 800 g
＝4 kg 300 g
• ⓒ＝7 kg 100 g－3 kg 350 g＝3 kg 750 g

37 (명호가 사용한 찰흙의 양)
＝2 kg 100 g＋450 g＝2 kg 550 g
(원우가 사용한 찰흙의 양)
＝1 kg 840 g＋■ g＝2 kg 550 g
➜ ■ g＝2 kg 550 g－1 kg 840 g＝710 g

38 (인형 3개를 담은 상자의 무게)＝2 kg 500 g
(빈 상자의 무게)＝400 g
(인형 3개의 무게)＝2 kg 500 g－400 g
＝2 kg 100 g
700 g＋700 g＋700 g＝2 kg 100 g이므로 인형 1개의 무게는 700 g입니다.

40 (책 2권의 무게)＝4 kg 900 g－3 kg 700 g
＝1 kg 200 g
600 g＋600 g＝1 kg 200 g이므로 책 한 권의 무게는 600 g입니다. 600×7＝4200이므로
(책 7권의 무게)＝4200 g＝4 kg 200 g입니다.
따라서 빈 상자의 무게는
4 kg 900 g－4 kg 200 g＝700 g입니다.

152쪽 3STEP 응용 해결하기

1 18배　　　**2** 40 g

3
❶ 가 수조에 더 들어 있는 물의 양 구하기 ▶2점
❷ 가 수조에서 나 수조로 물을 몇 mL 옮겨야 하는지 구하기 ▶3점

예 ❶ 가 수조에 나 수조보다
7 L 900 mL－5700 mL＝2 L 200 mL만큼 물이 더 많이 들어 있습니다.
❷ 1 L 100 mL＋1 L 100 mL
＝2 L 200 mL
이므로 가 수조에서 나 수조로 물을
1 L 100 mL＝1100 mL 옮기면 두 수조에 들어 있는 물의 양이 같아집니다.
답 1100 mL

4 연서

5
> ❶ 곰 인형 95상자와 토끼 인형 87상자의 무게 각각 구하기 ▶ 2점
> ❷ 곰 인형과 토끼 인형 상자의 전체 무게의 합 구하기 ▶ 1점
> ❸ 트럭은 적어도 몇 대 필요한지 구하기 ▶ 2점

예 ❶ (곰 인형 95상자의 무게)
$=20 \times 95 = 1900$ (kg)
(토끼 인형 87상자의 무게)
$=30 \times 87 = 2610$ (kg)
❷ (곰 인형과 토끼 인형 상자의 전체 무게의 합)
$=1900 + 2610 = 4510$ (kg)
❸ 2 t=2000 kg이므로 2000 kg씩 2대와 남은 510 kg도 실어야 하므로 트럭은 적어도 3대가 필요합니다.

답 3대

6 4번

7 (1) 7 kg 600 g (2) 4 kg (3) 3600 g

8 (1) 150 mL (2) 6000 mL (3) 40초

1 물통의 들이는 컵의 들이의 3배이고, 양동이의 들이는 물통의 들이의 6배이므로 양동이의 들이는 컵의 들이의 $3 \times 6 = 18$(배)입니다.

2 (가위 1개의 무게)=(수첩 2권의 무게)
$= 50 g + 50 g = 100 g$
가위 2개와 지우개 5개의 무게가 같으므로
(지우개 5개의 무게)=100 g + 100 g = 200 g입니다.
→ 40 g + 40 g + 40 g + 40 g + 40 g = 200 g이므로 지우개 1개의 무게는 40 g입니다.

4 (샐러드의 무게)
$= 800 g + 300 g + 30 g = 1130 g$
실제 무게와 어림한 무게의 차를 구합니다.
미나: 1300 g − 1130 g = 170 g
연서: 1 kg 100 g = 1100 g
→ 1130 g − 1100 g = 30 g
도율: 1 kg = 1000 g
→ 1130 g − 1000 g = 130 g
따라서 30 g < 130 g < 170 g이므로 가장 가깝게 어림한 사람은 연서입니다.

6 가 컵으로 3번: 600 + 600 + 600 = 1800 (mL)
나 컵으로 2번: 400 + 400 = 800 (mL)
다 컵으로 5번: 200 + 200 + 200 + 200 + 200
$= 1000$ (mL)
→ (항아리의 들이)=1800 + 800 + 1000
$= 3600$ (mL)
가 컵으로 2번: 600 + 600 = 1200 (mL),
나 컵으로 4번: 400 + 400 + 400 + 400
$= 1600$ (mL)
이므로 항아리에 물을
3600 − 1200 − 1600 = 800 (mL)만큼 더 부어야 합니다.
200 + 200 + 200 + 200 = 800이므로 다 컵으로
4번 더 부어야 합니다.

7 (1) (현우가 주운 밤의 무게)
$= 20$ kg − 12 kg 400 g = 7 kg 600 g
(2) 12 kg 400 g − 4 kg 400 g = 8 kg이고
$8 \div 2 = 4$이므로 아라가 주운 밤의 무게는 4 kg입니다.
(3) (현우가 주운 밤의 무게)−(아라가 주운 밤의 무게)
$= 7$ kg 600 g − 4 kg = 3 kg 600 g
$= 3600$ g

8 (1) (1초 동안 받을 수 있는 물의 양)
=(1초 동안 나오는 물의 양)
−(1초 동안 새는 물의 양)
$= 210$ mL − 60 mL = 150 mL
(2) 1 L = 1000 mL이므로 6 L = 6000 mL입니다.
(3) 150 mL × 4 = 600 mL이고
6000 mL는 600 mL의 10배이므로 물통에 물을 가득 채우는 데 걸리는 시간은 40초입니다.

155쪽 5단원 마무리

01 물병
02 1200
03 3700
04 7 kg 900 g
05 ㉢
06

07
① 부은 횟수와 컵의 들이의 관계 알기 ▶ 2점
② 들이가 가장 많은 것 구하기 ▶ 3점

(예) **①** 부은 횟수가 적을수록 들이가 많습니다.
② 11<14<16이므로 들이가 가장 많은 것은 가 컵입니다.
(답) 가 컵

08 <   **09** 7, 800

10 5 kg 700 g   **11** ㉣

12
① 1300 mL는 몇 L 몇 mL인지 구하기 ▶ 2점
② 주전자에 들어 있는 물의 양 구하기 ▶ 3점

(예) **①** 1300 mL=1 L 300 mL
② (주전자에 들어 있는 물)
　　=4 L 200 mL+1 L 300 mL
　　=5 L 500 mL
(답) 5 L 500 mL

13 동수, 1 kg 650 g   **14** 배, 참외, 귤

15 ㉡   **16** 395

17
① 실제 무게와 어림한 무게의 차 각각 구하기 ▶ 3점
② 더 가깝게 어림한 사람 구하기 ▶ 2점

(예) **①** 실제 무게와 어림한 무게의 차를 각각 구하면 은성이는 8 kg−7 kg 850 g=150 g이고, 수영이는 8 kg 200 g−8 kg=200 g입니다.
② 150 g<200 g이므로 물건의 무게를 더 가깝게 어림한 사람은 은성입니다.
(답) 은성

18 850 mL   **19** 양동이, 620 mL

20 600 g

01 옮겨 담은 컵의 수를 비교합니다.
→ 물병은 5컵, 주스병은 4컵이므로 물병의 들이가 더 많습니다.

04 kg 단위의 수끼리, g 단위의 수끼리 더합니다.

05 ㉢ 탁구공 1개의 무게는 약 3 g이 알맞습니다.

08 4090 mL=4 L 90 mL
→ 4 L 90 mL<4 L 900 mL

09　　3 L 200 mL
　　+4 L 600 mL
　　　7 L 800 mL

10 7200 g−1 kg 500 g
　　=7 kg 200 g−1 kg 500 g
　　=5 kg 700 g

11 ㉠ 8 L 30 mL=8030 mL
㉣ 8 L 300 mL=8300 mL
→ 8300 mL>8090 mL>8030 mL>8009 mL
이므로 들이가 가장 많은 것은 ㉣입니다.

13 2810 g=2 kg 810 g이므로
2 kg 810 g<4 kg 460 g입니다.
따라서 동수가 딸기를
4 kg 460 g−2 kg 810 g=1 kg 650 g 더 많이 땄습니다.

14 (귤 5개의 무게)=(참외 3개의 무게)
(참외 3개의 무게)=(배 1개의 무게)
→ 1개의 무게를 비교하면
(배의 무게)>(참외의 무게)>(귤의 무게)입니다.

15 ㉠ 1 L 500 mL+4 L 600 mL=6 L 100 mL
㉡ 7200 mL−1500 mL
　　=5700 mL=5 L 700 mL
㉢ 8 L 100 mL−2300 mL=5 L 800 mL
→ 6 L 100 mL>5 L 800 mL>5 L 700 mL

16 ㉠+200=600 → ㉠=400
3+㉡=8 → ㉡=5
따라서 (㉠과 ㉡의 차)=400−5=395입니다.

18 (어제와 오늘 사용한 식용유의 양의 합)
　　=750 mL+400 mL
　　=1150 mL=1 L 150 mL
→ (남은 식용유의 양)
　　=2 L−1 L 150 mL=850 mL

19 (약수통의 들이)=900×3=2700 (mL)
2700 mL=2 L 700 mL
→ 2 L 700 mL<3 L 320 mL이므로 양동이의 들이가 3 L 320 mL−2 L 700 mL=620 mL 더 많습니다.

20 (동화책 3권의 무게)=3 kg 200 g−1 kg 400 g
　　　　　　　　　=1 kg 800 g=1800 g
→ 600 g+600 g+600 g=1800 g이므로 동화책 1권의 무게는 600 g입니다.

6 그림그래프

01 그림그래프
02 예 학생들이 좋아하는 간식
03 10명, 1명   **04** 1, 6, 16
05 32명

05 그림그래프에서 햄버거는 😊이 3개, ☺이 2개이므
로 햄버거를 좋아하는 학생은 32명입니다.

01 예 2가지
02 예

종류별 책의 수

종류	책의 수
동화책	▱▱▱▱▱▫▫▫▫
위인전	▱▱▫
과학책	▱▱▱▫▫▫▫▫

▱ 10권
▫ 1권

03 '1명', '10명'에 색칠
04

좋아하는 과일별 학생 수

과일	학생 수
사과	😊☺☺☺☺☺☺
포도	😊😊☺☺☺☺
수박	😊😊😊

😊 10명
☺ 1명

01 그림그래프의 단위의 개수는 그림으로 나타낼 자료
의 수를 보고 정합니다.
항목별 책의 수가 모두 두 자리 수이므로 10권과
1권인 2가지로 나타내는 것이 좋습니다.

02 과학책은 35권이므로 ▱ 3개, ▫ 5개 그립니다.

03 항목별 학생 수가 두 자리 수이므로 그림의 단위로
1명과 10명이 알맞습니다.

04 • 포도: 24명이므로 😊 2개, ☺ 4개 그립니다.
• 수박: 30명이므로 😊 3개 그립니다.

01 ×   **02** ○
03 ×   **04** 멜론 맛
05 딸기 맛, 바나나 맛   **06** 36, 24, 12

01 좋아하는 학생 수가 가장 많은 악기는 10명을 나타
내는 그림이 가장 많은 피아노입니다.

02 피아노와 드럼은 10명을 나타내는 그림의 수가 같으
므로 1명을 나타내는 그림의 수를 비교하면 드럼을
좋아하는 학생 수가 더 적습니다.

03 가장 적은 학생들이 좋아하는 악기는 10명을 나타내
는 그림이 가장 적은 플루트입니다.

04 10개를 나타내는 그림이 가장 적은 멜론 맛이 가장
적게 팔렸습니다.

05 딸기 맛: 43개, 초콜릿 맛: 24개, 바나나 맛: 36개,
멜론 맛: 16개
43>36>24>16이므로 초콜릿 맛 아이스크림보
다 딸기맛, 바나나 맛 아이스크림이 더 많이 팔렸습
니다.

01 13, 17, 8, 38
02 예 5, 1
03 예 좋아하는 중국 음식별 학생 수

중국 음식	학생 수
짜장면	😊😊☺☺☺
짬뽕	😊😊😊☺☺
탕수육	😊☺☺☺

😊 5 명
☺ 1 명

02 항목별 학생 수가 8명부터 17명까지이므로 5명과
1명을 나타내는 그림이 알맞습니다.

03 02에서 정한 단위를 사용하여 그래프로 나타냅니다.

유형책

6
단원

164쪽 2STEP 유형 다잡기

01 은하 가게 / 풀이 2, 3, 은하

01 10마리, 1마리   **02** 72마리

03 예 수영 대회에 참가한 학년별 학생 수

04 준호

05 1단계 예 ☺☺은 10명, ☺은 1명을 나타내므로

25명은 ☺☺ 2개, ☺ 5개로 나타냅니다. ▶3점

2단계 수영 대회에 참가한 학생이 25명인 학년
은 5학년입니다. ▶2점

답 5학년

02 '그림그래프'에 ○표 / 풀이 '그림그래프'에 ○표

06 표   **07** 그림그래프

03 1, 3 / 풀이 13, 13, 3, 1, 3

08 예 10송이, 1송이

09 화단에 심은 종류별 꽃의 수

종류	꽃의 수
장미	🌸🌸🌸❀❀❀
국화	🌸🌸❀❀❀❀❀❀
백합	🌸❀❀❀❀
튤립	🌸🌸🌸🌸❀❀❀❀❀❀

🌸 10송이
❀ 1송이

02 10마리를 나타내는 그림은 7개, 1마리를 나타내는
그림은 2개이므로 하루 동안 팔린 양념치킨은 72마
리입니다.

04 주경: ☺☺은 10명, ☺은 1명을 나타냅니다.

06 표에는 합계가 쓰여있으므로 학급문고에 있는 전체
책의 수를 알기 쉬운 것은 표입니다.

07 조사한 수를 그림으로 나타내므로 무엇을 나타낸 것
인지 한눈에 알기 쉬운 것은 그림그래프입니다.

08 종류별 꽃의 수가 두 자리 수이므로 각 그림을 10송
이와 1송이로 하면 좋습니다.

09 꽃의 수에 맞게 그림을 그려 넣습니다.

166쪽 2STEP 유형 다잡기

10 답 예 3가지 ▶2점

이유 예 유하네 아파트의 동별 사람 수가 모두
세 자리 수이기 때문입니다. ▶3점

11 예

동별 사람 수

동	사람 수
1동	👤👤👤👤👤○○
2동	👤👤👤👤👤○
3동	👤👤○○○
4동	👤👤○○○○○○

👤 100명
🧍 10명
○ 1명

12 푸른 🌳🌳🌳🌳🌳○○

04 7, 1 / 풀이 36, 36, 1, 7, 1

13 요일별 빵 판매량

요일	판매량
금요일	◎△△△△△
토요일	◎◎△△△△△△
일요일	◎△△△△△△△△

◎ 100개
△ 10개

14 토요일

15 요일별 빵 판매량

요일	판매량
금요일	◎◇
토요일	◎◎◇△
일요일	◎◇△△△

◎ 100 개
◇ 50 개
△ 10 개

16 지역별 병원 수

지역	병원 수
가	⊕⊕ + + + +
나	⊕⊕⊕⊕ ✚ +
다	⊕ ✚ + + + +

⊕ 100개
✚ 50개
+ 10개

17 재호

05 국어, 영어, 수학 / 풀이 10, 영어, 수학

18 1단계 예 강수량이 가장 많은 달은 11월로
90 mm이고, 가장 적은 달은 10월로 33 mm
입니다. ▶3점

2단계 강수량이 가장 많은 달과 가장 적은 달의
강수량의 차는 90−33=57 (mm)입니다.

▶2점

답 57 mm

12 푸른 과수원의 사과나무는 52그루이므로 10그루를
나타내는 그림이 5개, 1그루를 나타내는 그림이 2개
여야 합니다.

14 100개를 나타내는 그림이 가장 많은 토요일에 빵이
가장 많이 팔렸습니다.

15 50개를 나타내는 그림을 사용하여 다시 나타내 봅니다.

16 가 지역: 240개, 나 지역: 360개, 다 지역: 190개

17 윤서: 두 그래프에서 나타내는 각 지역의 병원 수는 같습니다.

19 세훈   **20** ㉡

21 예 • 자전거 판매량이 가장 많은 가게는 라 가게 입니다.
　　 • 가 가게와 나 가게의 자전거 판매량의 합은 48대입니다. ▶5점

06 예 초록색 / 풀이 초록

22 간식

23 예 (　　) (　　) (　　) (○)

24 435, 173, 228, 541

25 답 예 치킨버거 ▶2점
　　 이유 예 치킨버거의 판매량이 가장 많으므로 치킨버거를 가장 많이 준비해 두면 좋습니다.
　　　　　　　　　　　　　　　　　　　　 ▶3점

26 예 치즈

07 50가구
　　 / 풀이 320, 340, 660, 450, 260, 710, 710, 660, 50

27 280대

19 은진이가 가지고 있는 딱지는 16장이므로 은진이의 2배인 사람은 16×2=32(장)을 가지고 있는 세훈 입니다.

20 ㉡ 도하는 51장, 세훈이는 32장 가지고 있으므로 도하는 세훈이보다 51−32=19(장) 더 많이 가지고 있습니다.

22 가장 많은 학생들이 판매하고 싶어 하는 물건은 10명을 나타내는 그림이 가장 많은 간식입니다.

23 가장 많은 학생들이 판매하고 싶어 하는 간식의 판매 공간을 가장 넓게 만드는 것이 좋습니다.

24 그림의 단위에 주의하며 버거 판매량을 구합니다.

26 판매량이 가장 적은 치즈버거를 빼는 것이 좋을 것 같습니다.

27 장미 마을: 240대, 무지개 마을: 400대, 청솔 마을: 320대
（북쪽에 있는 마을의 자동차 수)
＝240＋400＝640(대)
(남쪽에 있는 마을의 자동차 수)
＝640−40＝600(대)
➜ (백합 마을의 자동차 수)＝600−320＝280(대)

08
농장별 기르는 돼지 수

농장	돼지 수
가	○○○○○
나	○○○○○○
다	○○○○○○○○
라	○○○○○○○

○10마리　○1마리

/ 풀이 32, 24, 42, 32, 24, 42, 25, 2, 5

28 27개

29
학생들이 딴 귤 수

이름	귤 수
연주	●●●● ●
소연	●●● ●●
민우	●● ●●●●●●
승진	●●● ●●●●●●

●10개　●1개

30 14개

09 10, 1 / 풀이 2, 4, 10, 1

31 25명

32 1단계 예 가 마을에서 심은 나무 240그루를 🌳 2개, 🌱4개로 나타냈으므로 각각의 그림은 100 그루, 10그루를 나타냅니다. ▶2점
　　 2단계 나 마을: 330그루, 다 마을: 180그루, 라 마을: 310그루
　　 ➜ (네 마을에서 심은 나무 수)
　　　　 ＝240＋330＋180＋310
　　　　 ＝1060(그루) ▶3점
　　 답 1060그루

10 좋아하는 꽃별 학생 수 / **풀이** 4, 11, 15

꽃	학생 수
장미	☺☺☺☺
국화	☺☺☺
튤립	☺☺☺

☺ 5명
☺ 1명

33 27, 24, 16, 67 / 좋아하는 음료수별 사람 수

음료수	사람 수
탄산음료	☺☺☺☺☺☺☺
주스	☺☺☺☺☺
우유	☺☺☺☺☺☺

☺ 10명
☺ 1명

28 귤을 연주는 41개, 소연이는 22개, 승진이는 35개 땄습니다.

➜ (민우가 딴 귤 수)$=125-41-22-35$
$\qquad\qquad\qquad\qquad =27$(개)

29 민우가 딴 귤은 27개이므로 큰 그림 2개, 작은 그림 7개를 그려 그래프를 완성합니다.

30 6월: 43개, 7월: 36개, 8월: 32개
(9월의 판매량)$=140-43-36-32=29$(개)
판매량이 가장 많은 달은 6월로 43개이고, 가장 적은 달은 9월로 29개입니다. ➜ $43-29=14$(개)

31 1반에서 봉사 활동에 참여한 학생 17명을 ☺ 1개, ☺ 7개로 나타냈으므로 각각의 그림은 10명, 1명을 나타냅니다.

➜ 4반에서 봉사 활동에 참여한 학생 수는 ☺ 2개, ☺ 5개이므로 25명입니다.

172쪽 **2STEP 유형 다잡기**

34 320, 450, 290, 410, 1470

35 (예) 과수원별 복숭아 생산량

과수원	복숭아 생산량
사랑	🗍🗍🗍▫▫
희망	🗍🗍🗍🗍🗍▫▫▫▫▫
행복	🗍🗍🗍🗍🗍🗍
기쁨	🗍🗍🗍🗍🗍

🗍 100상자 ▫ 10상자

36 희망, 행복

11 30, 1년 동안 영화를 본 횟수

이름	횟수
진우	▭▭ ▭▭▭
윤하	▭ ▭▭▭▭
소라	▭▭▭

▭ 10번
▬ 1번

/ **풀이** 2, 3, 3, 30

37 농장별 고구마 생산량

농장	고구마 생산량
가	◗◗◗◗
나	◗◗◗◗◗◗◗
다	◗◗◗◗◗◗

◗ 100 kg
◗ 10 kg

38 740 kg

39 46, 26 / 혈액형별 학생 수

혈액형	학생 수
A형	👤👤👤👥👥👥
B형	👤👤👥
O형	👤👤👤👤👥👥👥👥👥👥
AB형	👤👤👥👥👥👥👥👥

👤 10명
👥 1명

12 410개 / **풀이** 340, 250, 340, 250, 410

40 극장별 관객 수

극장	관객 수
아름	☐▫▫▫▫△△△△△
진달래	☐▫▫▫▫▫
보람	☐▫▫▫▫▫▫▫△△△△△△

☐ 100명
▫ 10명
△ 1명

41 [1단계] (예) 가 공장의 침대 생산량은 250개이므로 나 공장의 침대 생산량은
$250-70=180$(개)입니다. ▶ 2점
[2단계] 가 공장: 250개, 나 공장: 180개, 다 공장: 170개
(세 공장의 침대 생산량의 합)
$=250+180+170=600$(개) ▶ 3점
[답] 600개

34 (전체 생산량)$=320+450+290+410$
$\qquad\qquad\qquad =1470$(상자)

35 [채점 가이드] 표에 나타낸 수를 표현할 수 있고, 조사한 주제에 알맞은 그림을 사용했는지 확인합니다. 자료의 수에 맞게 그래프를 완성했으면 정답으로 인정합니다.

36 그림그래프에서 큰 수를 나타내는 그림을 비교하여 생산량이 가장 많은 과수원과 가장 적은 과수원을 적습니다.

37 표에서 가 농장의 생산량은 320 kg이므로 🍃 3개, 🌿 2개를 그리고, 다 농장의 생산량은 250 kg이므로 🍃 2개, 🌿 5개를 그립니다.

38 그림그래프에서 나 농장의 고구마 생산량은 170 kg 입니다.
→ (세 농장의 고구마 생산량의 합)
　＝320＋170＋250＝740 (kg)

39 그림그래프를 보면 O형인 학생은 46명입니다.
(AB형인 학생 수)＝126－33－21－46＝26(명)

40 보람 극장의 관객 수는 75명이므로 진달래 극장의 관객 수는 75×2＝150(명)입니다.
→ ⬜ 1개, ⬜ 5개를 그립니다.

174쪽 3STEP 응용 해결하기

1 16개　　　　**2** 16800원

3
> ❶ 보람 가게가 싱싱 가게보다 아이스크림을 몇 개 더 많이 팔았는지 구하기 ▶ 3점
> ❷ 보람 가게와 싱싱 가게의 판매액의 차 구하기 ▶ 2점

(예) ❶ 판매한 아이스크림은 보람 가게는 42개, 싱싱 가게는 35개입니다.
보람 가게는 싱싱 가게보다 아이스크림을 42－35＝7(개) 더 많이 팔았습니다.
❷ 아이스크림 한 개의 가격이 700원이므로 보람 가게의 판매액은 싱싱 가게의 판매액보다 700×7＝4900(원) 더 많습니다.
(답) 4900원

4 다 카페

5
가고 싶은 장소별 학생 수

장소	학생 수
	😊 😊 😊 😊
	😊 😊 😊 😊 😊 😊 😊
	😊 😊 😊 😊 😊 😊 😊
	😊 😊 😊 😊 😊 😊 😊

😊 10명
😊 1명

6
> ❶ 그래프의 각 항목에 알맞은 장소 구하기 ▶ 3점
> ❷ 과학관에 가고 싶은 학생 수 구하기 ▶ 2점

(예) ❶ 학생 수가 42명으로 가장 많은 곳이 놀이 공원이고, 학생 수가 17명으로 가장 적은 곳이 박물관입니다.
과학관에 가고 싶은 학생 수가 미술관에 가고 싶은 학생 수보다 많으므로 학생 수가 26명인 곳이 미술관이고, 학생 수가 33명인 곳이 과학관입니다.
❷ 따라서 과학관에 가고 싶은 학생은 33명입니다.
(답) 33명

7 (1) 70개　(2) 38개, 32개

8 (1) 120권　(2) 240자루　(3) 40자루

---

1 1반: 27 kg, 2반: 24 kg,
3반: 31 kg, 4반: 14 kg
(전체 땅콩 수확량)＝27＋24＋31＋14＝96 (kg)
→ (필요한 자루 수)＝96÷6＝16(개)

2 나들 가게에서 판매한 아이스크림은 24개입니다.
(나들 가게의 판매액)＝24×700＝16800(원)

4 우유 판매량 → 가: 28병, 나: 15병, 다: 31병
주스 판매량 → 가: 41병, 나: 26병, 다: 30병
우유 판매량이 주스 판매량보다 많은 카페는 다 카페입니다.

> 주의 우유 판매량의 그림의 단위는 5병, 1병이고 주스 판매량의 그림의 단위는 10병, 1병입니다. 그림의 수가 많다고 더 많은 수를 나타내는 것이 아님에 주의합니다.

5 조사한 전체 학생 수가 118명이므로
(구하는 학생 수)＝118－42－26－33＝17(명)입니다.
→ 큰 그림 1개, 작은 그림 7개를 그립니다.

7 (1) 가 지역의 도서관: 45개
→ (나 지역과 다 지역의 도서관 수의 합)
　＝115－45＝70(개)
(2) 다 지역의 도서관을 ⬜개라 하면 나 지역의 도서관은 (⬜＋6)개입니다.
⬜＋6＋⬜＝70, ⬜＋⬜＝64, ⬜＝32
다 지역의 도서관은 32개이고, 나 지역의 도서관은 32＋6＝38(개)입니다.

8 (1) 소정: 31권, 채원: 26권, 민율: 18권, 희원: 45권
→ $31+26+18+45=120$(권)
(2) (필요한 연필 수)$=120\times2=240$(자루)
(3) 더 준비해야 할 연필은 $240-200=40$(자루)입니다.

177쪽 **6단원 마무리**

01 50명, 10명, 1명 　　**02** 132, 95

03 사회 　　**04** 예 2가지

05 예

태어난 계절별 학생 수

계절	학생 수
봄	☺☺☺☺☺☺
여름	☺☺☺☺☺☺☺☺
가을	☺☺☺☺
겨울	☺☺☺☺

☺ 10명
· 1명

06 겨울

07 ❶ 표의 좋은 점 쓰기 ▶ 2점
❷ 그림그래프의 좋은 점 쓰기 ▶ 3점

예 ❶ 항목별 조사한 수나 합계를 쉽게 알 수 있습니다.
❷ 항목별 조사한 수를 한눈에 쉽게 비교할 수 있습니다.

08 149명

09

키우고 싶은 동물별 학생 수

동물	학생 수
강아지	◯◯◯◯◯◯◯◯
고양이	◯◯◯◯△◯◯◯◯
물고기	◯◯△◯
도마뱀	◯◯◯◯◯

◯ 10명
△ 5명
◯ 1명

10 5 kg

11

좋아하는 운동별 학생 수

운동	학생 수
축구	👤👤👤
야구	👤👤👤👤
농구	👤👤👤👤👤
배구	👤👤👤

👤 5명
👤 1명

12 예 농구

13

마을별 당근 생산량

마을	당근 생산량
장수	🥕🥕🥕 /////
청정	🥕 //////
으뜸	🥕 /////////

🥕 100 kg
/ 10 kg

14 750 kg 　　**15** 17명, 34명

16

마을별 유치원생 수

마을	유치원생 수
푸른	◎◎
하늘	◎◯◯◯◯◯◯◯
햇살	◎◎◯◯
달님	◎◎◎◯◯◯◯

◎ 10명
◯ 1명

17 ❶ 유치원생이 가장 많은 마을의 유치원생 수 알아보기 ▶ 3점
❷ 필요한 공책 수 구하기 ▶ 2점

예 ❶ 유치원생 수가 가장 많은 마을은 달님 마을이고, 달님 마을의 유치원생은 34명입니다.
❷ (필요한 공책 수)$=34\times2=68$(권)
답 68권

18 103동, 101동, 102동

19 1000 mm, 100 mm, 10 mm

20 ❶ 각 도시의 강수량 알아보기 ▶ 2점
❷ 네 도시의 강수량의 합 구하기 ▶ 3점

예 ❶ 각 도시의 강수량은 서울 1600 mm, 인천 1330 mm, 대전 2040 mm, 부산 2190 mm 입니다.
❷ 네 도시의 강수량의 합은
$1600+1330+2040+2190=7160$ (mm) 입니다.
답 7160 mm

02 👤이 2개, 👤이 3개, ·이 2개이므로 국어를 좋아하는 학생은 132명입니다. 👤이 1개, 👤이 4개, ·이 5개 이므로 과학을 좋아하는 학생은 95명입니다.

03 수학과 사회의 👤의 개수는 같고 👤의 개수는 사회가 더 많으므로 좋아하는 학생이 더 많은 과목은 사회입니다.

04 항목별 학생 수가 두 자리 수이므로 10명과 1명인 2가지로 나타내는 것이 좋습니다.

05 학생 수에 맞게 10명을 나타내는 그림과 1명을 나타내는 그림을 각각 그립니다.

06 가장 많은 학생이 태어난 계절은 10명을 나타내는 그림이 가장 많은 겨울입니다.

08 강아지: 52명, 고양이: 39명, 물고기: 26명, 도마뱀: 32명
→ 52+39+26+32=149(명)

09 5명을 나타내는 그림을 사용하여 다시 그려 봅니다.

10 쌀 소비량이 가장 많은 가구는 나 가구로 13 kg이고, 가장 적은 가구는 다 가구로 8 kg입니다.
→ 13-8=5 (kg)

11 조사한 자료를 보고 그림그래프로 나타냅니다.

12 가장 많은 학생들이 좋아하는 운동인 농구를 하는 것이 좋을 것 같습니다.

13 표를 보고 장수 마을과 으뜸 마을의 빈칸에 100 kg을 나타내는 그림과 10 kg을 나타내는 그림을 각각 알맞게 그립니다.

14 청정 마을의 당근 생산량은 🥕 2개, 🥕 5개이므로 250 kg입니다.
→ (세 마을의 당근 생산량의 합)
= 340+250+160=750 (kg)

15 • (하늘 마을의 유치원생 수)
= (햇살 마을의 유치원생 수)-5
= 22-5=17(명)
• (달님 마을의 유치원생 수)
= 93-20-17-22=34(명)

16 하늘 마을: ◎ 1개, ○ 7개 그립니다.
달님 마을: ◎ 3개, ○ 4개 그립니다.

18 101동: 25개, 102동: 16개이므로 103동에서 모은 빈 병의 수는 71-25-16=30(개)입니다. 빈 병의 수가 많은 동부터 차례로 쓰면 103동, 101동, 102동입니다.

19 부산의 강수량 2190 mm를 💧 2개, 💧 1개, • 9개로 나타냈습니다. 따라서 각각의 그림은 1000 mm, 100 mm, 10 mm를 나타냅니다.

180쪽 **1~6단원 총정리**

01 321×6=1926(또는 321×6) / 1926
02 21
03 6
04 20개
05 ㉢
06 5700 mL
07 ㉠
08 28명
09 A형
10 18명, 2자루
11 3군데
12 10

13
● ㉠과 ㉡이 나타내는 수 구하기 ▶ 2점
❷ ㉠과 ㉡이 나타내는 수의 곱 구하기 ▶ 3점

(예) ● ㉠ 10이 3개, 1이 8개인 수는 38입니다.
㉡ 10이 6개, 1이 7개인 수는 67입니다.
❷ 38×67=2546
(답) 2546

14 $1\frac{7}{11}$, $\frac{19}{11}$

15 36 kg 100 g

16
● 가장 많이 준비해야 할 케이크 구하기 ▶ 2점
❷ 이유 쓰기 ▶ 3점

(답) (예) ● 딸기 케이크
(이유) (예) ❷ 딸기 케이크의 판매량이 가장 많으므로 딸기 케이크를 가장 많이 준비해 두면 좋습니다.

17 4033개
18 38 cm
19 3, 600
20 3번
21 111

22
● 세형이와 동생이 먹은 땅콩 수 각각 구하기 ▶ 3점
❷ 두 사람이 먹은 땅콩 수의 합 구하기 ▶ 2점

(예) ● 28을 똑같이 7로 나눈 것 중의 3은 12이므로 세형이가 먹은 땅콩은 12개입니다.
28을 똑같이 4로 나눈 것 중의 1은 7이므로 동생이 먹은 땅콩은 7개입니다.
❷ (두 사람이 먹은 땅콩의 수)
= 12+7=19(개)
(답) 19개

23 13
24 704 cm
25 1290 kg

01 321을 6번 더하였으므로 321×6=1926입니다.
(참고) ■+■+⋯+■=● → ■×▲=●
└────▲번────┘

02

$$
\begin{array}{r}
2\,1 \\
3\,)\overline{6\,3} \\
\underline{6} \\
3 \\
\underline{3} \\
0
\end{array}
$$

03 원의 지름은 반지름의 2배이므로
$3 \times 2 = 6$ (cm)입니다.

04 $2\frac{2}{9}$를 가분수로 나타내면 $\frac{20}{9}$입니다.

따라서 $2\frac{2}{9}$는 $\frac{1}{9}$이 20개인 수입니다.

05 ㉠ 한 원에서 원의 중심은 1개입니다.
㉡ 한 원에서 반지름은 무수히 많습니다.

06 수조에 들어 있는 물은 5 L 700 mL입니다.
5 L 700 mL=5000 mL+700 mL=5700 mL

07 나눗셈에서 나머지가 5가 되려면 나누는 수는 5보다
커야 합니다.
㉠ $\square \div 5$에서 나누는 수가 5이므로 나머지는 5가
될 수 없습니다.

08 10명을 나타내는 그림이 2개, 1명을 나타내는 그림
이 8개이므로 혈액형이 B형인 학생은 28명입니다.

09 학생 수가 가장 많은 혈액형은 10명을 나타내는 그
림이 가장 많은 A형입니다.

10 $92 \div 5 = 18 \cdots 2$
18명에게 나누어 줄 수 있고, 2자루가 남습니다.

11

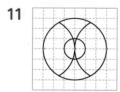

그림과 같이 컴퍼스의 침을 3군데 꽂아야 합니다.

12 · 25를 똑같이 5로 나눈 것 중의 2는 10입니다.
· 32를 똑같이 8로 나눈 것 중의 5는 20입니다.
➡ 두 수의 차는 $20-10=10$입니다.

14 $1\frac{5}{11}=\frac{16}{11}$, $1\frac{7}{11}=\frac{18}{11}$, $2\frac{5}{11}=\frac{27}{11}$이므로

$1\frac{5}{11}\left(=\frac{16}{11}\right)$보다 크고 $\frac{24}{11}$보다 작은 분수는

$1\frac{7}{11}$, $\frac{19}{11}$입니다.

15 33 kg 700 g+2 kg 400 g=36 kg 100 g

17 상자에 담은 딸기는 $50 \times 80 = 4000$(개)이므로 딸기
는 모두 $4000+33=4033$(개)입니다.

18 한 원에서 반지름의 길이는 모두 같습니다. 따라서
선분 ㄱㄴ의 길이는 8 cm이고, 선분 ㄷㄹ의 길이는
11 cm입니다.
(선분 ㄱㄹ)=8+8+11+11=38 (cm)

19 저울의 눈금이 가리키는 무게는 8 kg 500 g입니다.
4 kg 900 g+$\square$ kg $\square$ g=8 kg 500 g
➡ 8 kg 500 g−4 kg 900 g=3 kg 600 g

20 (더 부어야 할 물의 양)=5 L−3 L 500 mL
=1 L 500 mL
1 L 500 mL=500 mL+500 mL+500 mL이
므로 적어도 3번 부어야 합니다.

21 ♥에 들어갈 수 있는 수 중에서 가장 큰 자연수는
$8-1=7$입니다.
따라서 $\square$ 안에 들어갈 수 있는 가장 큰 자연수는
$8 \times 13 = 104$, $104+7=111$입니다.
참고 나머지는 나누는 수보다 항상 작습니다.

23 어떤 수를 $\square$라 하면 잘못 계산한 식은
$\square \div 7 = 12 \cdots 1$입니다.
$7 \times 12 = 84$, $84+1=85$이므로 어떤 수는 85입니다.
$85 \div 9 = 9 \cdots 4$에서 몫은 9이고 나머지는 4이므로
$9+4=13$입니다.

24 (색 테이프 25장의 길이의 합)
$=32 \times 25 = 800$ (cm)
색 테이프 25장을 이어 붙이면 겹쳐진 부분은 24군
데입니다.
(겹쳐진 부분의 길이의 합)$=4 \times 24 = 96$ (cm)
➡ (이어 붙인 색 테이프의 전체 길이)
$=800-96=704$ (cm)

25 다 마을의 밤 생산량 370 kg을 큰 그림 3개와 작은
그림 7개로 나타냈으므로 큰 그림은 100 kg을, 작
은 그림은 10 kg을 나타냅니다.
가: 530 kg, 나: 240 kg, 다: 370 kg, 라: 150 kg
➡ (네 마을의 밤 생산량의 합)
$=530+240+370+150=1290$ (kg)

※서술형 문제의 예시 답안입니다.

1 곱셈

서술형 다지기

02쪽

1 조건 1000, 30, 42

풀이 ❶ 42, 30, 42, 30, 1260

❷ 1000, 1260, 1000, 260

답 260

1-1 풀이 ❶ 필요한 사탕 수 구하기

45명에게 각각 20개씩 나누어 주려면

(필요한 사탕 수)=45×20=900(개)입니다. ▶3점

❷ 적어도 더 필요한 사탕 수 구하기

사탕이 700개 있으므로 적어도 더 필요한 사탕 수는

900−700=200(개)입니다. ▶2점

답 200개

1-2 1단계 12×44=528, 528+7=535이므로 처음 연필은 535자루입니다. ▶2점

2단계 62명에게 각각 9자루씩 나누어 주려면

(필요한 연필 수)=62×9=558(자루)입니다. ▶2점

3단계 (적어도 더 필요한 연필 수)

=(필요한 연필 수)−(처음 연필 수)

=558−535=23(자루) ▶1점

답 23자루

04쪽

2 조건 148, 98, 90, 3, 4

풀이 ❶ 148, 444, 90, 360

❷ 444, 360, 804

답 804

2-1 풀이 ❶ 삶은 달걀 5개와 치킨 2조각의 열량 각각 구하기

삶은 달걀 5개: 60×5=300(킬로칼로리)

치킨 2조각: 359×2=718(킬로칼로리) ▶3점

❷ 먹은 간식의 열량의 합 구하기

(삶은 달걀 5개의 열량)+(치킨 2조각의 열량)

=300+718=1018(킬로칼로리) ▶2점

답 1018킬로칼로리

2-2 1단계 우유 2병: 130×2=260(킬로칼로리)

과일주스 3병: 95×3=285(킬로칼로리)

(석준이가 마신 음료수의 열량)

=260+285=545(킬로칼로리) ▶2점

2단계 과일주스 4병: 95×4=380(킬로칼로리)

탄산음료 2병: 145×2=290(킬로칼로리)

(희수가 마신 음료수의 열량)

=380+290=670(킬로칼로리) ▶2점

3단계 545<670이므로 희수가 마신 음료수의 열량이

670−545=125(킬로칼로리) 더 많습니다. ▶1점

답 희수, 125킬로칼로리

06쪽

3 조건 132

풀이 ❶ 6, 6

❷ 132, 6, 792

답 792

3-1 풀이 ❶ 빨간색 선의 길이는 정사각형의 한 변의 길이의 몇 배인지 구하기

빨간색 선은 정사각형의 한 변이 8개인 것과 같으므로 빨간색 선의 길이는

(정사각형의 한 변의 길이)×8입니다. ▶2점

❷ 빨간색 선의 길이 구하기

(빨간색 선의 길이)=216×8=1728 (cm) ▶3점

답 1728 cm

3-2 1단계 파란색 선은 삼각형의 한 변이 12개인 것과 같으므로 파란색 선의 길이는

(삼각형의 한 변의 길이)×12입니다. ▶2점

2단계 (파란색 선의 길이)=53×12=636 (cm)

▶3점

답 636 cm

서술형 완성하기

08쪽

1 풀이 ❶ 필요한 공책 수 구하기

58명에게 각각 14권씩 나누어 주려면

(필요한 공책 수)=58×14=812(권)입니다. ▶3점

❷ 적어도 더 필요한 공책 수 구하기

공책 750권이 있으므로

(적어도 더 필요한 공책 수)

=812-750=62(권)입니다. ▶2점

답 62권

2 풀이 ❶ 처음 쿠키 수 구하기

한 봉지에 45개씩 22봉지 있으므로

(처음 쿠키 수)=45×22=990(개)입니다. ▶2점

❷ 필요한 쿠키 수 구하기

146명에게 각각 8개씩 나누어 주려면

(필요한 쿠키 수)=146×8=1168(개)입니다. ▶2점

❸ 적어도 더 필요한 쿠키 수 구하기

(적어도 더 필요한 쿠키 수)

=(필요한 쿠키 수)-(처음 쿠키 수)

=1168-990=178(개) ▶1점

답 178개

3 풀이 ❶ 호떡 3개와 붕어빵 4개의 열량 각각 구하기

호떡 3개: 183×3=549(킬로칼로리)

붕어빵 4개: 98×4=392(킬로칼로리) ▶3점

❷ 먹은 간식의 열량의 합 구하기

(호떡 3개의 열량)+(붕어빵 4개의 열량)

=549+392=941(킬로칼로리) ▶2점

답 941킬로칼로리

4 풀이 ❶ 수민이가 먹은 빵의 열량 구하기

식빵 3조각: 72×3=216(킬로칼로리)

모닝빵 4개: 103×4=412(킬로칼로리)

(수민이가 먹은 빵의 열량)

=216+412=628(킬로칼로리) ▶2점

❷ 성수가 먹은 빵의 열량 구하기

모닝빵 5개: 103×5=515(킬로칼로리)

소금빵 2개: 221×2=442(킬로칼로리)

(성수가 먹은 빵의 열량)

=515+442=957(킬로칼로리) ▶2점

❸ 먹은 빵의 열량 비교하기

628<957이므로 성수가 먹은 빵의 열량이

957-628=329(킬로칼로리) 더 많습니다. ▶1점

답 성수, 329킬로칼로리

5 풀이 ❶ 빨간색 선의 길이는 정사각형의 한 변의 길이의 몇 배인지 구하기

빨간색 선은 정사각형의 한 변이 12개인 것과 같으므로 빨간색 선의 길이는

(정사각형의 한 변의 길이)×12입니다. ▶2점

❷ 빨간색 선의 길이 구하기

(빨간색 선의 길이)=78×12=936 (cm)

100 cm=1 m이므로 936 cm=9 m 36 cm입니다. ▶3점

답 9 m 36 cm

6 풀이 ❶ 파란색 선의 길이는 삼각형의 한 변의 길이의 몇 배인지 구하기

파란색 선은 삼각형의 한 변이 7개인 것과 같습니다.

(파란색 선의 길이)=(한 변의 길이)×7 ▶2점

❷ 파란색 선의 길이 구하기

한 변의 길이는 1 m 56 cm=156 cm이므로

(파란색 선의 길이)=156×7=1092 (cm)입니다.

▶3점

답 1092 cm

2 나눗셈

서술형 다지기

10쪽

1 조건 40, 50, 7

풀이 ❶ 40, 50, 90

❷ 90, 7, 12, 6, 12, 6

❸ 6, 1

답 1

1-1 풀이 ❶ 두 사람이 캔 감자 수 구하기
(두 사람이 캔 감자 수)=154+86=240(개) ▶1점
❷ 나누어 담고 남은 감자 수 구하기
(두 사람이 캔 감자 수)÷(나누어 담을 상자 수)
=240÷9=26…6이므로 한 상자에 26개씩 담고
6개가 남습니다. ▶2점
❸ 적어도 더 캐야 할 감자 수 구하기
감자 240개를 9상자에 남김없이 똑같이 나누어 담
으려면 감자는 적어도 9-6=3(개) 더 캐야 합니다.
▶2점

답 3개

1-2 1단계 (희선이가 산 젤리 수)=4×19=76(개) ▶1점
2단계 (희선이가 산 젤리 수)÷(나누어 주는 사람 수)
=76÷6=12…4이므로 한 명에게 12개씩
주고 4개가 남습니다. ▶2점
3단계 젤리 76개를 6명에게 남김없이 똑같이 나누
어 주려면 젤리는 적어도 6-4=2(개) 더 필요합
니다. ▶2점
답 2개

12쪽

2 조건 88, 4
풀이 ❶ 88, 4, 22 ❷ 1, 1, 22, 1, 23
답 23

2-1 풀이 ❶ 가로등 사이의 간격 수 구하기
(가로등 사이의 간격 수)
=(길의 길이)÷(간격 한 군데의 길이)
=140÷5=28(군데) ▶3점
❷ 필요한 가로등의 수 구하기
길의 처음과 끝에도 가로등을 세워야 하므로 필요
한 가로등의 수는 간격 수보다 1만큼 더 큽니다.
(필요한 가로등의 수)=(간격 수)+1
=28+1=29(개) ▶2점

답 29개

2-2 1단계 (한 변에 심는 씨앗 사이의 간격 수)
=(한 변의 길이)÷(간격 한 군데의 길이)
=87÷3=29(군데)

꼭짓점에도 씨앗을 심어야 하므로 필요한 씨앗의
수는 간격 수보다 1만큼 더 큽니다.
(한 변에 심는 씨앗의 수)
=(간격 수)+1=29+1=30(개) ▶3점
2단계 네 변에 씨앗을 30개씩 심으면
30×4=120(개)입니다. 네 꼭짓점이 각각 겹치므
로 겹치는 부분의 씨앗 4개를 빼면 필요한 씨앗의
수는 모두 120-4=116(개)입니다. ▶2점
답 116개

14쪽

3 조건 23, 6
풀이 ❶ 23, 6, 23, 207, 207, 6, 213, 213
❷ 213, 213, 35, 3, 35, 3
답 35, 3

3-1 풀이 ❶ 어떤 수 구하기
어떤 수를 ■라 하면 ■÷8=31…3입니다.
8×31=248, 248+3=251이므로 어떤 수는
251입니다. ▶3점
❷ 어떤 수를 5로 나누었을 때 몫과 나머지 구하기
어떤 수 251을 5로 나누면 251÷5=50…1입니다.
따라서 몫은 50이고, 나머지는 1입니다. ▶2점
답 50, 1

3-2 1단계 어떤 수를 ▢라 하면 97÷▢=10…7입니
다. ▶1점
2단계 97÷▢=10…7에서 97-7=90,
▢×10=90, ▢=9이므로 어떤 수는 9입니다.
▶2점
3단계 352÷9=39…1이므로 몫은 39이고, 나머지
는 1입니다. ▶2점
답 39, 1

서술형 완성하기

16쪽

1 풀이 ❶ 두 사람이 딴 옥수수 수 구하기
(두 사람이 딴 옥수수 수)=49+25=74(개) ▶1점

❷ 나누어 담고 남은 옥수수 수 구하기
(두 사람이 딴 옥수수 수)÷(나누어 담을 상자 수)
$=74÷6=12\cdots2$이므로 한 상자에 12개씩 담고 2
개가 남습니다. ▶2점

❸ 적어도 더 따야 할 옥수수 수 구하기
옥수수 74개를 6상자에 남김없이 똑같이 나누어
담으려면 옥수수는 적어도 $6-2=4$(개) 더 따야
합니다. ▶2점

답 4개

2 풀이 ❶ 은우가 산 사탕 수 구하기
(은우가 산 사탕 수)$=22×13=286$(개) ▶1점

❷ 나누어 주고 남은 사탕 수 구하기
(은우가 산 사탕 수)÷(나누어 주는 사람 수)
$=286÷9=31\cdots7$이므로 한 명에게 31개씩 주고
7개가 남습니다. ▶2점

❸ 필요한 사탕 수 구하기
사탕 286개를 9명에게 남김없이 똑같이 나누어 주려
면 사탕은 적어도 $9-7=2$(개) 더 필요합니다. ▶2점

답 2개

3 풀이 ❶ 가로수 사이의 간격 수 구하기
(가로수 사이의 간격 수)
$=$(길의 길이)÷(간격 한 군데의 길이)
$=296÷8=37$(군데) ▶3점

❷ 필요한 가로수의 수 구하기
길의 처음과 끝에도 가로수를 심어야 하므로 필요
한 가로수의 수는 간격 수보다 1만큼 더 큽니다.
(필요한 가로수의 수)$=$(간격 수)$+1$
　　　　　　　　　　$=37+1=38$(그루) ▶2점

답 38그루

4 풀이 ❶ 한 변에 박아야 하는 말뚝의 수 구하기
(한 변에 박는 말뚝 사이의 간격 수)
$=84÷6=14$(군데)
꼭짓점에도 말뚝을 박아야 하므로 한 변에 박는 말
뚝의 수는 $14+1=15$(개)입니다. ▶3점

❷ 필요한 말뚝의 수 구하기
네 변에 15개씩 말뚝을 박으면 $15×4=60$(개)입
니다. 네 꼭짓점에 말뚝이 각각 겹치므로 4개를 빼
면 필요한 말뚝은 $60-4=56$(개)입니다. ▶2점

답 56개

5 풀이 ❶ 어떤 수 구하기
어떤 수를 ■라 하면 ■$÷5=88\cdots4$입니다.
$5×88=440$, $440+4=444$이므로 어떤 수는
444입니다. ▶3점

❷ 어떤 수를 7로 나누었을 때 몫과 나머지 구하기
어떤 수 444를 7로 나누면
$444÷7=63\cdots3$입니다.
따라서 몫은 63이고, 나머지는 3입니다. ▶2점

답 63, 3

6 풀이 ❶ 식 세우기
어떤 수를 □라 하면 $59÷□=7\cdots3$입니다. ▶1점

❷ 어떤 수 구하기
$59÷□=7\cdots3$에서 $59-3=56$, $□×7=56$,
$□=56÷7=8$이므로 어떤 수는 8입니다. ▶2점

❸ 677을 어떤 수로 나누었을 때 몫과 나머지 구하기
$677÷8=84\cdots5$이므로 몫은 84이고, 나머지는
5입니다. ▶2점

답 84, 5

3 원

서술형 다지기

18쪽

1 조건 42, 16
풀이 ❶ 42, 16, 26　❷ 26, 2, 13
답 13

1-1 풀이 ❶ 선분 ㅇㄱ과 선분 ㅇㄴ의 길이의 합 구하기
(선분 ㅇㄱ과 선분 ㅇㄴ의 길이의 합)
$=$(삼각형의 세 변의 길이의 합)$-$(선분 ㄱㄴ)
$=49-21=28$ (cm) ▶2점

❷ 원의 반지름 구하기
선분 ㅇㄱ과 선분 ㅇㄴ은 원의 반지름이므로
(선분 ㅇㄱ)$=$(선분 ㅇㄴ)입니다.
➡ (원의 반지름)$=28÷2=14$ (cm) ▶3점

답 14 cm

1-2 (1단계) 삼각형의 한 변의 길이는 원의 반지름과 같습니다. 따라서 삼각형의 세 변의 길이의 합은 원의 반지름의 3배입니다. ▶2점

(2단계) (원의 반지름)

$=$(삼각형의 세 변의 길이의 합)$\div 3$

$=15\div 3=5$ (cm) ▶3점

(답) 5 cm

20쪽

2 (조건) 10, 2

(풀이) ❶ 2, 6, 6

❷ 10, 10, 2, 20, 20, 6, 120

(답) 120

2-1 (풀이) ❶ 직사각형의 네 변의 길이의 합은 원의 지름의 몇 배인지 알아보기

직사각형의 가로는 원의 지름의 3배이고, 세로는 원의 지름과 같습니다.

따라서 직사각형의 네 변의 길이의 합은 원의 지름의 8배입니다.

(직사각형의 네 변의 길이의 합)

$=$(원의 지름)$\times 8$ ▶2점

❷ 직사각형의 네 변의 길이의 합 구하기

원의 반지름이 7 cm이므로

(원의 지름)$=7\times 2=14$ (cm)입니다.

➔ (직사각형의 네 변의 길이의 합)

$=14\times 8=112$ (cm) ▶3점

(답) 112 cm

2-2 (1단계) 직사각형의 가로는 원의 반지름의 7배이고, 세로는 원의 반지름의 2배입니다.

따라서 직사각형의 네 변의 길이의 합은 원의 반지름의 18배입니다.

(직사각형의 네 변의 길이의 합)

$=$(원의 반지름)$\times 18$ ▶2점

(2단계) 원의 지름이 12 cm이므로

(원의 반지름)$=12\div 2=6$ (cm)입니다.

➔ (직사각형의 네 변의 길이의 합)

$=6\times 18=108$ (cm) ▶3점

(답) 108 cm

서술형 완성하기

22쪽

1 (풀이) ❶ 선분 ㅇㄱ과 선분 ㅇㄴ의 길이의 합 구하기

(선분 ㅇㄱ과 선분 ㅇㄴ의 길이의 합)

$=$(삼각형의 세 변의 길이의 합)$-$(선분 ㄱㄴ)

$=37-15=22$ (cm) ▶2점

❷ 원의 반지름 구하기

선분 ㅇㄱ과 선분 ㅇㄴ은 원의 반지름이므로

(선분 ㅇㄱ)$=$(선분 ㅇㄴ)입니다.

➔ (원의 반지름)$=22\div 2=11$ (cm) ▶3점

(답) 11 cm

2 (풀이) ❶ 삼각형의 세 변의 길이의 합은 원의 반지름의 몇 배인지 구하기

삼각형의 한 변의 길이는 원의 반지름과 같습니다.

삼각형의 세 변의 길이의 합은 원의 반지름의 3배입니다. ▶2점

❷ 원의 반지름 구하기

(원의 반지름)$=$(삼각형의 세 변의 길이의 합)$\div 3$

$=42\div 3=14$ (cm) ▶2점

❸ 원의 지름 구하기

(원의 지름)$=$(원의 반지름)$\times 2$

$=14\times 2=28$ (cm) ▶1점

(답) 28 cm

3 (풀이) ❶ 사각형의 네 변의 길이의 합은 원의 반지름의 몇 배인지 구하기

사각형의 한 변의 길이는 원의 반지름과 같습니다.

사각형의 네 변의 길이의 합은 원의 반지름의 4배입니다. ▶2점

❷ 원의 반지름 구하기

(원의 반지름)

$=$(사각형의 네 변의 길이의 합)$\div 4$

$=36\div 4=9$ (cm) ▶3점

(답) 9 cm

4 풀이 ❶ 직사각형의 네 변의 길이의 합은 원의 지름의 몇 배인지 알아보기

직사각형의 가로는 원의 지름의 4배이고, 세로는 원의 지름과 같습니다. 따라서 직사각형의 네 변의 길이의 합은 원의 지름의 10배입니다.

(직사각형의 네 변의 길이의 합)
＝(원의 지름)×10 ▶ 2점

❷ 직사각형의 네 변의 길이의 합 구하기

원의 반지름이 4 cm이므로
(원의 지름)＝4×2＝8 (cm)입니다.
→ (직사각형의 네 변의 길이의 합)
＝8×10＝80 (cm) ▶ 3점

답 80 cm

5 풀이 ❶ 정사각형의 네 변의 길이의 합은 원의 지름의 몇 배인지 알아보기

정사각형의 한 변의 길이는 원의 지름의 2배입니다. 따라서 정사각형의 네 변의 길이의 합은 원의 지름의 8배입니다.

(정사각형의 네 변의 길이의 합)
＝(원의 지름)×8 ▶ 2점

❷ 원의 지름 구하기

(원의 지름)×8＝64,
(원의 지름)＝64÷8＝8 (cm) ▶ 2점

❸ 원의 반지름 구하기

(원의 반지름)＝8÷2＝4 (cm) ▶ 1점

답 4 cm

6 풀이 ❶ 직사각형의 네 변의 길이의 합은 원의 반지름의 몇 배인지 구하기

직사각형의 가로는 원의 반지름의 9배이고, 세로는 원의 반지름의 2배입니다. 따라서 직사각형의 네 변의 길이의 합은 원의 반지름의 22배입니다.

(직사각형의 네 변의 길이의 합)
＝(원의 반지름)×22 ▶ 2점

❷ 직사각형의 네 변의 길이의 합 구하기

원의 지름이 22 cm이므로
(원의 반지름)＝22÷2＝11 (cm)입니다.
→ (직사각형의 네 변의 길이의 합)
＝11×22＝242 (cm) ▶ 3점

답 242 cm

4 분수

서술형 다지기

24쪽

1 조건 8, 4, $\frac{3}{4}$

풀이 ❶ 8, 4, 8, 4, 32
❷ 32, 32, 24, 24
❸ 32, 24, 8

답 8

1-1 풀이 ❶ 이어 붙인 끈은 몇 m인지 구하기

길이가 12 m인 끈 5개를 겹치지 않게 이어 붙인 전체 길이는 12×5＝60 (m)입니다. ▶ 2점

❷ 사용한 끈은 몇 m인지 구하기

60을 똑같이 3부분으로 나눈 것 중의 2부분은 40이므로 사용한 끈은 40 m입니다. ▶ 2점

❸ 남은 끈은 몇 m인지 구하기

(남은 끈)＝60－40＝20 (m) ▶ 1점

답 20 m

1-2 1단계 45의 $\frac{4}{9}$ 는 45를 똑같이 9묶음으로 나눈 것 중의 4묶음이므로 20입니다.
따라서 지효가 먹은 딸기는 20개입니다. ▶ 2점

2단계 45의 $\frac{2}{9}$ 는 45를 똑같이 9묶음으로 나눈 것 중의 2묶음이므로 10입니다.
따라서 언니가 먹은 딸기는 10개입니다. ▶ 2점

3단계 지효가 20개, 언니가 10개를 먹었으므로
(남은 딸기 수)＝45－20－10＝15(개)입니다.
▶ 1점

답 15개

26쪽

2 조건 20, 28

풀이 ❶ 20, 4, 4, 28   ❷ 28, 7, 7, 35
❸ 28, 35, 아영

답 아영

2-1 (풀이) ❶ 은호가 가지고 있는 색 테이프의 길이 구하기

• 은호: 색 테이프의 $\dfrac{5}{8}$가 30 m이므로 $\dfrac{1}{8}$은

$30 \div 5 = 6$ (m)입니다.

가지고 있는 색 테이프 ➡ $6 \times 8 = 48$ (m) ▶2점

❷ 선미가 가지고 있는 색 테이프의 길이 구하기

• 선미: 색 테이프의 $\dfrac{8}{11}$이 32 m이므로 $\dfrac{1}{11}$은

$32 \div 8 = 4$ (m)입니다.

가지고 있는 색 테이프 ➡ $4 \times 11 = 44$ (m) ▶2점

❸ 가지고 있는 색 테이프의 길이가 더 긴 사람 구하기

$48 > 44$이므로 가지고 있는 색 테이프의 길이가 더 긴 사람은 은호입니다. ▶1점

(답) 은호

2-2 (1단계) • 현우: 색종이의 $\dfrac{2}{3}$가 40장이므로 $\dfrac{1}{3}$은

$40 \div 2 = 20$(장)입니다.

가지고 있는 색종이 ➡ $20 \times 3 = 60$(장)

• 연서: 색종이의 $\dfrac{4}{7}$가 36장이므로 $\dfrac{1}{7}$은

$36 \div 4 = 9$(장)입니다.

가지고 있는 색종이 ➡ $9 \times 7 = 63$(장)

• 주경: 색종이의 $\dfrac{5}{9}$가 40장이므로 $\dfrac{1}{9}$은

$40 \div 5 = 8$(장)입니다.

가지고 있는 색종이 ➡ $8 \times 9 = 72$(장) ▶4점

(2단계) $60 < 63 < 72$이므로 색종이를 가장 많이 가지고 있는 사람은 주경입니다. ▶1점

(답) 주경

28쪽

3 (조건) $\dfrac{5}{7}$, $1\dfrac{3}{7}$

(풀이) ❶ 7, 10   ❷ 10, 10, 6, 7, 8, 9

(답) 6, 7, 8, 9

3-1 (풀이) ❶ $3\dfrac{5}{8}$를 가분수로 나타내기

$3\dfrac{5}{8}$를 가분수로 나타내면 $\dfrac{29}{8}$입니다. ▶1점

❷ $4\dfrac{1}{8}$을 가분수로 나타내기

$4\dfrac{1}{8}$을 가분수로 나타내면 $\dfrac{33}{8}$입니다. ▶1점

❸ ☐ 안에 들어갈 수 있는 자연수를 모두 구하기

$\dfrac{29}{8} < \dfrac{\square}{8} < \dfrac{33}{8}$에서 분모가 모두 8이므로

분자를 비교하면 $29 < \square < 33$입니다.

따라서 ☐ 안에 들어갈 수 있는 자연수는 30, 31, 32입니다. ▶3점

(답) 30, 31, 32

3-2 (1단계) $\dfrac{47}{5}$을 대분수로 나타내면 $9\dfrac{2}{5}$입니다.

$9\dfrac{2}{5} < \square$이므로 ☐ 안에는 10과 같거나 10보다 큰 수가 들어갈 수 있습니다. ▶2점

(2단계) $3\dfrac{1}{4}$을 가분수로 나타내면 $\dfrac{13}{4}$입니다.

$\dfrac{\square}{4} < \dfrac{13}{4}$이므로 ☐ 안에는 13보다 작은 수가 들어갈 수 있습니다. ▶2점

(3단계) ☐ 안에 공통으로 들어갈 수 있는 자연수는 10, 11, 12로 모두 3개입니다. ▶1점

(답) 3개

서술형 완성하기

30쪽

1 (풀이) ❶ 한 상자에 들어 있는 귤 수 구하기

한 상자에 8개씩 9줄로 들어 있으므로

(귤 수)$= 8 \times 9 = 72$(개)입니다. ▶2점

❷ 지민이에게 준 귤 수 구하기

72의 $\dfrac{7}{12}$은 72를 똑같이 12묶음으로 나눈 것 중의 7묶음이므로 42입니다. 따라서 지민이에게 준 귤은 42개입니다. ▶2점

❸ 남은 귤 수 구하기

(지민이에게 주고 남은 귤)

$= 72 - 42 = 30$(개) ▶1점

(답) 30개

2 [풀이] ❶ 빨간색으로 색칠한 부분의 길이 구하기

72의 $\frac{2}{9}$는 72를 똑같이 9부분으로 나눈 것 중의 2 부분이므로 16입니다.

→ 빨간색으로 색칠한 부분: 16 cm ▶2점

❷ 주황색으로 색칠한 부분의 길이 구하기

72의 $\frac{5}{12}$는 72를 똑같이 12부분으로 나눈 것 중의 5부분이므로 30입니다.

→ 주황색으로 색칠한 부분: 30 cm ▶2점

❸ 파란색으로 색칠한 부분의 길이 구하기

(파란색으로 색칠한 부분)

$=72-16-30=26$ (cm) ▶1점

[답] 26 cm

3 [풀이] ❶ 강당에 있는 학생 수 구하기

강당에 있는 학생의 $\frac{3}{5}$이 18명이므로 $\frac{1}{5}$은

$18 \div 3 = 6$(명)입니다.

(강당에 있는 학생 수)$=6 \times 5 = 30$(명) ▶2점

❷ 도서관에 있는 학생 수 구하기

도서관에 있는 학생의 $\frac{7}{12}$이 21명이므로 $\frac{1}{12}$은

$21 \div 7 = 3$(명)입니다.

(도서관에 있는 학생 수)$=3 \times 12 = 36$(명) ▶2점

❸ 학생 수가 더 많은 곳 구하기

$30 < 36$이므로 학생이 더 많은 곳은 도서관입니다.

▶1점

[답] 도서관

4 [풀이] ❶ ㉠, ㉡, ㉢에 알맞은 수 구하기

$\left(㉠의 \frac{1}{7}\right)=40 \div 5=8 \ \rightarrow \ ㉠=8 \times 7=56$

$\left(㉡의 \frac{1}{10}\right)=24 \div 4=6 \ \rightarrow \ ㉡=6 \times 10=60$

$\left(㉢의 \frac{1}{11}\right)=36 \div 6=6 \ \rightarrow \ ㉢=6 \times 11=66$

▶4점

❷ ㉠, ㉡, ㉢ 중 큰 수부터 차례로 쓰기

$66 > 60 > 56$이므로 큰 수부터 차례로 기호를 쓰면

㉢, ㉡, ㉠입니다. ▶1점

[답] ㉢, ㉡, ㉠

5 [풀이] ❶ $\frac{15}{7}$를 대분수로 나타내기

$\frac{15}{7}$를 대분수로 나타내면 $2\frac{1}{7}$입니다. ▶1점

❷ $\frac{48}{7}$을 대분수로 나타내기

$\frac{48}{7}$을 대분수로 나타내면 $6\frac{6}{7}$입니다. ▶1점

❸ □ 안에 들어갈 수 있는 자연수 모두 구하기

$2\frac{1}{7} < □ < 6\frac{6}{7}$의 □ 안에 들어갈 수 있는 자연수 는 3, 4, 5, 6입니다. ▶3점

[답] 3, 4, 5, 6

6 [풀이] ❶ $\frac{41}{6} < □$에서 □ 안에 들어갈 수 있는 수 구하기

$\frac{41}{6}$을 대분수로 나타내면 $6\frac{5}{6}$입니다. $6\frac{5}{6} < □$이 므로 □는 7과 같거나 7보다 큰 수가 들어갈 수 있 습니다. ▶2점

❷ $\frac{□}{7} < 1\frac{4}{7}$에서 □ 안에 들어갈 수 있는 수 구하기

$1\frac{4}{7}$를 가분수로 나타내면 $\frac{11}{7}$입니다. $\frac{□}{7} < \frac{11}{7}$ 이므로 □ 안에는 11보다 작은 수가 들어갈 수 있 습니다. ▶2점

❸ □ 안에 공통으로 들어갈 수 있는 자연수의 개수 구하기

□ 안에 공통으로 들어갈 수 있는 자연수는 7, 8, 9, 10으로 모두 4개입니다. ▶1점

[답] 4개

5 들이와 무게

서술형 다지기

32쪽

1 [조건] 8, 24, 16

[풀이] ❶ 24, 16, 8, '필통', '연필'에 ○표

❷ 24, 8, 24, 8, 3

[답] 3

1-1 풀이 ❶ 가장 무거운 물건과 가장 가벼운 물건 각각 구하기
30>18>6이므로 가장 무거운 물건은 물감이고, 가장 가벼운 물건은 붓입니다. ▶2점

❷ 가장 무거운 물건의 무게는 가장 가벼운 물건의 무게의 몇 배인지 구하기
물감은 클립 30개의 무게와 같고, 붓은 클립 6개의 무게와 같습니다. 따라서 물감의 무게는 붓의 무게의 30÷6=5(배)입니다. ▶3점

답 5배

1-2 1단계 (복숭아 2개의 무게)=(감 3개의 무게)이므로
(복숭아 4개의 무게)=(감 6개의 무게)입니다.
➜ (배 2개의 무게)=(복숭아 4개의 무게)
=(감 6개의 무게) ▶2점

2단계 과일의 무게를 비교하면 배>복숭아>감이므로 가장 무거운 과일은 배이고, 가장 가벼운 과일은 감입니다. ▶1점

3단계 (배 2개의 무게)=(감 6개의 무게)이므로 배 1개의 무게는 감 1개의 무게의 3배입니다. ▶2점

답 3배

34쪽

2 조건 3, 400, 1, 800
풀이 ❶ 3, 400, 3, 400, 6, 800
❷ 1, 800, 1, 800, 3, 600
❸ 6, 800, 3, 600, 3, 200

답 3, 200

2-1 풀이 ❶ 욕조의 들이 구하기
㉠ 수도로 물을 3분 동안 채우면 가득 채워지므로
(욕조의 들이)
=8 L 500 mL+8 L 500 mL+8 L 500 mL
=25 L 500 mL입니다. ▶2점

❷ ㉡ 수도로 2분 동안 빈 욕조에 채운 물의 양 구하기
(㉡ 수도로 2분 동안 채운 물의 양)
=4 L 900 mL+4 L 900 mL=9 L 800 mL ▶2점

❸ 욕조에 더 넣어야 하는 물의 양 구하기
(욕조에 더 넣어야 하는 물의 양)
=25 L 500 mL−9 L 800 mL
=15 L 700 mL ▶1점

답 15 L 700 mL

2-2 1단계 ㉠ 수도로 물을 3분 동안 채우면 가득 채워지므로
(가 어항의 들이)
=6 L 400 mL+6 L 400 mL+6 L 400 mL
=19 L 200 mL입니다. ▶2점

2단계 ㉡ 수도로 물을 4분 동안 채우면 가득 채워지므로
(나 어항의 들이)
=5 L 600 mL+5 L 600 mL+5 L 600 mL
+5 L 600 mL
=22 L 400 mL입니다. ▶2점

3단계 19 L 200 mL<22 L 400 mL이므로
나 어항에 물이
22 L 400 mL−19 L 200 mL=3 L 200 mL
더 들어갑니다. ▶1점

답 나 어항, 3 L 200 mL

36쪽

3 조건 8, 200
풀이 ❶ 6, 900   ❷ 8, 200, 6, 900, 1, 300
❸ 1300, 1300, 650, 650

답 650

3-1 풀이 ❶ 무 3개의 무게 구하기
(무 3개의 무게)
=1 kg 700 g+1 kg 700 g+1 kg 700 g
=5 kg 100 g ▶2점

❷ 당근 5개의 무게 구하기
(당근 5개의 무게)
=7 kg 600 g−5 kg 100 g=2 kg 500 g ▶2점

❸ 당근 한 개의 무게 구하기
당근 5개의 무게는 2500 g이고
500+500+500+500+500=2500입니다.
따라서 당근 한 개의 무게는 500 g입니다. ▶1점

답 500 g

3-2 1단계 (컵 2개의 무게)
=(컵 6개와 숟가락 3개의 무게의 합)
−(컵 4개와 숟가락 3개의 무게의 합)
=1500 g−1 kg 60 g
=1500 g−1060 g=440 g ▶2점

2단계 (컵 4개의 무게)=440+440=880 (g) ▶1점

[3단계] (숟가락 3개의 무게)
　　　　$= 1 \text{ kg } 60 \text{ g} - 880 \text{ g}$
　　　　$= 1060 \text{ g} - 880 \text{ g} = 180 \text{ g}$
$60 + 60 + 60 = 180$이므로 숟가락 한 개의 무게는 60 g입니다. ▶ 2점
탭 60 g

서술형 완성하기

38쪽

1 풀이 ❶ 가장 무거운 물건과 가장 가벼운 물건 각각 구하기
$35 > 10 > 5$이므로 가장 무거운 물건은 태블릿 PC이고, 가장 가벼운 물건은 계산기입니다. ▶ 2점
❷ 가장 무거운 물건의 무게는 가장 가벼운 물건의 무게의 몇 배인지 구하기
태블릿 PC는 공깃돌 35개의 무게와 같고, 계산기는 공깃돌 5개의 무게와 같습니다. 따라서 태블릿 PC의 무게는 계산기의 무게의 $35 \div 5 = 7$(배)입니다. ▶ 3점
탭 7배

2 풀이 ❶ 테이프 1개의 무게는 풀과 자로 각각 몇 개인지 구하기
(풀 4개의 무게) = (자 10개의 무게)이므로
(풀 2개의 무게) = (자 5개의 무게)입니다.
➡ (테이프 1개의 무게) = (풀 2개의 무게)
　　　　　　　　　　　 = (자 5개의 무게) ▶ 2점
❷ 가장 무거운 물건과 가장 가벼운 물건 구하기
물건의 무게를 비교하면 테이프 > 풀 > 자이므로 가장 무거운 물건은 테이프이고, 가장 가벼운 물건은 자입니다. ▶ 1점
❸ 가장 무거운 물건 1개의 무게는 가장 가벼운 물건 1개의 무게의 몇 배인지 구하기
(테이프 1개의 무게) = (자 5개의 무게)이므로 테이프 1개의 무게는 자 1개의 무게의 5배입니다. ▶ 2점
탭 5배

3 풀이 ❶ 수조의 들이 구하기
㉠ 수도로 물을 4분 동안 채우면 가득 채워집니다.
(수조의 들이) $= 4 \text{ L } 400 \text{ mL} + 4 \text{ L } 400 \text{ mL}$
　　　　　　　 $+ 4 \text{ L } 400 \text{ mL} + 4 \text{ L } 400 \text{ mL}$
　　　　　　　 $= 17 \text{ L } 600 \text{ mL}$ ▶ 2점

❷ ㉡ 수도로 3분 동안 빈 수조에 채운 물의 양 구하기
(㉡ 수도로 3분 동안 채운 물의 양)
$= 1 \text{ L } 700 \text{ mL} + 1 \text{ L } 700 \text{ mL} + 1 \text{ L } 700 \text{ mL}$
$= 5 \text{ L } 100 \text{ mL}$ ▶ 2점
❸ 수조에 더 넣어야 하는 물의 양 구하기
(수조에 더 넣어야 하는 물의 양)
$= 17 \text{ L } 600 \text{ mL} - 5 \text{ L } 100 \text{ mL}$
$= 12 \text{ L } 500 \text{ mL}$ ▶ 1점
탭 12 L 500 mL

4 풀이 ❶ 항아리의 들이 구하기
㉠ 수도로 물을 4분 동안 채우면 가득 채워집니다.
(항아리의 들이) $= 3 \text{ L } 900 \text{ mL} + 3 \text{ L } 900 \text{ mL}$
　　　　　　　　 $+ 3 \text{ L } 900 \text{ mL} + 3 \text{ L } 900 \text{ mL}$
　　　　　　　　 $= 15 \text{ L } 600 \text{ mL}$ ▶ 2점
❷ 어항의 들이 구하기
㉡ 수도로 물을 2분 동안 채우면 가득 채워집니다.
(어항의 들이) $= 6 \text{ L } 700 \text{ mL} + 6 \text{ L } 700 \text{ mL}$
　　　　　　　 $= 13 \text{ L } 400 \text{ mL}$ ▶ 2점
❸ 항아리와 어항 중 어느 것이 물이 몇 L 몇 mL 더 들어가는지 구하기
$15 \text{ L } 600 \text{ mL} > 13 \text{ L } 400 \text{ mL}$이므로 항아리에 물이 $15 \text{ L } 600 \text{ mL} - 13 \text{ L } 400 \text{ mL} = 2 \text{ L } 200 \text{ mL}$ 더 들어갑니다. ▶ 1점
탭 항아리, 2 L 200 mL

5 풀이 ❶ 동화책 4권의 무게 구하기
동화책 한 권의 무게가 900 g이므로
(동화책 4권의 무게)
$= 900 \text{ g} + 900 \text{ g} + 900 \text{ g} + 900 \text{ g}$
$= 3600 \text{ g} = 3 \text{ kg } 600 \text{ g}$입니다. ▶ 2점
❷ 만화책 7권의 무게 구하기
(만화책 7권의 무게) $= 5 \text{ kg } 350 \text{ g} - 3 \text{ kg } 600 \text{ g}$
　　　　　　　　　　 $= 1 \text{ kg } 750 \text{ g}$ ▶ 2점
❸ 만화책 한 권의 무게 구하기
$1 \text{ kg } 750 \text{ g} = 1750 \text{ g}$이고
$250 + 250 + 250 + 250 + 250 + 250 + 250$
$= 1750$입니다.
따라서 만화책 한 권의 무게는 250 g입니다. ▶ 1점
탭 250 g

6 풀이 ❶ 망고 4개와 오렌지 4개의 무게의 합 구하기
(망고 4개와 오렌지 4개의 무게의 합)
=(망고 6개와 오렌지 9개의 무게의 합)
－(망고 2개와 오렌지 5개의 무게의 합)
=7050 g－3 kg 450 g
=7 kg 50 g－3 kg 450 g=3 kg 600 g ▶ 2점
❷ 망고 한 개와 오렌지 한 개의 무게의 합 구하기
(망고 4개와 오렌지 4개의 무게의 합)
=(망고 1개와 오렌지 1개의 무게의 합)×4
3 kg 600 g=3600 g이고
900＋900＋900＋900=3600입니다.
따라서 망고 한 개와 오렌지 한 개의 무게의 합은
900 g입니다. ▶ 3점
답 900 g

6 그림그래프

서술형 다지기

40쪽

1 조건 125
풀이 ❶ 35, 43, 17
❷ 125, 125, 35, 43, 17, 30
답 30

1-1 풀이 ❶ 맛나, 상큼, 아름 과수원의 포도 생산량 구하기
맛나 과수원의 포도 생산량: 420 kg
상큼 과수원의 포도 생산량: 270 kg
아름 과수원의 포도 생산량: 510 kg ▶ 2점
❷ 푸른 과수원의 포도 생산량 구하기
전체 포도 생산량은 1530 kg이므로
(푸른 과수원의 포도 생산량)
=1530－420－270－510=330 (kg)입니다. ▶ 3점
답 330 kg

1-2 1단계 나 마을의 감자 생산량: 440 kg
다 마을의 감자 생산량: 270 kg
라 마을의 감자 생산량: 320 kg ▶ 1점

2단계 전체 감자 생산량은 1140 kg이므로
(가 마을의 감자 생산량)
=1140－440－270－320=110 (kg)입니다. ▶ 2점
3단계 (라 마을의 감자 생산량)
－(가 마을의 감자 생산량)
=320－110=210 (kg) ▶ 2점
답 210 kg

42쪽

2 조건 50
풀이 ❶ 34, 18, 22, 34, 18, 22, 74
❷ 50, 74, 50, 3700(또는 50, 50, 74, 3700)
답 3700

2-1 풀이 ❶ 하루 동안 팔린 쿠키 수 구하기
하루 동안 팔린 버터 쿠키는 36개, 초콜릿 쿠키는
43개, 땅콩 쿠키는 12개입니다.
(하루 동안 팔린 쿠키 수)=36＋43＋12=91(개)
▶ 2점
❷ 하루 동안 팔린 쿠키의 값 구하기
쿠키 한 개의 가격은 90원이므로 하루 동안 팔린
쿠키의 값은 91×90=8190(원)입니다. ▶ 3점
답 8190원

2-2 1단계 한 달 동안 생산한 애호박은
아침 농장: 32 kg, 새벽 농장: 54 kg,
은하수 농장: 25 kg, 희망 농장: 39 kg입니다.
(농장 4곳의 애호박 생산량)
=32＋54＋25＋39=150 (kg) ▶ 3점
2단계 한 상자에 5 kg씩 담으면 필요한 상자는
150÷5=30(개)입니다. ▶ 2점
답 30개

44쪽

3 조건 198
풀이 ❶ 42, 60, 198, 42, 60, 96
❷ 96, 48
답 48

서술형 강화책

6
단원

3-1 (풀이) ❶ 내과와 안과 환자 수의 합 구하기
(외과 환자 수)=140명, (피부과 환자 수)=300명
(내과와 안과 환자 수의 합)
=800−140−300=360(명) ▶ 3점

❷ 내과와 안과 환자 수 각각 구하기
안과 환자가 ☐명이면 내과 환자는 (☐+☐)명입
니다. ☐+☐+☐=360, ☐=120이므로 내과
환자는 240명, 안과 환자는 120명입니다. ▶ 2점
(답) 240명, 120명

3-2 (1단계) (5월의 방문객 수)=660명
(6월의 방문객 수)=350명
(7월과 8월의 방문객 수의 합)
=2540−660−350=1530(명) ▶ 2점
(2단계) 7월의 방문객이 ☐명이면 8월의 방문객은
(☐+☐)명입니다. ☐+☐+☐=1530,
☐=510이므로 7월의 방문객은 510명이고, 8월
의 방문객은 1020명입니다. ▶ 2점
(3단계) 방문객이 가장 많은 달은 8월로 1020명이고,
방문객이 가장 적은 달은 6월로 350명입니다.
➜ 1020−350=670(명) ▶ 1점
(답) 670명

서술형 완성하기

46쪽

1 (풀이) ❶ 가, 나, 다 마을의 사과나무 수 구하기
사과나무 수는 가 마을: 42그루, 나 마을: 26그루,
다 마을: 13그루입니다. ▶ 2점

❷ 라 마을의 사과나무 수 구하기
전체 사과나무가 94그루이므로 (라 마을의 사과나
무)=94−42−26−13=13(그루)입니다. ▶ 3점
(답) 13그루

2 (풀이) ❶ 싱싱, 희망 마을의 고구마 생산량 구하기
싱싱 마을의 고구마 생산량은 340 kg,
희망 마을의 고구마 생산량은 260 kg입니다. ▶ 1점

❷ 미래 마을의 고구마 생산량 구하기
전체 생산량은 1160 kg이므로 (미래 마을의 고구마 생
산량)=1160−340−260=560 (kg)입니다. ▶ 2점

❸ 미래 마을의 고구마 생산량은 싱싱 마을의 고구마 생산량보
다 몇 kg 더 많은지 구하기
(미래 마을의 고구마 생산량)
−(싱싱 마을의 고구마 생산량)
=560−340=220 (kg) ▶ 2점
(답) 220 kg

3 (풀이) ❶ 하루 동안 팔린 머리핀 수 구하기
하루 동안 팔린 꽃 머리핀은 32개, 별 머리핀은 40개,
하트 머리핀은 24개입니다.
(하루 동안 팔린 머리핀 수)
=32+40+24=96(개) ▶ 2점

❷ 하루 동안 팔린 머리핀의 값 구하기
머리핀의 가격은 100원이므로 하루 동안 팔린 머
리핀의 값은 96의 100배인 9600원입니다. ▶ 3점
(답) 9600원

4 (풀이) ❶ 모은 신문지의 무게의 합 구하기
모은 신문지의 무게는 1반이 41 kg, 2반이 54 kg,
3반이 28 kg, 4반이 45 kg입니다.
(1반부터 4반까지 모은 신문지의 무게의 합)
=41+54+28+45=168 (kg) ▶ 3점

❷ 8 kg씩 묶었을 때 묶음의 수 구하기
신문지를 8 kg씩 묶으면
모두 168÷8=21(묶음)이 됩니다. ▶ 2점
(답) 21묶음

5 (풀이) ❶ 가 마을과 나 마을의 쓰레기 배출량의 합 구하기
다 마을의 쓰레기 배출량: 450 kg
라 마을의 쓰레기 배출량: 340 kg
(가 마을과 나 마을의 쓰레기 배출량의 합)
=1870−450−340=1080 (kg) ▶ 2점

❷ 가 마을과 나 마을의 쓰레기 배출량 각각 구하기
나 마을의 배출량이 ☐ kg이면 가 마을의 배출량
은 (☐+☐) kg입니다. ☐+☐+☐=1080,
☐=360이므로 나 마을의 배출량은 360 kg이고,
가 마을의 배출량은 720 kg입니다. ▶ 2점

❸ 쓰레기 배출량이 가장 많은 마을과 가장 적은 마을의 차 구하기
쓰레기 배출량이 가장 많은 마을은 가 마을로
720 kg이고, 가장 적은 마을은 라 마을로 340 kg
입니다. ➜ 720−340=380 (kg) ▶ 1점
(답) 380 kg

동아출판

과학, 선택이 아닌 필수!
초등부터 기르는 과학의 힘!

하이탑
HIGHTOP

믿고 보는 초등 과학 개념서
2022 개정 교육과정

하이탑
HIGHTOP

초등 과학 3·1

초등
과학 3·1
• 과학 필수 개념 30개로 완벽한 학습
• 중학 과학 개념 연계로 탄탄한 기초 학습
• 영상과 비주얼 사이언스로 즐거운 과학

동아출판

시각화된
개념 설명
비주얼 사이언스

명확한
원리 이해
실감 나는 실험 영상

초등 과학부터
중등 연계까지
30개의 필수 개념

초등	하이탑 3~6학년 1·2학기
중학	하이탑 과학 1, 2, 3 | 하이탑 내신 탑티어 과학 1~3학년 1·2학기
고등	하이탑 22개정 통합과학 1, 2 물리학 화학 생명과학 지구과학 하이탑 15개정 물리학 I, II 화학 I, II 생명과학 I, II 지구과학 I, II 하이탑 내신 탑티어 22개정 통합과학 1, 2

큐브 유형

정답 및 풀이 | 초등 수학 3·2

연산 | 전 단원 연산을 다잡는 기본서

개념 | 교과서 개념을 다잡는 기본서

유형 | 모든 유형을 다잡는 기본서

시작만 했을 뿐인데 완북했어요!

시작만 했을 뿐인데 그 끝은 완북으로! 학습할 땐 힘들었지만 큐브 연산으로 기초를 튼튼하게 다지면서 새 학기 때 수학의 자신감은 덤으로 뿜뿜할 수 있을 듯 해요^^

초1중2민지사랑민찬

아이 스스로 얻은 성취감이 커서 너무 좋습니다!

아이가 방학 중에 개념 공부를 마치고 수학이 세상에서 제일 싫었다가 이제는 좋아졌다고 하네요. 아이 스스로 얻은 성취감이 커서 너무 좋습니다. 자칭 수포자 아이와 함께 이렇게 쉽게 마친 것도 믿어지지 않네요.

초5 초3 유유

자세한 개념 설명 덕분에 부담없이 할 수 있어요!

처음에는 할 수 있을까 욕심을 너무 부리는 건 아닌가 신경 쓰였는데, 선행용, 예습용으로 하기에 입문하기 좋은 난이도와 자세한 개념 설명 덕분에 아이가 부담없이 할 수 있었던 거 같아요~

초5워킹맘

큐브
찐-후기

결과는 대성공! 공부 습관과 함께 자신감 얻었어요!

겨울방학 동안 공부 습관 잡아주고 싶었는데 결과는 대성공이었습니다. 다른 친구들과 함께한다는 느낌 때문인지 아이가 책임감을 느끼고 참여하는 것 같더라고요. 덕분에 공부 습관과 함께 수학 자신감을 얻었어요.

스리마미

엄마표 학습에 동영상 강의가 도움이 되었어요!

동영상 강의가 있어서 설명을 듣고 개념 정리 문제를 풀어보니 보다 쉽게 이해할 수 있었어요. 엄마표로 진행하는 거라 엄마인 저도 막히는 부분이 있었는데 동영상 강의가 많은 도움이 되었네요.

3학년 칭칭맘

심리적으로 수학과 가까워진 거 같아서 만족해요!

아이는 처음 배우는 개념을 정독한 후 문제를 풀다 보니 부담감 없이 할 수 있었던 것 같아요. 매일 아이가 제일 먼저 공부하는 책이 큐브였어요. 그만큼 심리적으로 수학과 가까워진 거 같아서 만족스러워요.

초2 산들바람

수학 개념을 제대로 잡을 수 있어요!

처음에는 어려웠던 개념들도 차분히 문제를 풀어보면서 자신감을 얻은 거 같아서 아이도 엄마도 즐거웠답니다. 6주 동안 큐브 개념으로 4학년 1학기 수학 개념을 제대로 잡을 수 있어서 너무 뿌듯했어요.

초4초6 너굴사랑

큐브 연산

실수를 줄이는 한 끗 차이!

빈틈없는 연산서

· 교과서 전단원 연산 구성　· 하루 4쪽, 4단계 학습　· 실수 방지 팁 제공

수학의 기본

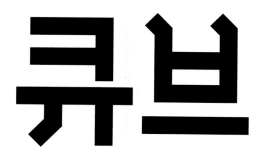

큐브 개념

실력이 완성되는 강력한 차이!

새로워진
유형서

· 기본부터 응용까지 모든 유형 구성
· 대표 예제로 유형 해결 방법 학습
· 서술형 강화책 제공

개념 이해가 실력의 차이!

대체불가
개념서

· 교과서 개념 시각화 구성
· 수학익힘 교과서 완벽 학습
· 기본 강화책 제공

동아출판